[redacted]

Thieme

Kapitel 1

Geschichte und Entwicklung des zahnärztlichen Röntgens

1

1 Geschichte und Entwicklung des zahnärztlichen Röntgens

Als der Physiker Wilhelm Conrad Röntgen am 8. November 1895 im Physikalischen Institut der Julius-Maximilian Universität Würzburg mit einer Kathodenstrahlröhre Untersuchungen durchführte, sah er „einen mit Bariumplatincyanür angestrichener Papierschirm bei jeder Entladung hell aufleuchten, fluorescieren, gleichgültig ob die angestrichene oder die andere Seite des Schirmes dem Entladungsapparat zugewendet ist. Die Fluorescenz ist noch in 2 m Entfernung vom Apparat bemerkbar." (▶ Abb. 1.1). So beschreibt Röntgen seine Entdeckung, die er während seiner Untersuchungen mit Kathodenstrahlröhren macht. Nach mehreren weiteren Versuchen war er sich sicher, dass es sich hier um eine neue Art von Strahlen handeln musste.

Die ersten sichtbar gemachten Beweisaufnahmen zeigen wahrscheinlich seine eigene Hand, sicher aber – bei der Aufnahme vom 22.12.1895 – die Hand seiner Frau.

Mit 3 Veröffentlichungen machte Röntgen seine Entdeckung und die Ergebnisse seiner Untersuchungen publik:

- vorläufige Mitteilung vom 28. Dezember 1895: „Über eine neue Art von Strahlen" (▶ Abb. 1.2)
- Mitteilung vom 9. März 1896: „Eine neue Art von Strahlen"
- Mitteilung vom 10. März 1897: „Weitere Beobachtungen über die Eigenschaften der X-Strahlen"

Röntgen bezeichnete diese neuen Strahlen als X-Strahlen. Auf der Sitzung der „Physikalisch-medicinischen Gesellschaft" am 23. Januar 1896, auf der er seine Entdeckung vorstellte, wurden die X-Strahlen mit seinem Namen benannt. Im englischen Sprachraum existiert weiterhin die Bezeichnung X-Strahlen.

- Die **ersten Aufnahmen der Zähne** wurden wahrscheinlich schon Ende Januar und Anfang Februar **1896** angefertigt. Es existieren Aufnahmen von dem Zahnarzt Walkhoff, der sich für die lange Belichtungszeit von 25 min auf den Boden legte, damit die Aufnahme nicht verwackelte. Eine weitere Aufnahme aus dieser Frühzeit wurde von dem Physiker König angefertigt. Durch den Einsatz einer Röhre mit einer Anode aus Platinblech konnte die Belichtungszeit halbiert werden.
- **1896** stellt C. Edmund Kells eine Zahnaufnahme vor, die mit einem Filmhalter aus besonders durchlässigem Aluminium angefertigt wurde. Kells begründet damit die Paralleltechnik. In der Regel werden aber die Glasplatten, die als Bildempfänger benutzt werden, von den Ärzten im Mund gehalten.
- **1897** werden die ersten doppelseitig beschichteten Filme auf Basis von Zelluloid hergestellt. Diese wurden aber in Deutschland erst von 1923 an in der Routine verwendet.
- Im Jahr **1897** entwickelten Edison und Gehler Verstärkungsfolien, die mit Kalziumwolframat beschichtet waren.
- Die Halbwinkeltechnik für intraorale Zahnaufnahmen wurde unabhängig voneinander von Price **1904** und Cieszynski **1907** (▶ Abb. 1.3) vorgestellt.
- Das **erste zahnärztliche Röntgengerät** gab es **1904,** aber erst **1919** wurde von Garretson die Winkelröhre entwickelt, die dann ab 1925 in den zahnärztlichen Röntgengeräten installiert wurde. Mit dieser technischen Verbesserung konnten die verschiedenen Einstrahlwinkel sehr viel besser getroffen werden.
- Der Franzose A. Bocage begründet mit seiner Patentschrift **1921** die konventionelle Tomografie.
- Da geeignete Halter für die Paralleltechnik fehlten, schlug Le Master **1921** vor, eine Watterolle zwischen Film und Zahn zu befestigen, damit der Winkel zwischen Zahn und Film kleiner wird.
- Raper führte **1925** die Bissflügeltechnik ein. Damit wurde es möglich, die approximalen Bereiche der Kronen optimal für die Kariesdiagnostik abzubilden.

Abb. 1.1 Fluoreszenz von drei unterschiedlich dicken Verstärkungsfolien.

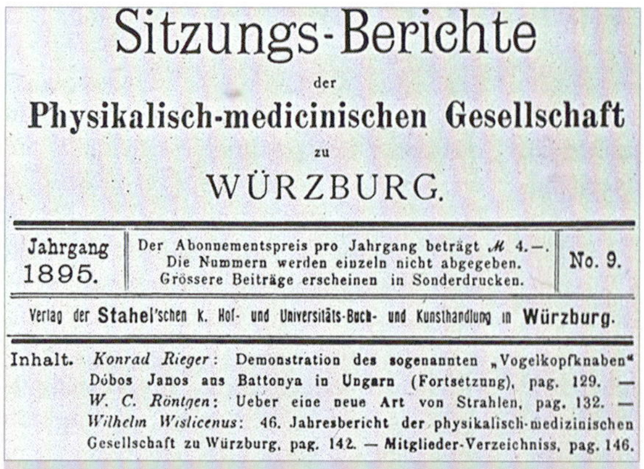

Sitzungs-Berichte
der
Physikalisch-medicinischen Gesellschaft
zu
WÜRZBURG.

Jahrgang 1895.	Der Abonnementspreis pro Jahrgang beträgt ℳ 4.–. Die Nummern werden einzeln nicht abgegeben. Grössere Beiträge erscheinen in Sonderdrucken.	No. 9.

Verlag der Stahel'schen k. Hof- und Universitäts-Buch- und Kunsthandlung in Würzburg.

Inhalt. *Konrad Rieger*: Demonstration des sogenannten „Vogelkopfknaben" Dóbos Janos aus Battonya in Ungarn (Fortsetzung), pag. 129. — *W. C. Röntgen*: Ueber eine neue Art von Strahlen, pag. 132. — *Wilhelm Wislicenus*: 46. Jahresbericht der physikalisch-medizinischen Gesellschaft zu Würzburg, pag. 142. — Mitglieder-Verzeichniss, pag. 146.

Abb. 1.2 Ausschnitt des Titelblatts der Sitzungsberichte der Physikalisch-medicinischen Gesellschaft zu Würzburg von 1895.

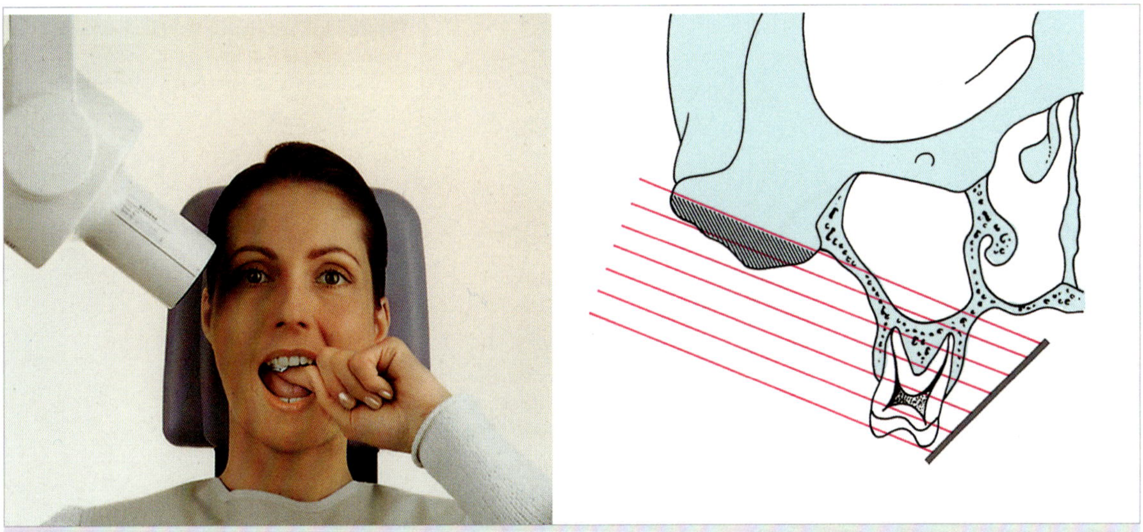

Abb. 1.3 Verzerrungen im Wurzelbereich bei Anwendung der Halbwinkeltechnik. Aus: Pasler FA, Visser H. Farbatlanten Zahnmedizin, 5. Band, Zahnmedizinische Radiologie. 2. Aufl. Stuttgart: Thieme; 2000.

Abb. 1.4 Röntgenkugel der Fa. Siemens.

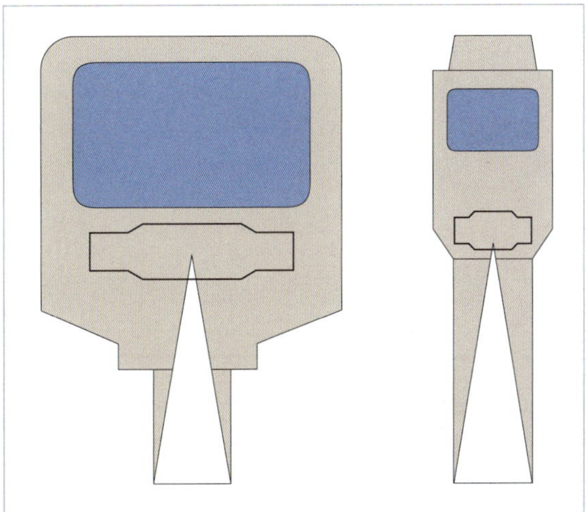

Abb. 1.5 Verkleinerung der Dentalstrahler durch moderne Technik. Links: älteres großvolumiges Gerät; rechts: deutlich verkleinerter Dentalstrahler Heliodent 70; **Blaue** Fläche: erforderlicher Raum für Transformator.

- Ab **1928** kamen die ersten Dentalstrahler mit Hochspannungsschutz auf den Markt.
- Hofrath und Broadbent entwickelten **1931** die Technik für die Fernröntgenaufnahme.
- Von **1933** an wurden Geräte entwickelt, bei denen Strahler und Generator in 1 Gehäuse waren. Die Siemens-Röntgenkugel (▸ Abb. 1.4) ist der berühmteste Vertreter dieser Dentalstrahler. Die sogenannte Einkesselbauweise (▸ Abb. 1.5) wurde hiermit in das zahnärztliche Röntgen eingeführt.
- Zur Abbildung der gesamten Zähne im Ober- oder Unterkiefer entwickelt Numata **1933** die Panografie (▸ Abb. 1.6) unter Verwendung einer Schlitzblende.
- Unabhängig davon entwickelt Paatero **1946** ein ähnliches System. Im Gegensatz zu Numata setzt Paatero seine Entwicklung fort und stellt **1949–1952** die Panoramatomografie = Pantomografie, das Panoramaschichtverfahren (PSA), vor (▸ Abb. 1.7).
- **1956** erfolgt die Einführung des doppelexzentrischen Panoramaschichtgeräts Panorex.
- Die Weiterentwicklung der Pantomografie zur Orthopantomografie wird **1959–1961** vollzogen.
- Die Einführung der Panoramavergrößerungsaufnahme gelingt durch Ott und Blackmann im Jahr **1961** (▸ Abb. 1.8 und ▸ Abb. 1.9).
- Ab **1974** erfolgt die Weiterentwicklung der Panoramaschichttechnik.
- **1982** kommt das PSA-Gerät Zonarc (▸ Abb. 1.10) zum Einsatz mit zahlreichen neuen Ablaufbahnen für den Gesichtsschädel (▸ Abb. 1.11).

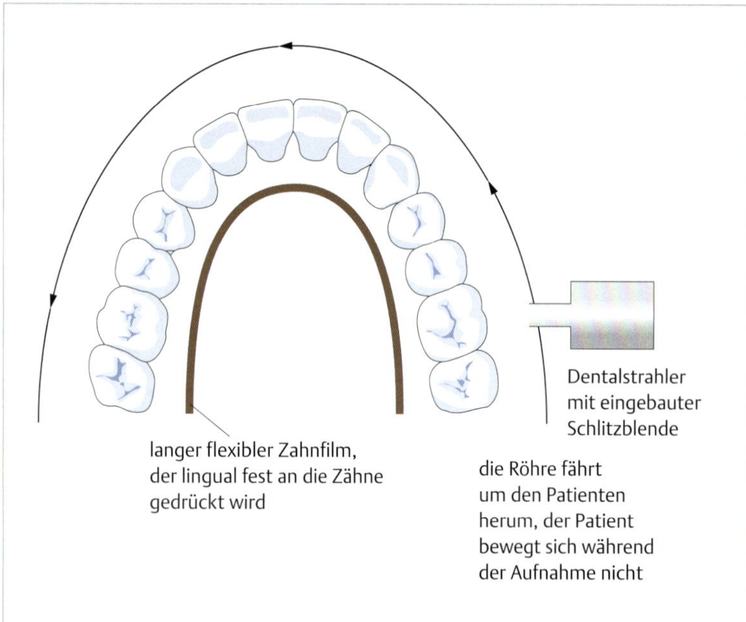

Abb. 1.6 Schema der Aufnahmevorrichtung für die Panografie (intraorale Panoramaaufnahme mit Schlitzblende nach Numata).

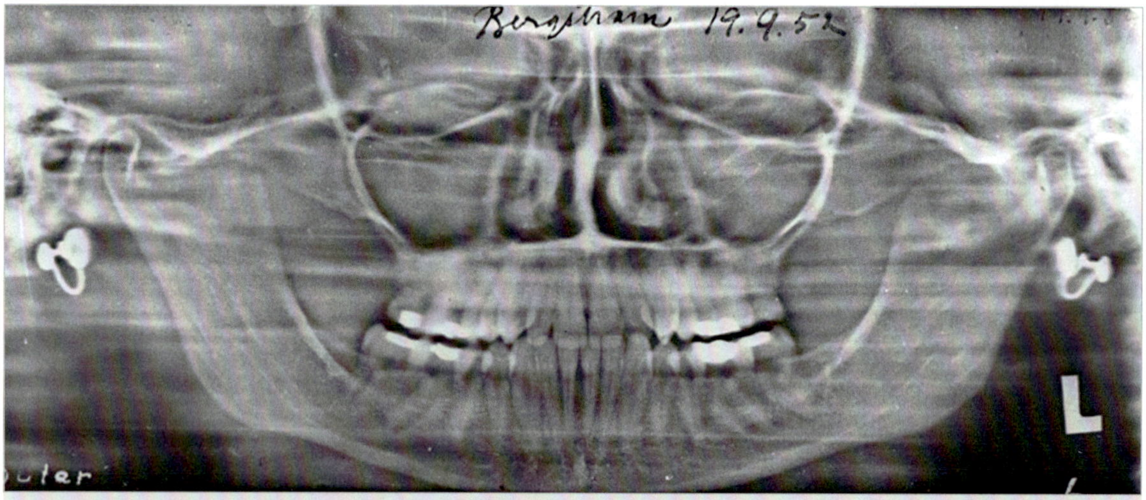

Abb. 1.7 Pantomografie Patientenaufnahme von Paatero.

Abb. 1.8 Status-X-Gerät der Fa. Siemens.

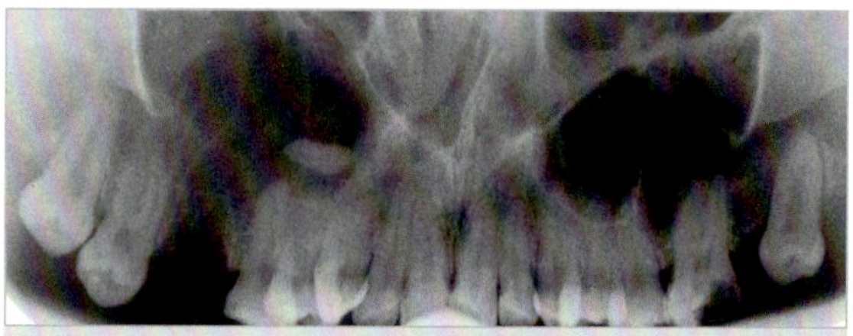

Abb. 1.9 Panoramavergrößerungsaufnahme mit dem Status-X-Gerät: Oberkiefer mit Wurzelrest in der rechten Kieferhöhle.

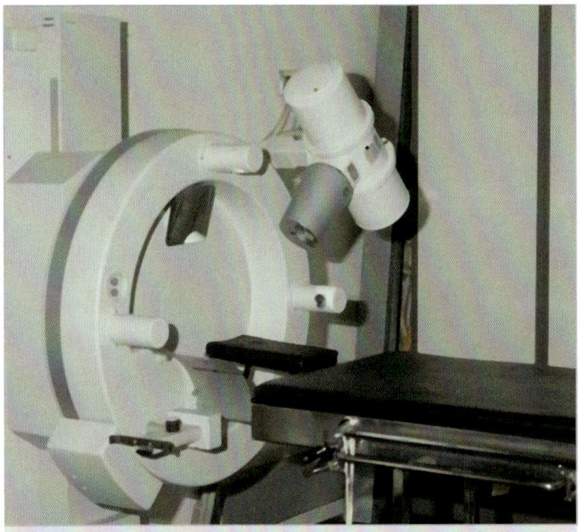

Abb. 1.10 Panoramaschichtgerät Zonarc für liegende Patienten.

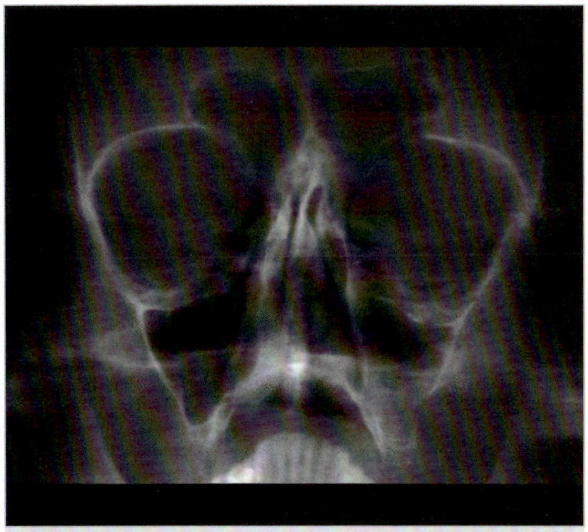

Abb. 1.11 Zonarc Panoramaschichtaufnahme des Mittelgesichts.

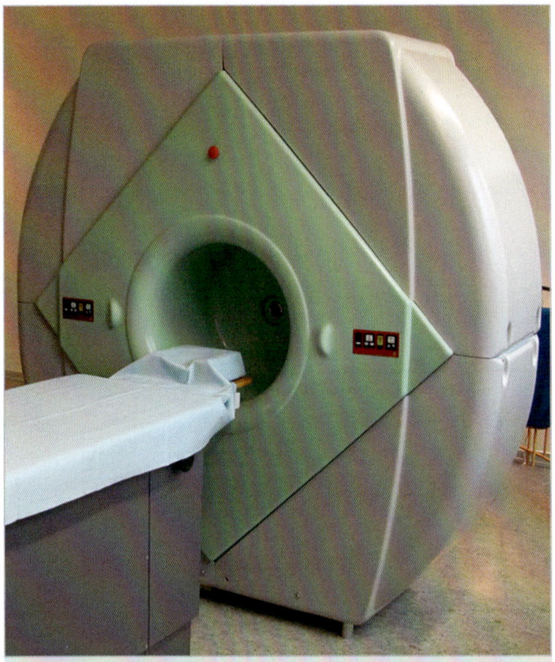

Abb. 1.12 Newtom, ein digitaler Volumentomograf für liegende Patienten.

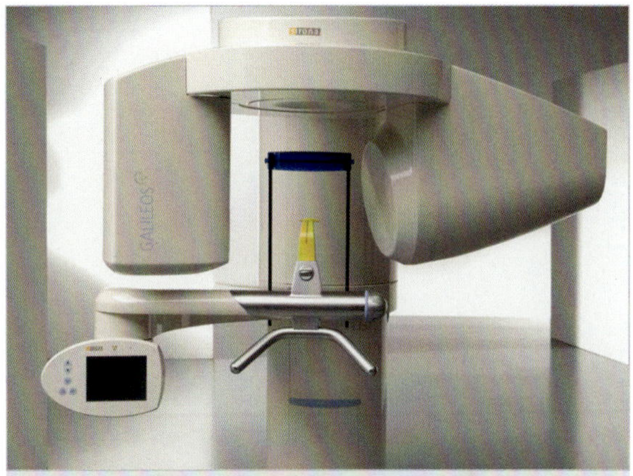

Abb. 1.13 Volumentomograf Galileos.

- **1985** ist das Jahr der Einführung des Schichtgeräts Scanora, das Panoramaschichttechnik und klassische Tomografie mit spiralförmiger Verwischung kombiniert.
- **1987** war der Beginn der **digitalen Radiografie** in der Zahn-, Mund- und Kieferheilkunde.
- **1995** erfolgt die Einführung der digitalen Technik für Panoramaschichtaufnahmen.
- Das Stichwort zu **1995** ist die „transversale Panoramaschichtaufnahme".
- **1998** wird die Einführung der digitalen Volumentomografie als spezielles Schichtverfahren für knöcherne Darstellungen im Kopfbereich vollführt (► Abb. 1.12).
- **2007** kommt Galileos auf den Markt, ein Gerät für die digitale Volumentomografie (► Abb. 1.13) bei stehenden und sitzenden Patienten.
- **2010** werden Panoramaschichtgeräte mit digitaler Volumentomografie kombiniert.

Kapitel 2

Strahlenphysik

2

2 Strahlenphysik

2.1 Strahlenarten

Alles Leben auf unserem Planeten ist einer Exposition von verschiedenen natürlich vorkommenden Strahlen ausgesetzt. In der Regel kommen diese Strahlen in Form von elektromagnetischen Wellen vor, die sich nur in der Wellenlänge unterscheiden. Bei wenigen bestimmten Wellenlängen können wir diese Strahlen sehen oder fühlen, in der Regel sind sie durch unsere uns zur Verfügung stehenden Sinnesorgane aber nicht erfassbar. Dies trifft im Besonderen auf die sehr kurzwelligen Strahlen zu, die sich jenseits des ultravioletten Lichts befinden.

Unter Strahlung verstehen wir den Transport und die Ausbreitung von Energie.

Die Energie, die im Strahlenfeld entsteht, löst im Objekt, auf das die Strahlung auftrifft, Wechselwirkungen aus. Während ein großer Teil vom Körper toleriert wird, beginnen bei kürzer werdenden Wellenlängen Reaktionen, die den Körper schädigen können.

Die Infrarotstrahlung wird noch als angenehme Wärmestrahlung wahrgenommen. Mit der Ultraviolettstrahlung beginnen aber Schädigungen, die mit chemischen Reaktionen in der Haut einen Sonnenbrand erzeugen können.

Wenn die Strahlung noch kurzwelliger wird, dann kommt sie in die Lage, Elektronen aus einem Atom herauszulösen. Diesen Vorgang nennt man Ionisation und die Strahlung bezeichnet man entsprechend als ionisierende Strahlen.

> **Merke** M!
>
> Man unterscheidet also Strahlen, die nicht ionisierend sind, und solche, die eine ionisierende Wirkung haben.

2.2 Direkte und indirekte Ionisation

Ein weiteres Unterscheidungsmerkmal besteht darin, wie die Strahlen ionisierend wirken.

Bei der direkt ionisierenden Strahlung wird die Energie von elektrisch geladenen Teilchen unmittelbar auf die durchstrahlten Strukturen übertragen. Zu diesen Teilchen gehören Alphastrahlung, Betastrahlungund Protonen.

Bei der indirekt ionisierenden Strahlung werden durch Wechselwirkungen mit der durchstrahlten Materie elektrisch geladenen Teilchen erzeugt, die dann ihre Energie auf weitere Strukturen übertragen. Zu dieser Gruppe gehören die Röntgenstrahlen und Gammastrahlen.

2.3 Korpuskular- und Photonenstrahlung

Betrachtet man die Strahlung nach ihrer physikalischen Konsistenz, dann muss man die Korpuskular- von der Photonenstrahlung unterscheiden.

Ein Grund für die Entstehung von diesen beiden Strahlenarten besteht darin, dass es stabile und instabile Atomkerne gibt. Stabile Atomkerne bestimmen unser alltägliches Leben und sind in der Regel ungefährlich. Von instabilen Kernen dagegen gehen ionisierende Strahlen aus, vor denen wir uns, soweit es möglich ist, schützen müssen.

2.3.1 Korpuskularstrahlung

Typische Formen der Korpuskularstrahlung sind die Alpha- und die Betastrahlung. Diese Strahlen sind direkt ionisierende Strahlen und entstehen durch den spontanen Zerfall von instabilen Atomkernen. Diesen Vorgang wird Radioaktivität genannt.

Die Alphateilchen bestehen aus Heliumkernen, während es sich bei der Betastrahlung um hochenergetische freie Elektronen handelt.

Da Alpha- und Betastrahlen aus Teilchen mit Ruhemasse bestehen, haben sie eine relativ geringe Reichweite. Für Alphastrahlung beträgt die typische Reichweite in der Luft nur wenige Zentimeter. Im Gewebe ist sie weniger als 1 Millimeter, weil die Abschwächung beim Durchgang durch das Gewebe sehr groß ist. Die Reichweite der Betastrahlung beträgt, abhängig von der Energie, in der Luft einige Meter, im Gewebe liegt sie im Millimeterbereich.

2.3.2 Photonenstrahlung

Röntgenstrahlung und Gammastrahlung sind elektromagnetische Strahlungsarten.

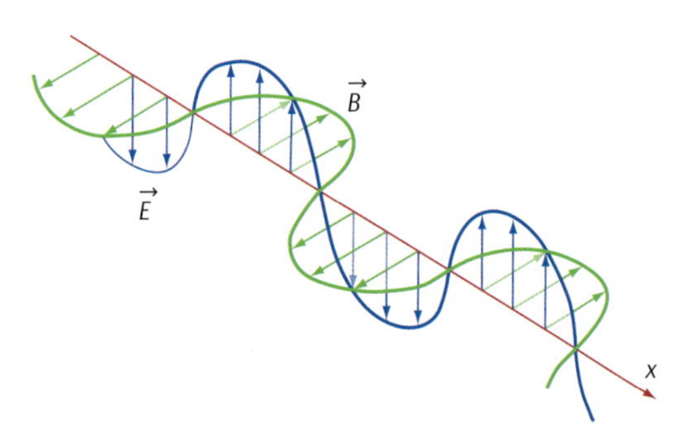

Abb. 2.1 Elektromagnetische Wellen. Aus: Zabel H. Kurzlehbuch Physik. 1. Aufl. Stuttgart: Thieme; 2011.

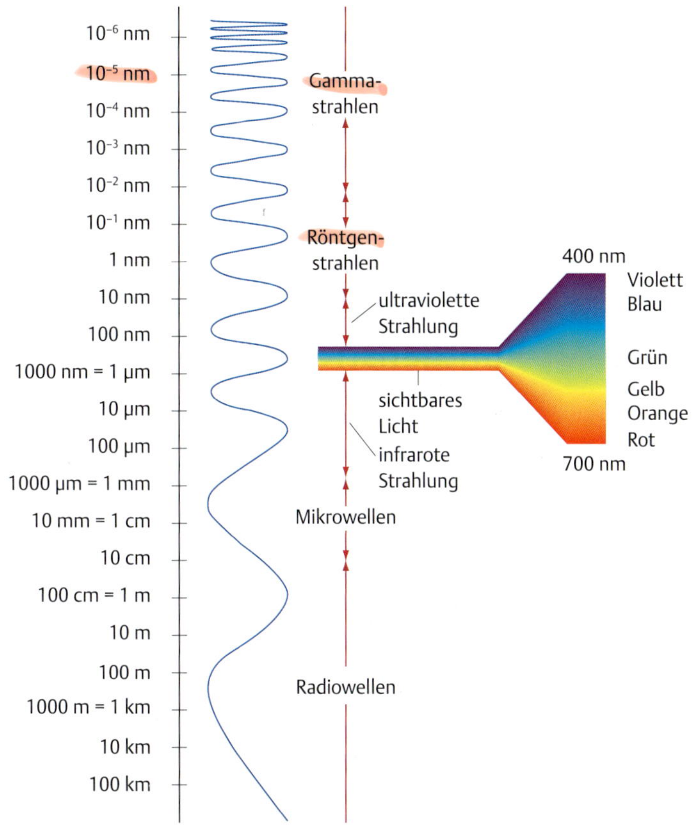

Abb. 2.2 Elektromagnetisches Spektrum. Aus: Zabel H. Kurzlehbuch Physik. 1. Aufl. Stuttgart: Thieme; 2011.

Elektromagnetische Wellen entstehen aus den elektrischen und magnetischen Feldern. Beide Felder sind eng miteinander verbunden. Es handelt sind hier um transversale Wellen, weil die Wellen des elektrischen Feldes und der magnetischen Flussdichte senkrecht aufeinander stehen (▶ Abb. 2.1).

Die Photonenstrahlung hat im Vergleich zur Korpuskularstrahlung keine Ruhemasse. Sie breitet sich deshalb im Vakuum und auch in der Luft mit Lichtgeschwindigkeit aus.

Zur Photonen- bzw. elektromagnetischen Wellenstrahlung gehört das gesamte elektromagnetische Spektrum (▶ Abb. 2.2), das von langwelligen Radiowellen bis zu den extrem kurzwelligen Gammastrahlen reicht.

2.4 Wechselwirkungen zwischen Strahlung und Materie

Die wesentlichen physikalischen Vorgänge bei der Energieübertragung sind die Anregung und die Ionisation des von der Strahlung getroffenen Atoms.

Um die Vorgänge bei der Ionisation verstehen zu können, sind Kenntnisse über den Aufbau der Atome Voraussetzung.

Seit Ernest Rutherford 1911 und Niels Bohr 1913 wissen wir, dass ein Atom aus einem positiv geladenen Kern und einer Hülle von negativ geladenen Elektronen besteht.

Die Anzahl der Elektronen entspricht der Ordnungs- oder Kernladungszahl. Sie entspricht der Anzahl der im Kern enthaltenen Protonen. Durch die Ordnungszahl erhält ein Element im Periodensystem der Elemente seinen eindeutigen charakteristischen Platz. In der Regel ist die Anzahl von Elektronen und Protonen gleich groß, sodass das Atom nach außen neutral ist.

Wichtig für die verschiedenen Reaktionen mit den Photonen ist die Tatsache, dass die Elektronen auf unterschiedlichen Bahnen um den Kern herum kreisen. Die Bahnen werden – von innen beginnend – als K-, L-, M- bis Q-Schale bezeichnet. Jede Schale kann nur eine bestimmte Anzahl von Elektronen aufnehmen. Diese Besetzung reicht von 2 Elektronen auf der K-Schale bis zu 18 Elektronen auf der M-Schale. Die Anzahl der Elektronen steigt mit der Ordnungszahl, sodass die Elemente mit einer hohen Ordnungszahl auch eine höhere Anzahl von Elektronen besitzen. Dies wirkt sich dann auf das Absorptionsverhalten entsprechend aus.

M!

Merke

Je mehr Elektronen ein Element besitzt, desto mehr Photonen werden absorbiert. Bei der Erkennung der einzelnen Gewebe und der Diagnostik spielt diese Tatsache eine große Rolle.

2.5 Grundlegende physikalische Vorgänge bei Übertragung der Energie der Photonen auf Materie

Beim Auftreffen der Photonen auf Materie finden 2 mögliche physikalische Prozesse statt: Anregung und Ionisation.

2.5.1 Anregung

Wird einem Atom von außen Energie hinzugefügt, dann können Elektronen von einer inneren Schale auf eine höhere Schale gehoben werden. Diesen sehr kurz andauernden Zustand nennt man Anregung. Dabei verlässt kein Elektron das Atom. Es findet also keine Ionisation statt. Da das Atom immer vollständige Bahnen braucht, werden die freien Plätze der unvollständigen Schalen durch Elektronen der äußeren Schalen wieder aufgefüllt. Das Elektron, das von einer höheren Schale in eine tiefer liegende Schale fällt und diese damit vervollständigt, gibt bei diesem Fallen Energie in Form von elektromagnetischer Photonenstrahlung ab. Die fehlenden Elektronen der äußeren Schale werden durch freie Elektronen wieder aufgefüllt.

Findet der Elektronensprung im Bereich der innersten Schalen statt, dann entsteht so viel Energie, dass Röntgenstrahlen entstehen. Da die Wellenlänge dieser Röntgenstrahlen vom jeweiligen Anodenmaterial abhängt, werden sie charakteristische Röntgenstrahlen genannt. Findet der Elektronensprung im mittleren Schalenbereich statt, dann entsteht UV-Licht. Und Sprünge im äußeren Bereich werden wegen ihrer geringen Energie als sichtbares Licht wahrnehmbar.

M!

Merke

Findet auf den **innersten** Schalen eines Atoms ein Elektronensprung statt, wird Energie in Form von elektromagnetischer Strahlung im Wellenlängenbereich der Röntgenstrahlung frei.

2.5.2 Ionisation

Bei der Ionisation wird die Energie des auftreffenden Photons vollständig absorbiert und auf ein Elektron übertragen. Diese Energieübertragung führt zur Überwindung der Bindungsenergie dieses Elektrons, sodass es sich aus seiner Umlaufbahn lösen und das Atom verlassen kann. Das Atom ist damit ionisiert. Das freigesetzte Elektron kann dann weitere Atome ionisieren.

2.6 Wechselwirkungen der Röntgenstrahlen mit der durchstrahlten Materie

Trifft Röntgenstrahlung auf Materie, dann durchdringt sie diese, wird aber dabei geschwächt. Physikalisch gesehen kann die Energie der Photonen absorbiert werden oder aber durch Streustrahlung sich weiter ausbreiten. Verursacht wird die Schwächung wird durch die Dicke, Dichte und die Ordnungszahl des durchstrahlten Stoffes.

M!

Merke

Die Röntgenstrahlung wird durch den Organismus abgeschwächt. Dies geschieht durch Absorption von Photonen und die Entstehung von Streustrahlung.

2.6.1 Absorption – Fotoeffekt

Die Absorption der Strahlung findet hauptsächlich an den inneren Schalen der Atomhüllen statt. Da es sich bei den Röntgenstrahlen um Photonen handelt, sprechen wir auch vom Fotoeffekt (▸ Abb. 2.3). Die Energie des auftreffenden Photons wird zu einem Teil für die Loslösung des Elektrons benutzt und die restliche Energie bekommt das emittierte Photon als kinetische Energie mit. Die freigewordenen Elektronen verursachen dann weitere Fotoeffekte an anderen Atomen.

Die freigewordene Stelle auf der inneren Bahn wird, wie bei der Anregung, durch Elektronen einer höheren Bahn aufgefüllt. Die dabei freiwerdende Energie verlässt das Atom als charakteristische Röntgenstrahlung.

Der Fotoeffekt spielt in der Röntgendiagnostik mit Kilovolt-Werten bis 100 kV eine entscheidende Rolle. Je kleiner die Kilovolt-Werte sind, desto größer ist die Absorption. Durch eine hohe Ordnungszahl wird dieser Effekt verstärkt. So lassen sich knöcherne Strukturen mit niedrigen Kilovolt-Werten um die 50 kV am besten darstellen. Ab ca. 60 kV nimmt der Anteil des Fotoeffekts stark ab und der Streustrahlenanteil steigt entsprechend. Bei 60 kV sind beide Anteile etwa gleich groß.

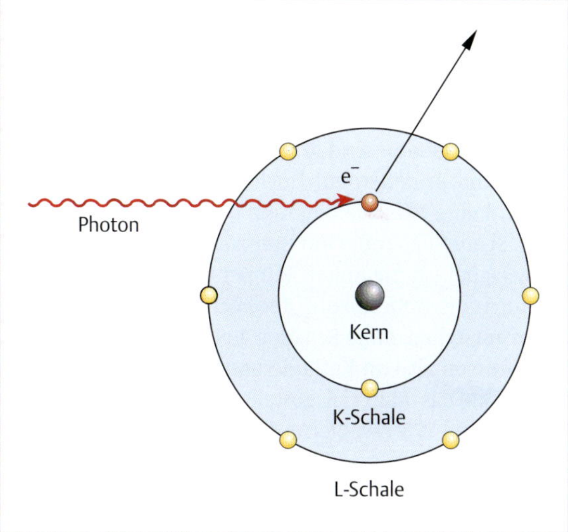

Abb. 2.3 Fotoeffekt. Aus: Schwenzer N, Ehrenfeldt M, Hrsg. Chirurgische Grundlagen. 4. Aufl. Stuttgart: Thieme; 2008.

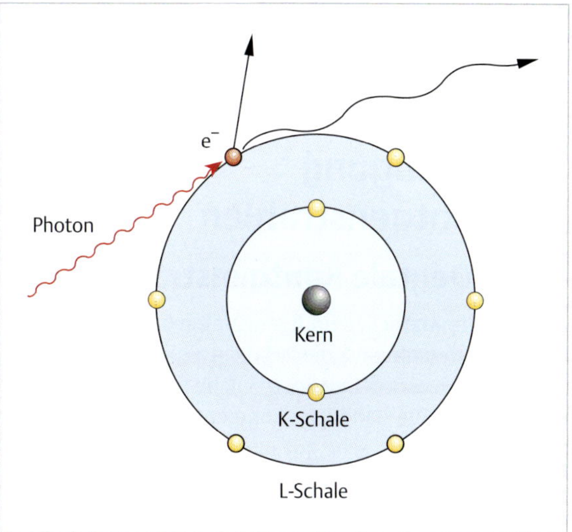

Abb. 2.4 Compton-Streuung. Aus: Schwenzer N, Ehrenfeldt M, Hrsg. Chirurgische Grundlagen. 4. Aufl. Stuttgart: Thieme; 2008.

2.6.2 Streustrahlung – Compton-Effekt

Neben dem Fotoeffekt spielt im diagnostischen Röntgenbereich der Compton-Effekt eine große Bedeutung. Beim Compton-Effekt oder der Compton-Streuung wird ebenfalls ein Elektron aus der Elektronenhülle freigesetzt. Hier werden aber im Gegensatz zum Fotoeffekt nicht Elektronen der inneren Schalen, sondern Hüllenelektronen aus den äußeren Schalen getroffen. Diese äußeren Hüllenelektronen besitzen eine geringere Bindungsenergie und können daher leicht abgelöst werden. Es wird daher auch nicht die gesamte Energie dafür benötigt, sondern nur ein Teil davon. Mit dem restlichen Teil der Energie verlässt das Photon das Atom in einem Winkel von 0–180°. Es wird also in einem großen Winkel gestreut (▶ Abb. 2.4). Das emittierte Elektron und die Streustrahlung können trotz ihrer geringeren Energie dann weitere Ionisationen auslösen.

Da die Streustrahlen sich in alle Richtungen ausbreiten können, treffen sie auch auf dem Bildempfänger aus willkürlichen Richtungen ein. Dadurch verringern sie den Kontrast erheblich.

Der Compton-Effekt spielt im Energiebereich des zahnärztlichen Röntgens eine große Rolle. Bei 60 kV ist der Anteil von Fotoeffekt und Compton-Effekt ungefähr gleich groß.

Die klassische Streuung ohne Energieverlust und die Paarbildung spielen in der Röntgendiagnostik keine Rolle, da die klassische Streuung nur bei sehr weicher Röntgenstrahlung und die Paarbildung nur im MeV-Bereich auftreten.

M!

Merke

Der Fotoeffekt hat seine größte Wirkung bei niedrigen Spannungen bis ca. 50 kV. Die entstehenden Bilder zeichnen sich durch einen hohen Kontrast aus. Dieser hohe Kontrast entsteht, weil der Streustrahlenanteil sehr klein ist und die knöchernen Strukturen besonders gut zur Abbildung kommen. Andererseits werden die sogenannten weichen Strahlen in einem so hohen Maße absorbiert, dass die Strahlenexposition unverhältnismäßig groß wird.

Aus diesem Grund wurden alle Dentalstrahler, die mit 50 kV arbeiteten, verboten. Die Mindest-Kilovolt-Stärke, die eingesetzt werden darf, beträgt jetzt 60 kV. Mit dieser Strahlung wird ein guter Kompromiss zwischen Bildqualität und Strahlenexposition erzielt.

2.7 Radioaktivität

Wenn die Anzahl der Protonen und der Neutronen im Kern gleich groß ist, dann ist der Kern stabil. Weicht aber die Neutronenzahl von der Protonenzahl ab, ist sie im Vergleich zu groß oder zu klein, dann werden die Kerne instabil. Die Kerne zerfallen dann in kürzeren oder längeren Abständen in wieder stabilere Kerne. Diese Kerne nennt man isotope Nuklide oder kurz gefasst Isotope. Während des Zerfalls entsteht radioaktive Strahlung.

Die radioaktive Strahlung besteht u.a. aus Alphateilchen (= Heliumkerne), Betateilchen (= Elektronen) und Gammastrahlen (= elektromagnetische Strahlen mit sehr großer Energie).

Wir unterscheiden terrestrische, kosmische und künstliche Strahlung, die als radioaktive Strahlung auf verschiedenen Wegen auf uns einwirkt.

2.8 Erzeugung der Röntgenstrahlen

2.8.1 Dentale Röntgenstrahler

Bei den zahnärztlichen Röntgengeräten befinden sich der Röntgengenerator und die Röntgenröhre gemeinsam in einem Strahlenschutzgehäuse. Solche Einkesselgeräte ermöglichen kleine handliche Röntgengeräte, die im zahnärztlichen Röntgen sehr gut einsetzbar sind (▶ Abb. 2.5 und ▶ Abb. 2.6).

Die Röntgenstrahlen entstehen in einer Röhre aus Glas (▶ Abb. 2.7). In dieser Röntgenröhre befinden sich alle wesentlichen technischen Teile, die für die Erzeugung der Röntgenstrahlen notwendig sind.

Die Röhre befindet sich zusammen mit einem Generator zur Erzeugung der benötigten Hoch- und Niedrigspannung in einem Strahlenschutzgehäuse. Das Strahlenschutzgehäuse ist zur Isolierung vollständig mit Öl gefüllt.

Jedes Strahlenschutzgehäuse wird überprüft, um zu verhindern dass Leckstrahlung austreten kann. Ein sicheres Zeichen für ein defektes Gehäuse ist Öl, das ausläuft. In einem solchen Falle darf das Gerät nicht weiterbetrieben werden.

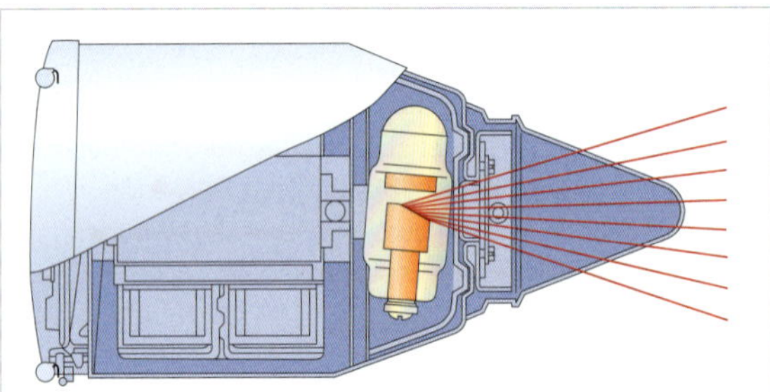

Abb. 2.5 Dentalstrahler mit Kurztubus (darf nicht mehr eingesetzt werden).

Aufbau der Röntgenröhre

Röntgenstrahlung entsteht, wenn Elektronen – mit hoher Geschwindigkeit aus der Kathode kommend – auf der Anode abgebremst werden (▶ Abb. 2.8).

Notwendig dafür sind Röntgenröhren, die aus Glas bestehen und in denen ein Hochvakuum besteht. Weiterhin wird eine Kathode benötigt, die als Elektronenquelle dient. Schließlich muss ein Bremskörper vorhanden sein, der geeignet ist, die hohen Temperaturen bis zu 2500 °C, die durch die Abbremsung der hochenergetischen Elektronen entstehen, ohne Schaden zu überstehen.

Es müssen also an Kathode und Anode hohe Anforderungen an das Material gestellt werden und eine gute Kühlung und Wärmeableitung vorhanden sein.

Kathode

Damit genügend Elektronen für die Beschleunigung zur Verfügung stehen, existiert ein sogenannter Heizstromkreis, der eine kleine Spannung von 8–12 V und eine Stromstärke von 3–6 A aufweist. Durch diesen Stromkreis wird die Heizspirale aus Wolframdraht bis zum Glühen auf 2000 °C erhitzt, sodass die Elektronen ihre Bindung zum Metall verlieren und durch eine Glühemission freigesetzt werden.

Abb. 2.7 Röntgenröhre und Transformator eines Dentalstrahlers ohne Schutzgehäuse.

Abb. 2.6 Dentalstrahler mit Langtubus.

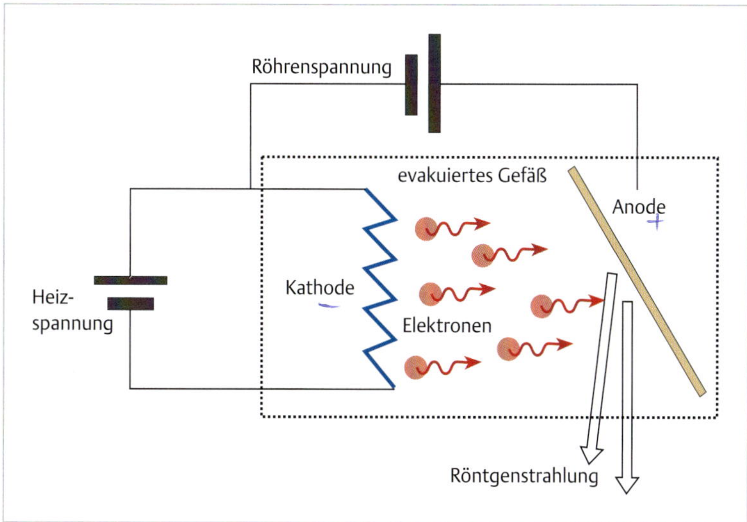

Abb. 2.8 Aufprall der Elektronen auf die Anode. Aus: Albes G. Facharztprüfung Radiologie. 2. Aufl. Stuttgart: Thieme; 2010.

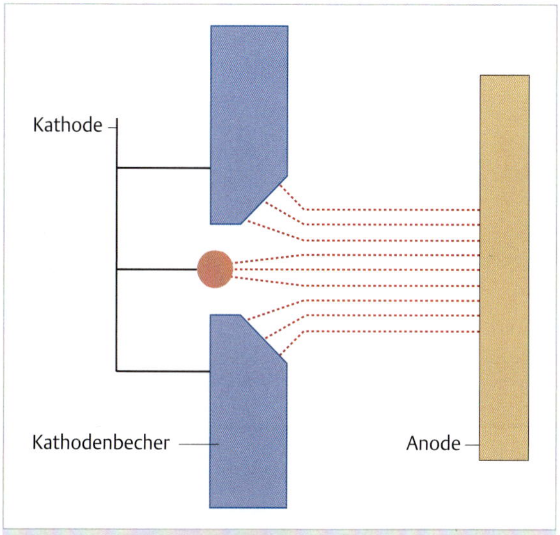

Abb. 2.9 Wehnelt-Zylinder. Aus: Albes G. Facharztprüfung Radiologie. 2. Aufl. Stuttgart: Thieme; 2010.

Da der Fokus auf der Anode kleiner als die Elektronenwolke ist, die aus dem Wolframdraht austritt, müssen die Elektronen in Richtung der Anode gesteuert werden. Dies geschieht durch einen negativ geladenen Wehnelt-Sammelzylinder (▶ Abb. 2.9), der die Kathode entsprechend umschließt und dafür sorgt, dass alle Elektronen exakt auf der Anode auftreffen, um einen Brennfleck zu erzeugen, der so klein wie möglich ist.

Anode

Für die Beschleunigung der Elektronen zur Anode wird ein 2. Stromkreis notwendig. Im Gegensatz zum Heizstrom ist hier die Spannung sehr groß und die Stromstärke klein.

Zur Erzeugung von Röntgenstrahlen wird eine Hochspannung notwendig, die im zahnärztlichen Bereich aus Strahlenschutzgründen nicht weniger als 60 kV betragen darf. Die Stromstärke liegt in der Regel unter 1 A.

Da bei den zahnärztlichen Strahlern mit geringem Röhrenstrom gearbeitet wird, kommen feste Stehanoden zum Einsatz (▶ Abb. 2.10).

Die Anode besteht aus einer kleinen Wolfram-Rhenium-Platte, die in einem Kupferblock eingelassen ist, der zur Ableitung der Wärme dient.

Für Strahler mit höheren Leistungen, also mit größerem Elektronenbeschuss der Anode, werden Drehanoden eingesetzt (▶ Abb. 2.11). Drehanoden wurden von Coolidge 1916 eingeführt. Der Anodenteller hat eine umlaufende Anodenfläche und leistet bis zu 3 000–90 000 Umdrehungen in der Minute. Die Hitzeentwicklung wird dadurch auf eine größere Fläche verteilt und Überhitzungen und Verschleiß des Anodenmaterials verringert. Als Anodenmaterial wird eine Wolfram-Rhenium-Legierung benutzt.

Zur Reduzierung der geometrischen Unschärfe sollte der Fokus so klein wie möglich sein. Da es aus materialtechnischen Gründen – wegen der großen Hitzeentwicklung – keinen punktförmigen Fokus gibt, wird es immer eine geometrische Unschärfe geben, die sich dann zwangsläufig mehr oder weniger auf das Bild negativ auswirken wird.

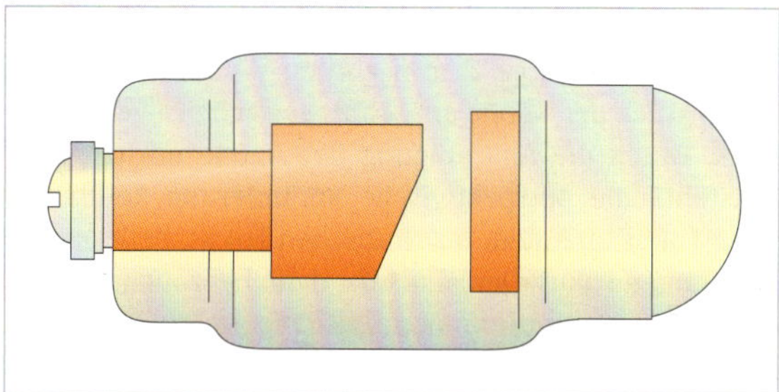

Abb. 2.10 Stehanode.

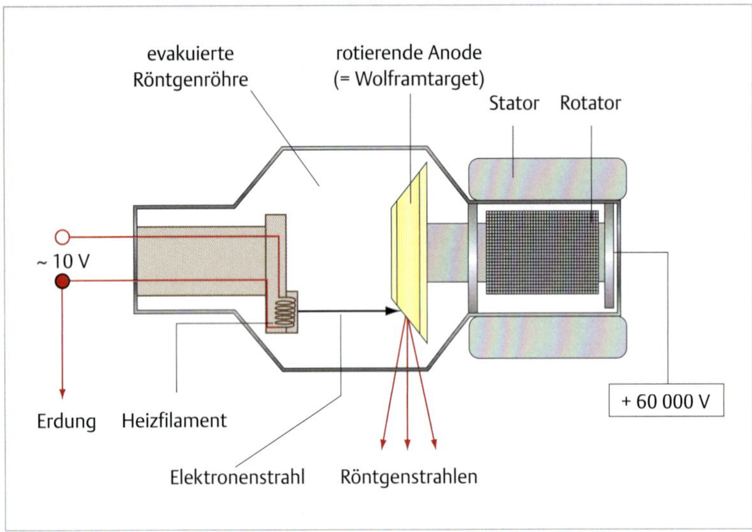

Abb. 2.11 Drehanode. Aus: Zabel H. Kurzlehbuch Physik. 1. Aufl. Stuttgart: Thieme; 2011.

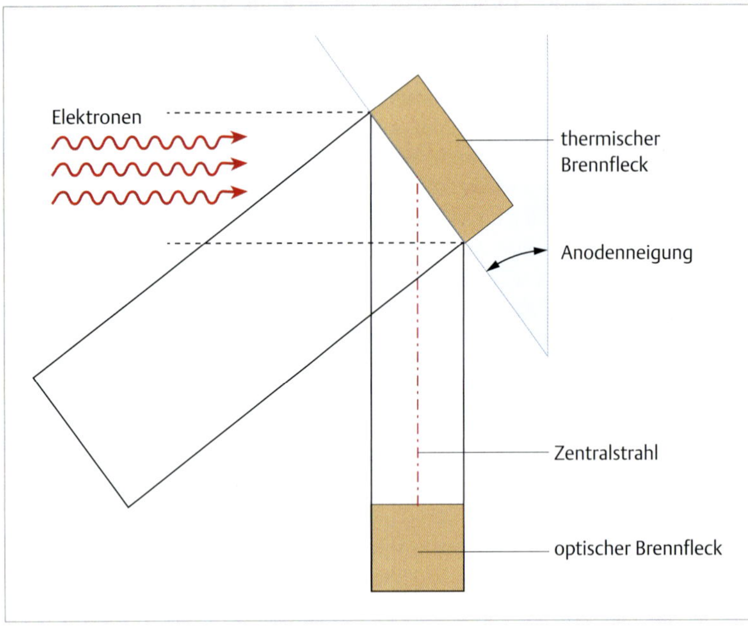

Abb. 2.12 Anschrägung der Anode zur Erzeugung eines kleinen optischen Brennflecks (Schema).

Um den Fokus so klein wie möglich zu bekommen, wird durch den sogenannten Strichfokus der Fokus künstlich verkleinert. Hier bedient man sich der perspektivischen Verkleinerung. Dies gelingt dadurch, dass die Anode angeschrägt wird (► Abb. 2.12). Durch vertikale Anordnung von Heizspirale und Wehnelt-Sammelzylinder entsteht auf dem kleinen, ca. 2 mm großen Wolfram-Rhenium-Metallstück der Anode ein schmaler rechteckiger Brennfleck. Durch die Anschrägung der Anode um circa 15° entsteht eine perspektivische Veränderung des länglichen Fokus zu einem quadratischen Fokus, dem optisch wirksamen Fokus. Der Fokus hat dann bei zahnärztlichen Strahlern eine Größe von ca. 0,6 × 0,6 mm.

Multipulsgeneratoren

Um die Leistung der Dentalstrahler zu erhöhen, kommen seit längerer Zeit Multipulsgeneratoren zur Anwendung. Bei Generatoren dieses Typs wird die primäre Wechselspannung gleichgerichtet und geglättet. Dann wird sie umgewandelt in eine Wechselspannung mit hoher Frequenz. Diese Spannung wird dann schließlich hochtransformiert, gleichgerichtet und geglättet (► Abb. 2.13).

Durch diesen Generator wird also die Leistung deutlich erhöht und der Dentalstrahler von Spannungsschwankungen des Stromnetzes unabhängig gemacht.

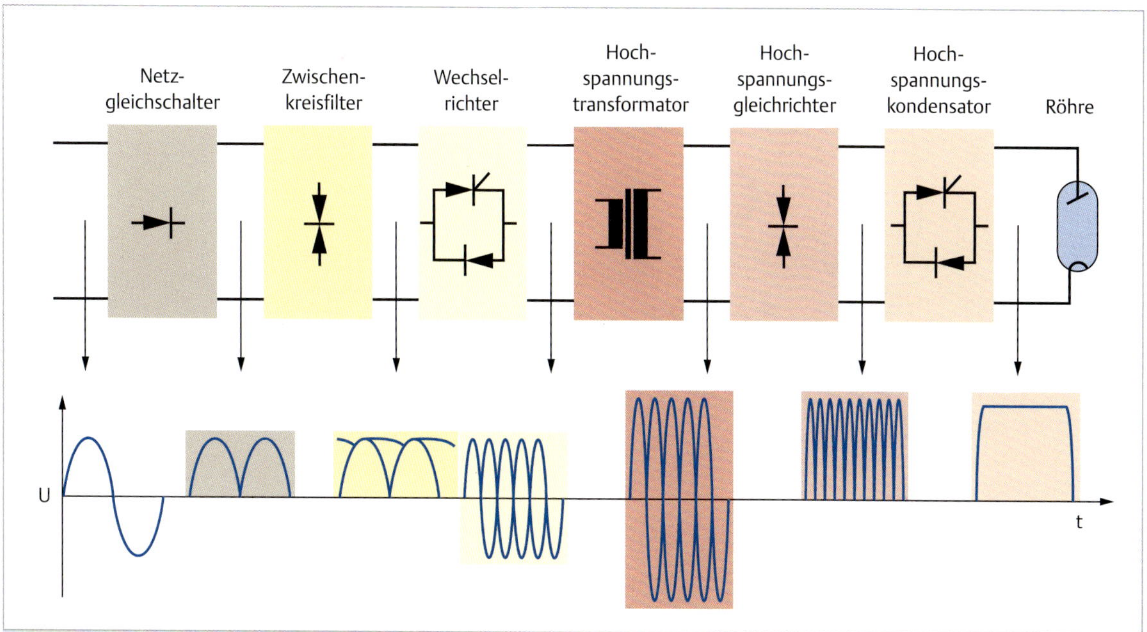

Abb. 2.13 Prinzip eines Multipulsgenerators.

> **Merke**
>
> In der Röntgenröhre befinden sich 2 Stromkreise. Zur Erzeugung und Bereitstellung der Elektronen gibt es den Kathoden- oder Heizstrom mit einer Niedrigspannung und für die Beschleunigung einen Anoden- oder Röhrenstrom mit einer Hochspannung.
>
> Die Erhöhung des Heizstroms führt zu einer Vermehrung der Elektronen. Kann der Heizstrom nicht verändert werden, lässt sich die Elektronenmenge durch die Belichtungszeit steuern. Die Elektronenmenge wirkt sich auf die Schwärzung des Röntgenfilms aus.
>
> Die Erhöhung der Spannung (in kV) führt zu energiereicheren, kurzwelligeren Strahlen mit einer größeren Durchdringungskraft. Die Wahl der Hochspannung hängt von der Dicke und Dichte des darzustellenden Objekts ab und wirkt sich nicht auf die Schwärzung, sondern auf den erzielten Bildkontrast aus.

Wechselwirkungen der Elektronen mit dem Anodenmaterial

Wenn die Elektronen auf der Anode abgebremst werden, entsteht 99% Wärme und nur 1% Röntgenstrahlung.

Zwei physikalische Vorgänge führen zu der Entstehung von 2 verschiedenen Formen der Röntgenstrahlung: Die Elektronen aus der Kathode stoßen auf Hüllenelektronen aus den innersten Schalen eines Atoms und lassen so die charakteristische Röntgenstrahlung entstehen. Oder aber die Elektronen werden vom Kern des Atoms abgebremst, sodass aus der kinetischen Energie der Elektronen die Bremsstrahlung wird.

Charakteristische Röntgenstrahlung

Die charakteristische Röntgenstrahlung entsteht durch Wechselwirkungen der Elektronen, die aus der Kathode kommen, mit den Hüllenelektronen der Atome der Anode.

Nach dem Bohr'schen Atommodell können sich die Elektronen nur auf bestimmtem Bahnen um den Kern herum aufhalten. Die Elektronenzahl ist für jede Umlaufbahn genau vorgeschrieben und kann ohne Folgen für das Atom nicht geändert werden. Dringt jetzt aber ein Elektron, von der Kathode kommend, in ein Atom ein und drängt ein Elektron aus einer inneren Schale und dem Atom heraus, muss der freiwerdende Platz durch ein Elektron wieder aufgefüllt werden. Dies geschieht dadurch, dass ein Elektron aus einer höheren Schale in die energetisch tiefer liegende Schale fällt und diese wieder vervollständigt. Dabei wird Energie in Form von charakteristischer Strahlung (auch: Eigenstrahlung) frei (► Abb. 2.14).

Bremsstrahlung

Gelangen die Elektronen aus der Kathode in die Nähe des Atomkerns, dann werden sie im elektrischen Feld der Atomkerne abgelenkt. Sie verlieren dabei Energie, die aber nicht „verschwindet", sondern sich als Energiequanten zu Photonen verändert.

Ein geringer Teil von wenigen Promille der Elektronen gibt seine Energie sofort ab, sodass die gesamte Energie

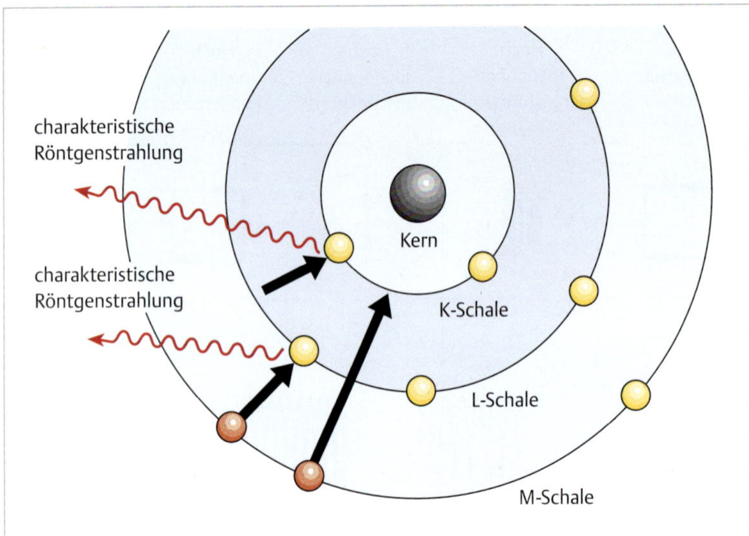

Abb. 2.14 Charakteristische Röntgenstrahlung (Schema). Aus: Albes G. Facharztprüfung Radiologie. 2. Aufl. Stuttgart: Thieme; 2010.

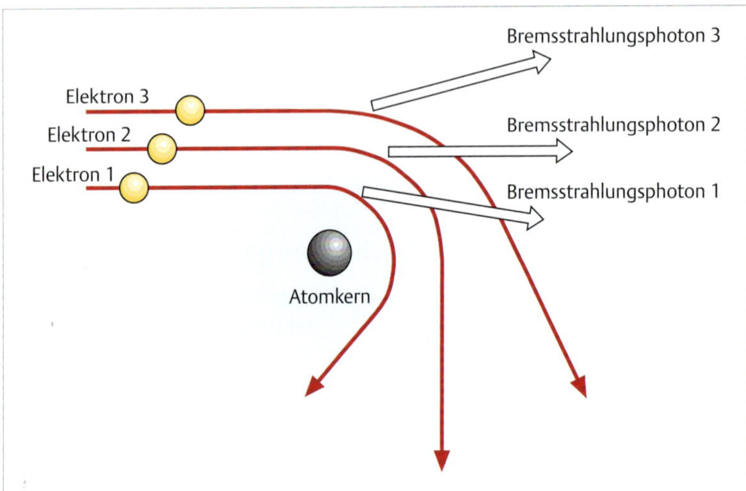

Abb. 2.15 Bremsstrahlung (Schema). Aus: Albes G. Facharztprüfung Radiologie. 2. Aufl. Stuttgart: Thieme; 2010.

des Elektrons zur Bildung eines Photons benutzt wird. Die meisten Elektronen geben aber bis zur Umwandlung Teile ihrer Energie in Form von Wärme ab, sodass die Mehrzahl der abgestrahlten Photonen eine geringere Energie hat. Es kommen deshalb alle Energiestufen vor, sodass man von einem kontinuierlichen Röntgenspektrum spricht (► Abb. 2.15).

M!

Merke

Die Röntgenbremsstrahlung entsteht durch Wechselwirkungen der Elektronen mit dem elektrischen Feld der Atomkerne des Anodenmaterials. Weil die Elektronen individuell verschieden abgebremst werden, entsteht ein Spektrum von Röntgenstrahlen mit verschiedenen Wellenlängen.

Eigenschaften der Röntgenstrahlen

Durch ihre ionisierende Wirkung haben die Röntgenstrahlen ganz spezielle Eigenschaften, die auf verschiedene Weise genutzt werden können.

- **Schwächung:** Röntgenstrahlen durchdringen Materie, werden dabei durch Absorption und Streuung geschwächt.
- **Lumineszenz:** Röntgenstrahlen regen bestimmte Stoffe zum Leuchten an. Die Lumineszenz wird zur Verstärkung der Röntgenstrahlen und zur Dosisreduzierung benutzt (► Abb. 2.16).
- **Ionisation:** Röntgenstrahlen ionisieren Luft und Gase und können so gemessen werden.
- **fotografischer Effekt:** Röntgenstrahlen haben eine fotochemische Wirkung und schwärzen Röntgenfilme (► Abb. 2.17)
- **Halbleitereffekt:** Röntgenstrahlen verändern die Ladung und Leitfähigkeit von Halbleitern (→ Nutzung in der digitalen Radiografie).

Abb. 2.16 Röntgenstrahlung erzeugt Licht auf einer Verstärkungsfolie.

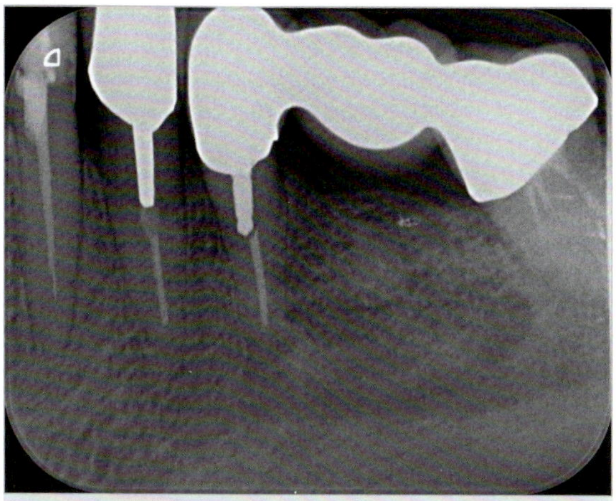

Abb. 2.17 Zahnfilm.

2.8.2 Technische Zusatzeinrichtungen zur Dosisbegrenzung und Verbesserung der Bildqualität

Damit die Röntgenstrahlen optimal eingesetzt werden können, bedarf es besonders beim zahnärztlichen Röntgen verschiedener Zusatzgeräte.

Bei jeder Röntgenaufnahme muss den Gesetzen des Strahlenschutzes und der Bildqualität 100% Rechnung getragen werden. Unter diesem Aspekt müssen die technischen Zusatzgeräte gesehen werden.

Filterung der Röntgenstrahlen

Röntgenstrahlen müssen gefiltert werden, da die Röntgenbremsstrahlung nicht homogen ist. Ein größerer Teil der Röntgenstrahlen ist so energiearm, dass er im Gewebe absorbiert wird und deshalb nicht zur Bildentstehung beiträgt.

Diese Strahlen nützen also nicht, sondern können nur eine schädigende Wirkung haben. Aus diesem Grunde dürfen diese Strahlen nicht auf den Körper auftreffen und müssen durch **Aluminiumfilter** zurückgehalten werden.

Schon vor Erreichen des Strahlenaustrittsfensters werden die Röntgenstrahlen im Schutzgehäuse durch sogenannte **Eigenfilter** von den schwächsten Strahlen befreit. Die Eigenfilterung besteht aus dem Glas der Röntgenröhre und dem Öl, das sich im gesamten Strahlenschutzgehäuse zur Isolierung befindet. Die Wirkung der Eigenfilter entspricht einer Filterdicke von 1–2,5 mm Aluminium.

Wir unterscheiden also die Eigenfilter und den Aluminium-Zusatzfilter, die zusammen die Gesamtfilterung ergeben.

Merke

Die Gesamtfilterung ist gesetzlich vorgeschrieben: Nach der DIN-Norm 6815 muss die Gesamtfilterung bei Geräten bis 70 kV mindestens 1,5 mm Aluminium und bei Geräten über 70 kV mindestens 2,5 mm Aluminium betragen.

Blende

Blenden begrenzen das Strahlenbündel auf die notwendige Größe. Bei extraoralen Aufnahmen mit größeren Formaten des Bildempfängers muss auf jedem Bild ein nicht belichteter Rand zu erkennen sein. So ist gewährleistet, dass das Strahlenbündel nicht größer als notwendig ist.

Bei intraoralen Aufnahmen ist es wegen der kleinen Bildempfänger nicht sinnvoll, einen nicht belichteten Rand zu fordern. Hier wird nach einem anderen Prinzip verfahren, indem man vorschreibt, dass das durch die Blende oder den Tubus begrenzte Feld am Tubusende höchstens einen Durchmesser von 6 cm haben darf.

Um alle Formate der Bildempfänger erfassen zu können, wird weitergehend gefordert, dass die Diagonale des Nutzstrahlenfeldes am Tubusende höchstens 1 cm größer sein darf als die Diagonale der aktiven Fläche des größten verwendeten Bildempfängers.

Praktisch bedeutet dies, bei dem Einsatz von Bildempfängern, die kleiner als 3 × 4 cm sind, die Verwendung von kleineren Zusatzblenden.

Tubus

Dem Tubus (▶ Abb. 2.18 und ▶ Abb. 2.19) kommt beim zahnärztlichen Röntgen eine besondere Bedeutung zu. Er erfüllt 3 Aufgaben: Der Tubus ist

- **Zielhilfe**: Für die intraoralen Aufnahmen ist es sehr wichtig, dass die Röntgenstrahlen exakt auf die Zähne auftreffen, die abgebildet werden sollen.
  - Wird ohne Einstellhilfen mit Anwendung der Halbwinkeltechnik gearbeitet, kommt am besten ein Spitztubus zum Einsatz, damit der Bildempfänger sicher getroffen werden kann.
  - Für die Paralleltechnik ist ein am Ende gerade geformter Tubus besser geeignet, damit dieser sicherer an dem Visierring ausgerichtet werden kann (▶ Abb. 2.20).

Abb. 2.18 Rundtubus mit runder Blende und 6 cm Hautfeld.

Abb. 2.19 Zusatzblende mit angepasster rechteckiger Blende für ein kleines Hautfeld.

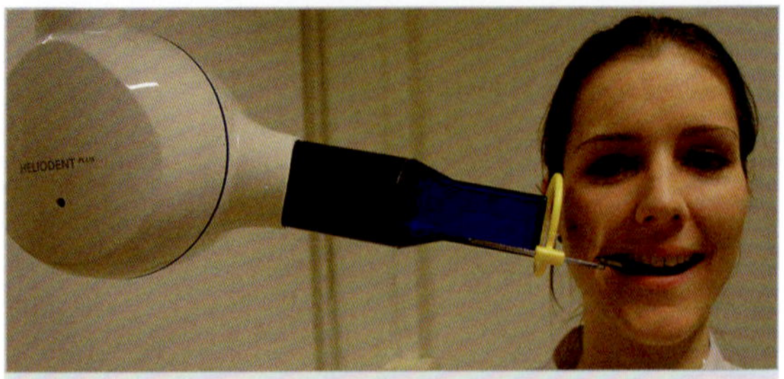

Abb. 2.20 Langtubus mit kleiner Zusatzblende.

- **Abstandhalter:**
  - Unabhängig von der Form und der Länge muss der Tubus so dicht wie möglich an die Wange des Patienten gebracht werden.
  - Durch einen größeren Abstand wird das vorgeschriebene Hautfeld zu groß. Der Patient erhält zu viel Strahlen und gleichzeitig wird das Bild – durch vermehrte Streustrahlung, die auf den Bildempfänger auftrifft – kontrastärmer.
- **Träger der Blende:** Die Blende ist im Tubus platziert, da Tubuslänge und Blendengröße miteinander korrelieren. Da das Hautfeld eine konstante Größe ist, muss die Blende bei einer Veränderung der Tubuslänge entweder kleiner oder größer werden.
  - Bei einem Kurztubus von 10 cm ist die Blende relativ groß (▸ Abb. 2.21), damit die Strahlen ein Hautfeld von 6 cm erzeugen können.
  - Bei einem längeren Tubus wird die Blende wegen der Strahlendivergenz immer kleiner. Nur so wird erreicht, dass das Hautfeld nicht größer als 6 cm im Durchmesser wird (▸ Abb. 2.22).

Blendenform und Aufnahmetechnik

Wenn die intraorale Aufnahme mit der Paralleltechnik durchgeführt wird, kommen Halter für den Bildempfänger zum Einsatz. Mit der Verwendung von Bildempfängern wird die Zielgenauigkeit aber deutlich erhöht. Aus diesem Grund können kleinere rechteckige, dem Bildempfänger angepasste Zusatzblenden für intraorale Aufnahmen zum Einsatz kommen. Der Vorteil dieser Blenden besteht in einer Reduktion der bestrahlten Hautfläche um bis zu 50% (▸ Abb. 2.23).

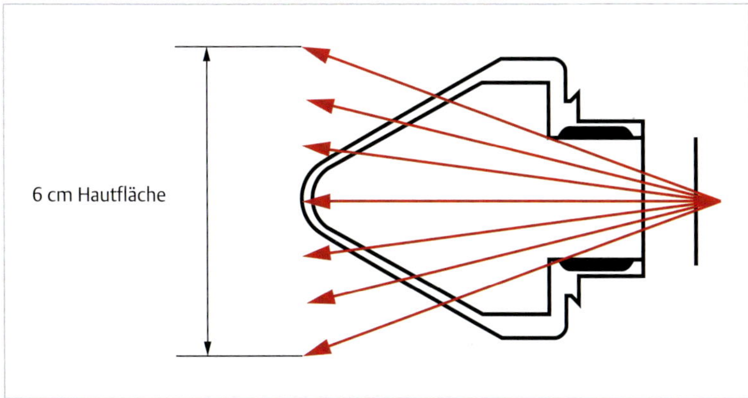

Abb. 2.21 Kurztubus mit großer Blende.

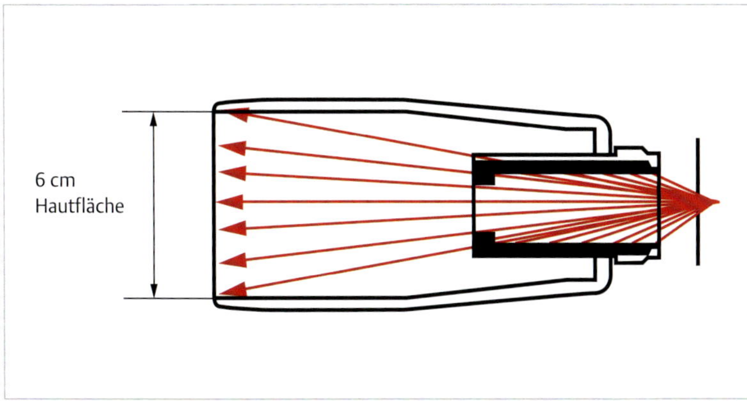

Abb. 2.22 Langtubus mit kleiner Blende.

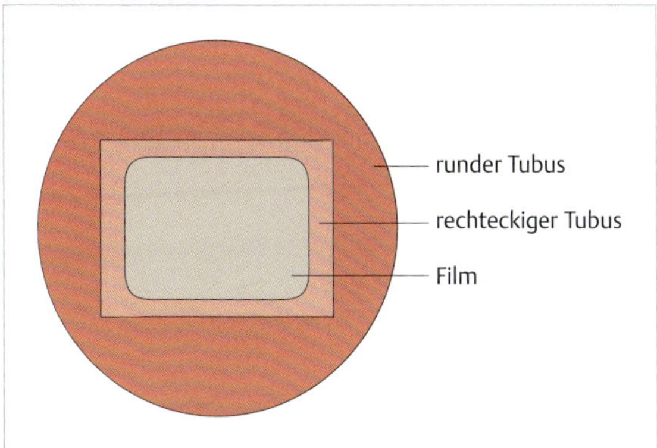

Abb. 2.23 Vergleich: runde und rechteckige Blende.

Kapitel 3

Dosisbegriffe und Dosisgrößen für die ionisierende Strahlung

3

3

3 Dosisbegriffe und Dosisgrößen für die ionisierende Strahlung

Für eine quantitative Beschreibung und für das Ausmaß der Wirkungen auf den Organismus müssen für die ionisierenden Strahlen Messgrößen definiert werden. Da das Ausmaß und die Wirkung der Strahlung von vielen Faktoren abhängen, sind auch mehrere Dosisbegriffe notwendig, um die verschiedenen Phänomene zu beschreiben. Von den vielen Dosisbegriffen sind im Folgenden die wichtigsten aufgeführt.

► **Die Ionendosis.** Ist ein Maß für die durch die Röntgenröhre erzeugten Ladungsmengen, die sich in einem bestimmten Luftvolumen befinden. Diese Größe wird in der Messtechnik verwendet. Ihre physikalische Einheit ist Coulomb/Kilogramm (Einheitenzeichen [C/kg]). Anders ausgedrückt kann die Ionendosis auch als Ladung/Masse beschrieben werden.

► **Die Energiedosis.** Bezieht sich auf die Strahlung, die vom Körper absorbiert wird. Hiermit wird die Wirkung der Strahlung auf das Gewebe beschrieben. Die Wirkungen der Strahlen sind abhängig von der Art des Gewebes und der daraus resultierenden unterschiedlichen Absorption der Strahlung. Die Energiedosis ist also ein Maß für die absorbierte Energie. Sie ist der Quotient aus der absorbierten Energie, die durch die ionisierende Strahlung auf die Materie in einer definierten Volumeneinheit übertragen wird, und der Masse des Materials. Die Energiedosis kann nicht direkt gemessen werden, sondern muss aus der Ionendosis und dem Absorptionskoeffizienten berechnet werden. Die physikalische Einheit ist das Gray (Einheitenzeichen [Gy]), wobei 1 Gy physikalisch 1 Joule/kg bedeutet.

► **Die Äquivalentdosis.** Berücksichtigt die unterschiedlichen Wirkungen verschieden dichter ionisierender Strahlung im Gewebe. Die Größe Äquivalentdosis wird deshalb im Strahlenschutz verwendet. Für die Äquivalentdosis wird, zur Unterscheidung zur Energiedosis, die Einheit Sievert (Einheitenzeichen [Sv]) verwendet.

- biologisch wirksamer **Strahlungswichtungsfaktor W_R**: Strahlen können unterschiedlich große Ionisationsdichten aufweisen. Es gibt deshalb Strahlen mit geringerer und solche mit hoher biologischer Wirksamkeit. Röntgen-, Beta- und Gammastrahlen sowie Elektronenstrahlen wird der Faktor $W_R = 1$, Neutronenstrahlen der Faktor $W_R = 10–20$ und Alphastrahlen der Faktor $W_R = 20$ zugeordnet.
- **linearer Energietransfer** (LET): Die Intensität und die räumliche Verteilung der durch die Bestrahlung erzeugten Ionisationen hängen stark von der Strahlungsart ab. Ein Maß für die Strahlenqualität ist der sogenannte lineare Energietransfer LET.
  Der Begriff LET zeigt die Größenordnung an, in der die Wechselwirkung zwischen einer bestimmten Strahlenart und der durchstrahlten Materie abläuft. Messbarer Parameter des LET ist die Anzahl der Ionisationen, die längst einer bestimmten Wegstrecke in dem getroffenen Gewebe erzeugt werden. Sehr dicht ionisierende Strahlen sind die Alphateilchen. Die Hälfte der Dichte haben Neutronen und Protonen. Röntgenstrahlung ist eine locker ionisierende Strahlung mit einer niedrigen Ionisationsdichte (► Abb. 3.1).

Die Äquivalentdosis entspricht also der Energiedosis multipliziert mit dem Strahlungswichtungsfaktor W_R. Da die Röntgenstrahlen den Faktor $W_R = 1$ haben, sind im zahn-

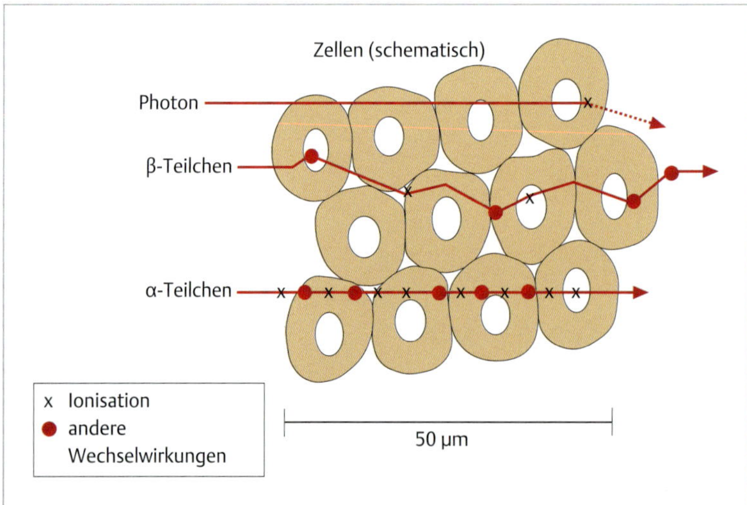

Abb. 3.1 LET: lineares Energieübertragungsvermögen. Aus: Pasler FA, Visser H. Farbatlanten Zahnmedizin, 5. Band, Zahnmedizinische Radiologie. 2. Aufl. Stuttgart: Thieme; 2000.

ärztlichen Röntgen die Zahlenwerte der Energie- und der Äquivalentdosis gleichzusetzen.

▶ **Effektive Dosis.** Um das Krebsrisiko nach Bestrahlung differenzierter beurteilen zu können, wurde die effektive Äquivalentdosis oder effektive Dosis eingeführt. Ausgangspunkt war die Erkenntnis, dass die einzelnen Organe des Körpers verschieden empfindlich auf Strahlung reagieren.

Grundlage für die genauen Empfindlichkeitswerte der einzelnen Gewebe waren die Erkenntnisse aus den Krebsfällen von den Überlebenden der Atombombenabwürfe in Hiroshima und Nagasaki. Als Grundlage für Berechnungen nahm man die Anzahl der Todesfälle und konnte so Organwichtungsfaktoren für die verschiedenen unterschiedlich reagierenden Bereiche des Körpers ermitteln.

Diese Werte wurden von der Internationale Strahlenschutzkommission (International Commission on Radiological Protection, ICRP) zuletzt 2007 ermittelt. Aufgrund von Neuberechnungen haben sich seit 1979 die Werte für mehrere Organe verändert (▶ Tab. 3.1).

Die effektive Dosis ist die Summe der Äquivalentdosen aller Organe multipliziert mit den einzelnen individuellen Organwichtungsfaktoren und gibt die Strahlenbelastung für den Gesamtorganismus wieder. Die Einheit für die effektive Dosis ist Sievert [Sv].

Neben diesen grundlegenden Begriffen gibt es weitere wichtige Dosisbegriffe, die im alltäglichen Umgang mit den Röntgenstrahlen eine Rolle spielen.

Tab. 3.1 Organwichtungsfaktoren.

Gewebe oder Organ	W_T 1991	W_T 2007
Keimdrüsen	0,20	0,05
Knochenmark (rot)	0,12	0,12
Dickdarm	0,12	0,12
Lunge	0,12	0,12
Magen	0,12	0,12
Brust	0,05	0,12
Leber	0,05	0,05
Speiseröhre	0,05	0,05
Schilddrüse	0,05	0,05
Haut	0,01	0,01
Knochenoberfläche	0,01	0,01
Gehirn		0,01
Nieren		0,01
Speicheldrüsen		0,01
andere	0,05	0,10

▶ **Das Dosis-Flächen-Produkt.** Setzt sich aus der Einfallsdosis und der bestrahlten Fläche zusammen. Bei Neugeräten, auch in der Zahnmedizin, muss das Dosis-Flächen-Produkt angezeigt werden. Nach Untersuchungen wird der Wert dokumentiert (▶ Abb. 3.2).

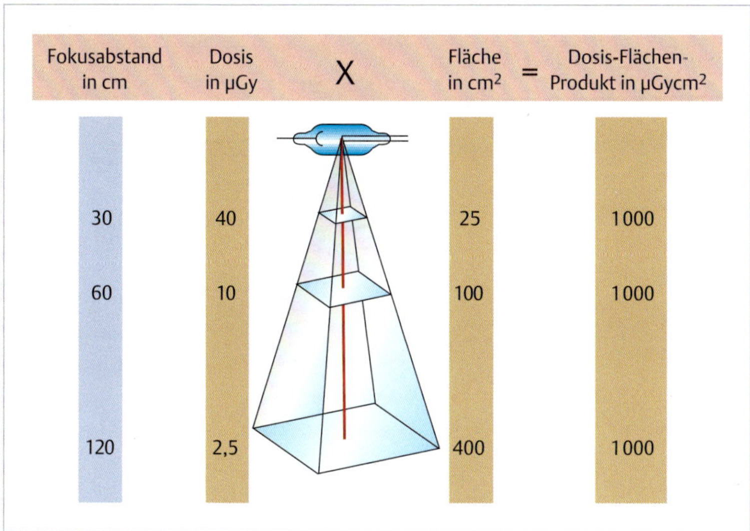

Abb. 3.2 Dosis-Flächen-Produkt. Aus: Pasler FA, Visser H. Farbatlanten Zahnmedizin, 5. Band, Zahnmedizinische Radiologie. 2. Aufl. Stuttgart: Thieme; 2000.

Kapitel 4

Strahlenbiologie

4

4 Strahlenbiologie

4.1 Grundlagen

Die Prozesse, die am Ende zu biologischen Prozessen im Gewebe führen, beginnen mit dem physikalischen Vorgang der Absorption. Die Energie, die zugeführt wird, verändert die Strukturen des Gewebes erheblich. Ionisierende Strahlung hat im Vergleich mit anderen Zellgiften den höchsten Wirkungsgrad mit den meisten Schäden. Bis zur biologischen Wirkung werden mehrere Stufen durchlaufen, ausgehend von den physikalischen über die chemischen bis zu den biochemischen Veränderungen an der DNA.

Wenn Strahlung durch Materie hindurchgeht, wird sie durch Absorption und Streuungsprozesse abgeschwächt. Dabei führt die Energieübertragung auf die Materie zur Freisetzung von Elektronen. Diese geladenen Teilchen verursachen dann fortlaufend ihrerseits weitere Ionisationsprozesse mit immer weiter abnehmender Energie.

Die durch den Foto- und den Compton-Effekt freigesetzten Elektronen können ihrerseits Ionisationen hervorrufen oder auch zur Emission von weiterer Strahlung führen. Dabei entstehen Photonen mit geringerer Energie. Aber auch diese energieärmeren Photonen aus diesen vielfältigen Prozessen können immer weitere Anregungen von Atomen und Molekülen auslösen. Insgesamt bewirken die Primärprozesse und die Folgereaktionen bei der Wechselwirkung mit der Materie eine deutliche Wärmeentwicklung. Die physikalischen Prozesse führen dann zu chemischen Veränderungen in dem durchstrahlten Gebiet, die schließlich dann zu biologischen Veränderungen führen können.

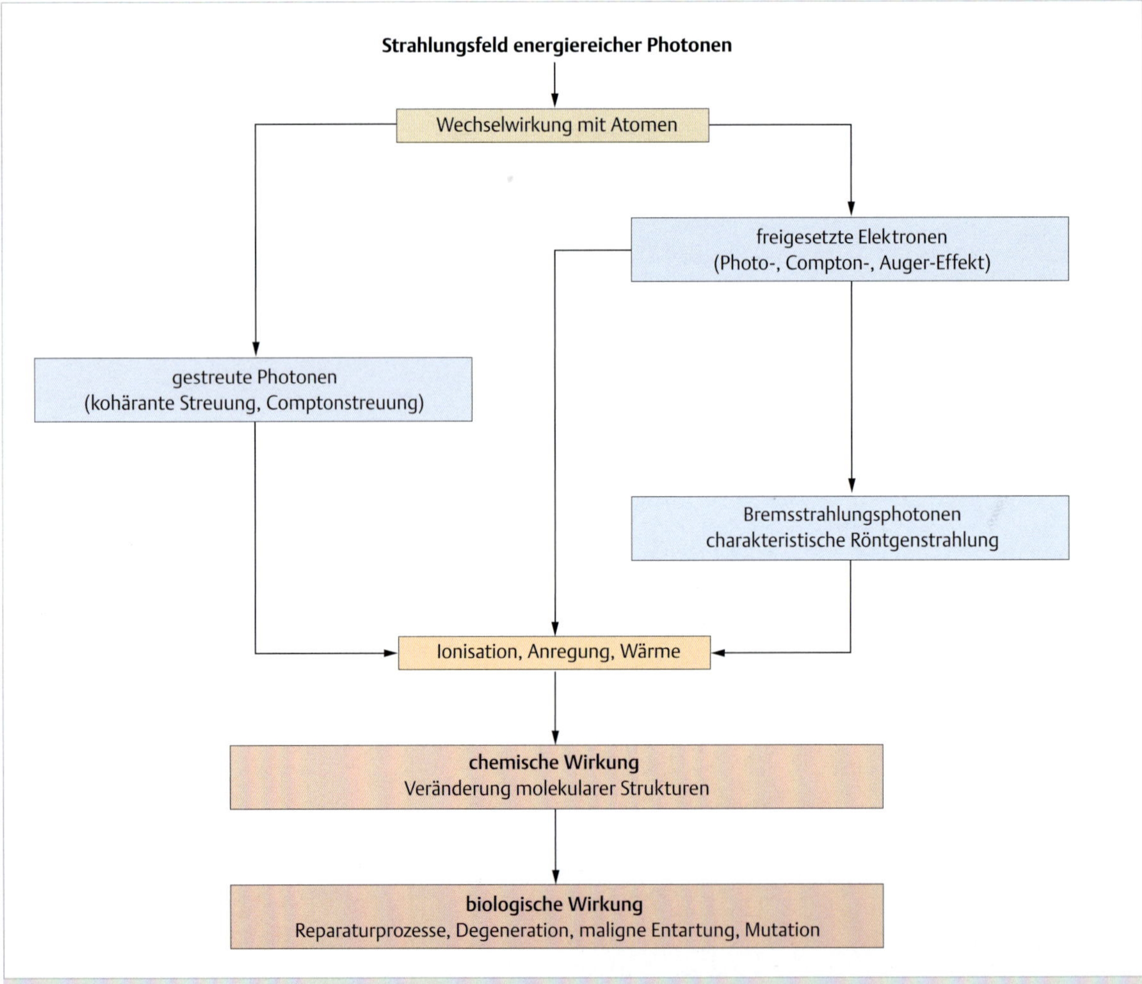

Abb. 4.1 Schema: Wirkung der Strahlen auf das Gewebe. Aus: Pasler FA, Visser H. Farbatlanten Zahnmedizin, 5. Band, Zahnmedizinische Radiologie. 2. Aufl. Stuttgart: Thieme; 2000.

Merke

Nur der Anteil einer ionisierenden Strahlung, der mit dem Gewebe in Wechselbeziehung tritt, kann biologische Wirkungen verursachen. Alle biologischen Wirkungen beruhen also stets auf der Energieübertragung auf das Gewebe (▶ Abb. 4.1).

4.2 Direkte und indirekte Strahlenwirkungen

Entweder werden zelluläre Strukturen oder Makromoleküle durch direkte Treffer der ionisierenden Strahlung verändert oder es treten indirekte Wirkungen – durch die Erzeugung von freien Radikalen aus dem Wasser der Zelle – auf. Freie Radikale sind sehr reaktionsfreudige Bruchstücke von Molekülen. Sie lösen eine Vielzahl biochemischer Reaktionen aus, wie Hydroxylierungen, Dekarboxylierungen, Reduktionen und Oxidationen. Durch diese Prozesse können normale Strukturen und Bindungen der Biomoleküle biochemisch verändert werden.

Wasser ist mit gut 90% der Hauptbestandteil vitaler Zellen. Bei der Radiolyse des Wassers entstehen oxidierende OH^--Radikale, reduzierende Wasserstoffradikale, freie Elektronen, OH^--Ionen sowie H^+-Ionen. Unter Mitwirkung von Sauerstoff können zudem Peroxide entstehen.

Bei Einwirkung von Röntgenstrahlen und anderen Strahlungsarten mit einem niedrigen linearen Energietransfer (LET) machen die indirekten Wirkungen den Hauptteil mit bis zu 70% aus.

4.3 Wirkungen der ionisierenden Strahlung auf die DNA

Die mit Abstand kritischste Struktur für Zellschädigungen ist die Desoxyribonukleinsäure (DNA). Sie ist der Hauptangriffspunkt der ionisierenden Strahlung.

Die DNA ist Trägerin der genetischen Informationen. Ihre Aufgabe besteht in der Erhaltung des Organismus durch die Fähigkeit der identischen Replikation bei der Zellteilung und die Weitergabe der Erbinformationen durch die Generationenabfolge. Die Beschädigung der DNA bedeutet einen schwerwiegenden Eingriff in das biologische Gleichgewicht eines Organismus.

Durch die ionisierende Strahlung kann eine Reihe von Beschädigungen hervorgerufen werden. Am häufigsten entstehen Veränderungen an den Basen Thymin, Cytosin, Adenin und Guanin. Es folgen die Einzelstrangbrüche und Veränderungen an den Zuckermolekülen. Nicht so häufig sind Doppelstrangbrüche (▶ Abb. 4.2)

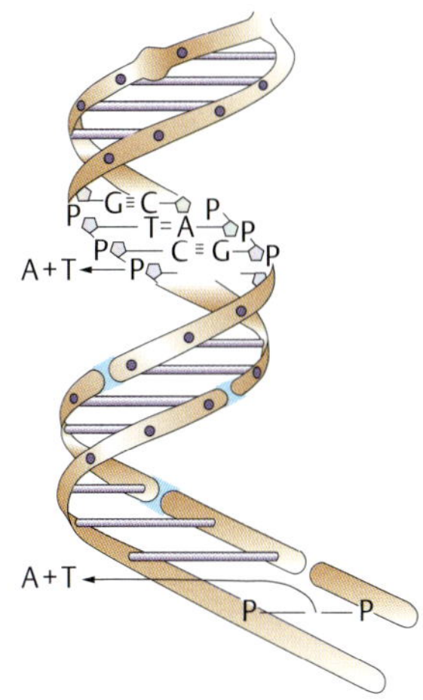

Abb. 4.2 DNA-Schäden. Aus: Pasler FA, Visser H. Farbatlanten Zahnmedizin, 5. Band, Zahnmedizinische Radiologie. 2. Aufl. Stuttgart: Thieme; 2000.

4.4 Reparaturmechanismen zur Wiederherstellung der DNA

Die Zellen verfügen über effektive Reparaturmechanismen, die den weit überwiegenden Teil bis 97% der strahleninduzierten Schäden an der DNA innerhalb weniger Stunden fehlerfrei beheben können. Die Reparaturen dienen dazu, die DNA wieder herzustellen, Krebsentstehung zu unterdrücken und Mutationen zu verhindern.

Die Reparaturen können schnell innerhalb von Minuten passieren, aber für die meisten Schäden werden mehrere Stunden benötigt. Die restlichen Schäden machen weniger als 5% der gesamten Schäden aus.

Bei Einzelstrangbrüchen dient z.B. die noch vorhandene komplementäre Seite der DNA als Matrix zur Wiederherstellung durch entsprechende Enzyme. Sogar Doppelstrangbrüche können repariert werden, durch nicht homologe Rekombination nach dem Vorbild.

4.5 Biologische Wirkungen der Strahlenschäden

Die strahleninduzierten Schäden an der DNA können, je nach Schweregrad und Lokalisation, unterschiedliche Wirkungen hervorrufen:

- Bei **verminderter Zellfunktion** tritt in der Regel, je nach Schweregrad, der programmierte Zelltod ein.
- Der **programmierte Zelltod**, die **Apoptose**, ist ein an sich normaler Vorgang, der in allen Bereichen des Organismus vorkommt. Er sorgt dafür, dass nicht normal arbeitende Zellen vor dem Eintritt in die Zellteilung als

4

solche erkannt und vernichtet werden. Die Apoptose führt zu den deterministischen Strahlenschäden, wenn durch Strahlung die Zahl der abgetöteten Zellen in einem größeren Maß erhöht wird und damit die Schwellendosis überschritten wird.

- **Mutationen** beinhalten Merkmalsänderungen in den Folgegenerationen der betroffenen Zelle. Bei somatischen Zellen können derartige Mutationen die Ursache oder ein Kofaktor für eine maligne Entartung sei.

Kapitel 5

Strahlenpathologie

5

5 Strahlenpathologie

5.1 Natürliche Strahlenexposition

Die natürliche Strahlenexposition ist unter den üblichen Lebensbedingungen unvermeidlich. Sie wird durch kosmische Strahlung sowie durch den Zerfall von Radionukliden, die in der Umgebung des Menschen und im menschlichen Körper natürlicherweise vorkommen, verursacht.

5

5.1.1 Kosmische Strahlung

Auch hier handelt es sich um Radionuklide, die aus galaktischen und solaren Quellen stammen, die immer noch nicht vollständig erforscht sind. Es handelt sich dabei um Protonen, Photonen und Elektronen, die durch Wechselwirkungen mit Atomen der Atmosphäre sekundär wirkende kosmische Strahlungen auslösen. Dadurch hängt die natürliche Exposition durch die kosmische Strahlung von der Höhe der Stelle, wo gemessen wird, ab. In Mitteleuropa beträgt die effektive Dosis in Meereshöhe ca. 0,3 mSv im Jahr und in 2500 m Höhe ca. 1 mSv pro Jahr.

Eine besondere Bedeutung hat die durch die kosmische Strahlung verursachte Strahlenexposition für das fliegende Personal, sodass schon empfohlen wurde, die kosmische Strahlung als Teil der beruflichen Strahlenexposition zu berücksichtigen.

Die Intensität der kosmischen Strahlung ist relativ konstant, die solare Strahlung dagegen variiert in Abhängigkeit von Sonneneruptionen und dem Sonnenzyklus.

5.1.2 Terrestrische Radionuklide

Die terrestrische Strahlung entsteht durch den Zerfall der Radionuklide, die in der Erdoberfläche enthalten sind. Sie werden über die Nahrung, Atmung und auch Trinkwasser aufgenommen. In der Erdkruste kommen hauptsächlich Uran, Thorium und Kalium vor. Aus den Zerfallsreihen des Urans und des Thoriums gehen weitere Radionuklide hervor. Den größten Anteil davon hat mit 1,3 mSv das Radon, das als Gas in geschlossenen Räumen inhaliert wird. Radongas entsteht durch den Zerfall von Uran und Thorium. Es gelangt aus dem Boden durch Diffusion ins Freie und dringt dann in die Häuser ein (▶ Abb. 5.1).

5.2 Künstliche Strahlenexposition

Der größte Beitrag zur zivilisatorischen, künstlich erzeugten Strahlenexposition entfällt auf Anwendungen von ionisierenden Strahlen und radioaktiven Stoffen in der Medizin. Davon entfallen auf die Diagnostik die meisten Anteile. Strahlentherapie und Nuklearmedizin machen nur 10% von den medizinischen 1,5 mSv aus.

Alle anderen Quellen, wie Atomkraftwerk Tschernobyl, Atombomben-Fallout, kerntechnische Anlagen und Strahlungen in Forschung und Technik, produzieren weniger als 0,02 mSv pro Jahr (▶ Abb. 5.2).

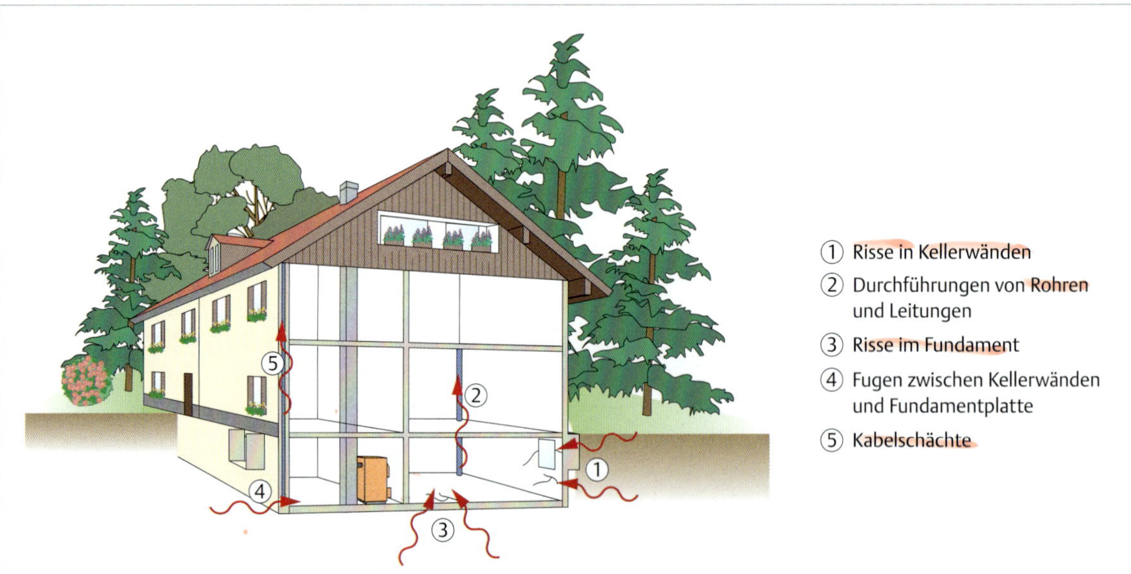

Abb. 5.1 Wege des Radon in ein Haus.

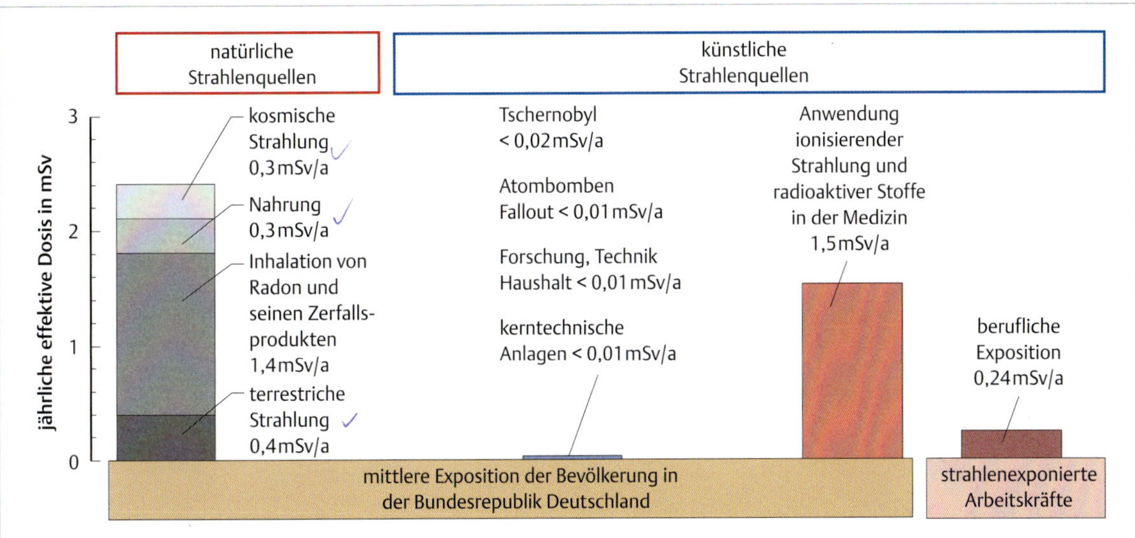

Abb. 5.2 Strahlenexposition. Aus: Pasler FA, Visser H. Farbatlanten Zahnmedizin, 5. Band, Zahnmedizinische Radiologie. 2. Aufl. Stuttgart: Thieme; 2000.

5.3 Stochastische und deterministische Strahlenwirkungen

5.3.1 Stochastische Strahlenwirkungen

Das Auftreten der stochastischen Strahlenwirkungen (▶ Abb. 5.3) unterliegt der statistischen Zufallsverteilung. Für ein Kollektiv gleichartig bestrahlter Personen können nur statistische Vorhersagen zur Wahrscheinlichkeit des Auftretens der biologischen Wirkungen gemacht werden. Stochastische Wirkungen können Latenzzeiten von vielen Jahren haben. Ob eine bestimmte Person betroffen sein wird, lässt sich nicht vorhersagen.

Für die stochastischen Strahlenwirkungen gibt es keinen Schwellenwert.

Den stochastischen Strahlenwirkungen liegen unizelluläre Prozesse zugrunde. Die maligne Entartung einer somatischen Zelle – bzw. die mutagene Wirkung auf eine Keimzelle – entsteht zufällig durch einen entsprechenden Treffer an der DNA. Im Prinzip kann bereits ein einzelnes energiereiches Photon sekundäre Elektronen freisetzen, die auf ihrer Bahn im Zellkern den ursächlichen Schaden an der DNA auslösen. Die Wahrscheinlichkeit, dass dies passiert, steigt aber mit der Dosis. Das resultierende Krankheitsbild ist unabhängig von der Dosis.

Stochastisch bedingte Erkrankungen sind

- genetische Defekte und
- Induktion von Tumorerkrankungen.

5.3.2 Deterministische Strahlenwirkungen

Eine biologische Strahlenwirkung wird deterministisch genannt, wenn der Effekt nach einer Bestrahlung mit einer bestimmten Dosis auftritt. Deterministische Schäden treten im Gegensatz zu den stochastischen Wirkungen erst nach Überschreiten einer Schwellendosis auf. Der Schwellenwert ist dann erreicht, wenn durch Strahlung die Zahl der abgetöteten Zellen in einem größeren Maß erhöht wird, als es normalerweise üblich ist. Der Schweregrad der Schädigung im betroffenen Gewebe nimmt mit steigender Dosis zu. Zwischen der Bestrahlung und dem Wirkungseintritt bestehen typische Latenzzeiten, die vom Gewebe und der Dosismenge abhängen. Bei den Akutwirkungen betragen die Latenzzeiten Stunden bis Tage, chronische Strahlenspätfolgen manifestieren sich bisweilen erst nach Jahren.

Den deterministischen Strahlenwirkungen (▶ Abb. 5.4) liegen stets multizelluläre Mechanismen zugrunde. Bei Überschreiten der zellulären Reparaturkapazität treten dann im vermehrten Maße Zelltod oder degenerative Prozesse auf. Erst wenn viele Zellen geschädigt sind, treten die Effekte klinisch sichtbar auf.

Die in der Diagnostik verwendeten Strahlendosen können keine deterministischen Schäden hervorrufen.

Zu den Frühschäden, die auf deterministischen Gesetzmäßigkeiten beruhen, gehören

- das Erythem,
- die Ulzeration und
- die akute Strahlenkrankheit.

Zu den Spätschäden gehören vielfältige

- Gewebsveränderungen und
- Gefäßveränderungen.

- keine Schwellendosis
- der Schweregrad ist unabhängig von der Dosis
- mit steigender Dosis Zunahme der Wahrscheinlichkeit des Auftretens
- Schäden sind auch bei kleinsten Dosen möglich
- statistisch signifikant werden die Wirkungen erst ab einer bestimmten Häufigkeit des Auftretens
- strahleninduziert können Karzinome, Leukämie und Mutationen entstehen

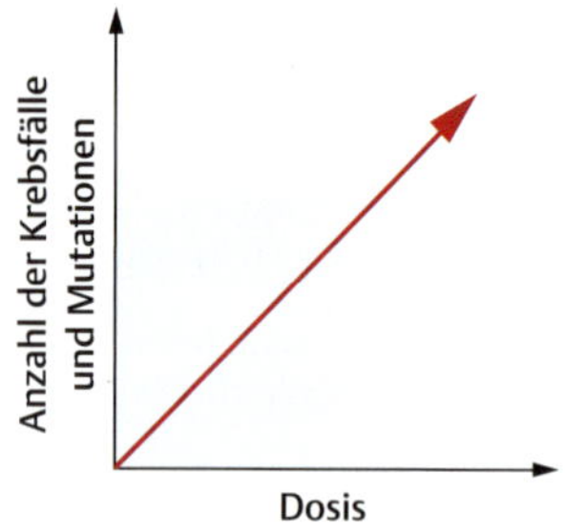

Abb. 5.3 Stochastische Strahlenwirkungen (von den Gesetzen der Wahrscheinlichkeit bestimmt).

- Schwellendosis
- mit steigender Dosis nimmt die Schwere der Schädigung zu

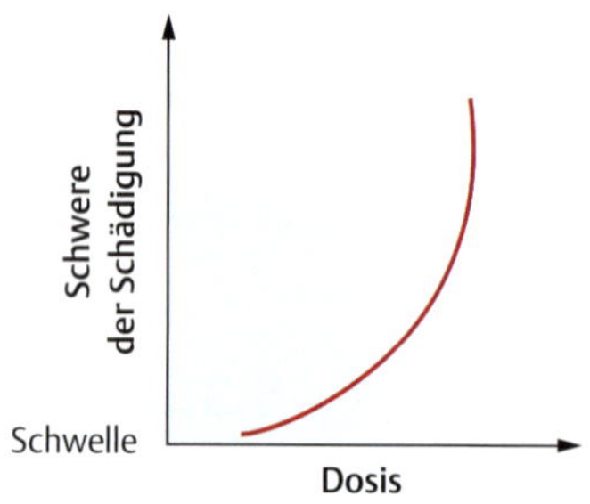

Abb. 5.4 Deterministische Strahlenwirkungen.

Kapitel 6

Bildentstehung und Bildverarbeitung

6

6 Bildentstehung und Bildverarbeitung

6.1 Grundlagen

Die Bildgebung durch Röntgenstrahlen unterscheidet sich wesentlich von der uns bekannten und vertrauten Bildentstehung durch sichtbares Licht.

Im Gegensatz zum sichtbaren Licht durchdringen die Röntgenstrahlen den Körper und bilden die einzelnen Strukturen nach den Gesetzen der Zentralprojektion ab.

Zentralprojektion besagt, dass sich die Röntgenstrahlen vom Fokus auf der Anode geradlinig und divergierend ausbreiten. Sie werden beim Passieren des Gewebes durch die unterschiedlich dichten Strukturen durch Absorption und Streuung geschwächt. Die abhängig von der Zusammensetzung der Materie unterschiedlich geschwächten Strahlen ergeben eine flächenhafte Verteilung der verschiedenen entstandenen Schwärzungen oder Dichten des Objekts.

Die Absorption der Röntgenstrahlen ist abhängig von der Anzahl der Elektronen, die das Atom besitzt. Strukturen mit einer großen Elektronenzahl, erkennbar an der hohen Ordnungszahl, absorbieren häufiger Röntgenstrahlen als Strukturen mit einer geringen Ordnungszahl. Kalzium im Knochen lässt diese im Röntgenbild besonders deutlich und weiß erscheinen. Grund ist, dass die Röntgenstrahlen fast vollständig absorbiert werden und nicht auf den Bildempfänger gelangen. Nicht so dichte Gewebe absorbieren deutlich weniger und sind entsprechend mehr oder weniger dunkel bis schwarz dargestellt. Zwischen diesen Extremen, Weiß und Schwarz, finden wir – abhängig von dem System – sehr viele Graustufen, die dann durch die Entwicklung des Films oder durch die digitale Bearbeitung auf einem Bildempfänger sichtbar gemacht werden.

Im Gegensatz zum Foto liegt hier also kein Bild vor, sondern nur das Resultat der durch die Materie abgeschwächten Strahlen. Die entstandenen hellen und dunklen Bereiche müssen dann gedeutet und den anatomischen Strukturen zugeordnet werden. Voraussetzung für die Interpretation eines sogenannten Röntgenbilds ist daher die genaue Kenntnis der Entstehung des Röntgenbilds und der Anatomie des jeweiligen Körperabschnitts.

Genauso wichtig ist aber auch die Erfahrung des Betrachters mit diesen Aufnahmen, denn nur durch den Vergleich mit bekannten Röntgenbildern wird die Sicherheit der richtigen Deutung der vorliegenden unterschiedlich dichten Strukturen erhöht. Es ist ein natürlicher Vorgang in unserem Gehirn, dass wir das, was wir sehen, mithilfe unseres Gedächtnisses auf Ähnliches und Bekanntes hin überprüfen. Je größer das Gedächtnis – mit möglichst vielen Röntgenbildern – ist, desto reicher an Erfahrung ist der Betrachter. Das Erkennen der Strukturen erfolgt dadurch schneller und mit größerer Sicherheit.

6.1.1 Summationseffekt

Als eine weitere Schwierigkeit muss die Verschmelzung der verschiedenen hintereinanderliegenden Strukturen aus einem 3-dimensionalen Raum auf eine 2-dimensionale Abbildungsebene gesehen werden. Dieser Summationseffekt (▶ Abb. 6.1) bewirkt, dass dann einzelne Details nicht mehr erkennbar sind. Erst eine Röntgenaufnahme in einer anderen Projektion führt zu einer Darstellung der verdeckten Strukturen.

Das Hauptproblem des Röntgenbilds besteht darin, dass es ein 3-dimensionales Objekt 2-dimensional darstellt. Die Übersetzung vom gewohnten 3-dimensionalen Bild in das 2-dimensionale Röntgenbild ist ein Vorgang, der für den Laien unverständlich erscheint. Genauso gelingt es ohne Übung kaum, aus einem 2-dimensionalen Bild einen 3-dimensionalen Eindruck zu bekommen.

In der Kenntnis der physikalischen Vorgänge ist es also der 1. Schritt zur Bilderkennung, wenn man lernt, die verschiedenen Graustufen als Schwächungen, hervorgerufen durch die unterschiedlichen Gewebe zu verstehen.

Der nächste Schritt besteht dann darin, in der Vorstellung aus den Graustufen bildhafte Eindrücke der durchstrahlten Organe entstehen zu lassen. Schließlich muss dann entschieden werden, ob es sich um anatomische Strukturen und ihre Normvarianten handelt, oder aber, ob pathologische Veränderungen infrage kommen.

Das Röntgenbild ist also durch seine Zweidimensionalität und den Überlagerungen durch die durchstrahlten hintereinanderliegenden Strukturen sehr schwer zu interpretieren. Zusätzlich tritt aber noch ein weiteres abbildungsbedingtes Phänomen auf, das zur Erkennung und Interpretation der Bilder mit einbezogen werden muss.

6.1.2 Tangentialeffekt

Objekte werden leicht sichtbar, wenn sie eine große Dichte oder Dicke besitzen. Kleine Details dagegen absorbieren zu wenig Strahlen, sodass die Darstellung bei falscher Projektion sehr schlecht gelingt. Deshalb lassen sich klei-

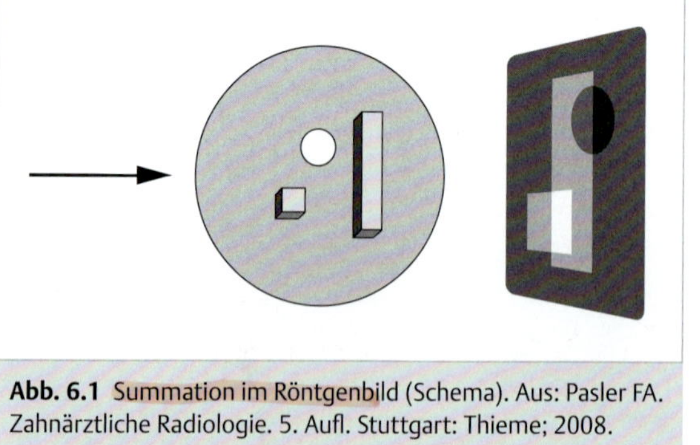

Abb. 6.1 Summation im Röntgenbild (Schema). Aus: Pasler FA. Zahnärztliche Radiologie. 5. Aufl. Stuttgart: Thieme; 2008.

ne, gebogene und dünne Strukturen nur gut darstellen, wenn der Strahlengang parallel zu den Strukturen verläuft. Dies gilt besonders für den Alveolenbereich und für dünne Knochenwände im Kieferhöhlenbereich. Erzeugt wird dann die Abbildung durch die Summation der parallel getroffenen Knochenwand. Hartgewebestrukturen, die im Moment der Aufnahme quer oder schräg zum Zentralstrahl stehen, werden selbst bei größerer Dichte und Dicke nicht oder nur wenig sichtbar abgebildet.

Ein Beispiel stellt der harte Gaumen dar, den man nur mit wenigen Einstrahlrichtungen darstellen kann. Strahlt man senkrecht auf den dünnen harten Gaumen ein, führt die geringe Dicke dazu, dass der harte Gaumen in seiner Fläche nicht sichtbar wird. Lediglich die Grenzregionen stellen sich aufgrund der Krümmung als Verschattungslinien dar (▶ Abb. 6.2).

Trotz aller Schwierigkeiten muss das Ziel aber sein, die Strukturen des Körpers so genau und realistisch wie möglich abzubilden. Um die Interpretation zu erleichtern und Fehler zu vermeiden, muss daher dafür sorgt werden, dass die im Röntgenbild abzubildenden Graustufen, aus denen dann das Röntgenbild gebildet wird, nach genau vorgeschriebenen Regeln dargestellt werden. Dies geschieht durch **festgelegte standardisierte Projektionen.**

Nach dem Radiologen Holzknecht (1931) „müssen aus der Zahl der möglichen Projektionen bestimmte herausgegriffen werden, welche geeignet sind, in geringster Zahl die größte Ausbeute an Darstellung der erfahrungsgemäß vorkommenden Veränderungen zu bieten".

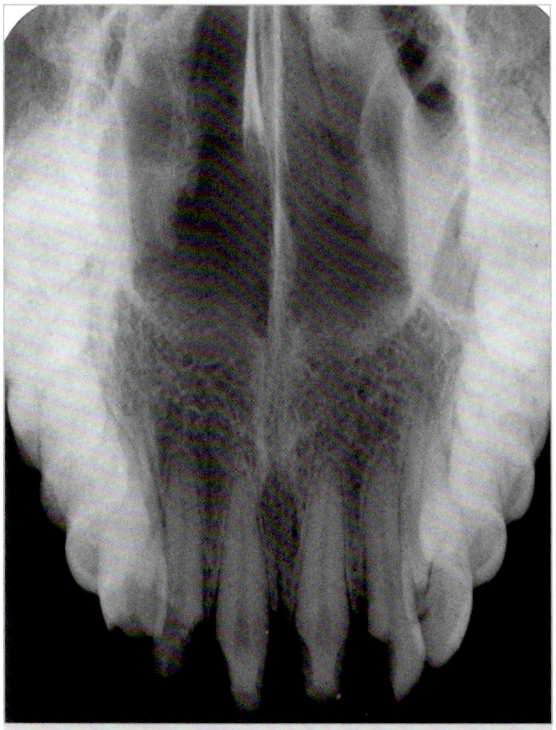

Abb. 6.2 Tangentialeffekt im Oberkieferbereich.

M!

Merke

Die standardisierte Aufnahmetechnik ist ein wichtiger Bestandteil auch des zahnärztlichen Röntgens. Standardisierte Aufnahmen tragen zur Qualitätssicherung und Reduzierung der Strahlenexposition bei.

Die aufzunehmenden Strukturen können durch Standardprojektionen nach anerkannten Regeln so objektgetreu wie möglich abgebildet werden.

Die Diagnostik profitiert davon, wenn die Organe in bekannter einheitlicher Projektion abgebildet werden. Denn nur so kann erreicht werden, dass bestimmte Strukturen in bekannter Form objektgetreu wiedergegeben werden. Auch sollte die Dichte immer exakt wiedergegeben werden, damit Veränderungen zweifelsfrei erkannt werden können.

Im zahnärztlichen Röntgen kennen wir insbesondere für die intraoralen Aufnahmen Projektionsgesetze, die es zu kennen und zu beachten gilt. Zum besseren Verständnis für die Bildentstehung unterscheiden wir die Abbildungsfaktoren,

- die vom Bildempfänger unabhängig sind und solche,
- die vom Bildempfängersystem bestimmt werden.

6.2 Bildempfängerunabhängige Faktoren mit Einfluss auf die Bildgestaltung

Die Durchdringungsfähigkeit der Röntgenstrahlen ist von der Wellenlänge und diese von der angelegten Hochspannung abhängig. Haben die aufzunehmenden Objekte eine größere Dichte oder Dicke, dann muss die Durchdringungsfähigkeit der Röntgenstrahlen durch Erhöhung der Spannung gesteigert werden.

Die unterschiedliche Absorption der Röntgenstrahlen durch die verschiedenen Gewebe einer Körperregion lassen das Schattenbild der Strukturen und Organe als Strahlenbild auf dem Röntgenbild erscheinen. Dichte Strukturen wie die Knochen absorbieren stark und produzieren Verschattungen verschiedenen Grades. Weichteile, Hohlräume und Luft absorbieren nur schwach oder gar nicht und erzeugen so gut belichtete Aufhellungen als Zeichen eines weniger dichten Bereiches.

Überlagerungen durch Strukturen aus den verschiedenen durchstrahlten Objektebenen bezeichnet man als **Additionseffekte.** Solche Effekte aber, die durch lufthaltige Hohlräume entstehen, nennt man **Subtraktionseffekte.** Besonders im Gesichtsschädelbereich, wo sich auf sehr kleinem Raum sehr viele unterschiedlich dicke und verwinkelte Knochenstrukturen befinden und wo gleichzeitig Weichteile und lufthaltige Hohlräume sich in enger

Nachbarschaft befinden, wirken sich die Additions- und Subtraktionseffekte erschwerend auf die Diagnostik aus.

Weiterhin spielt das **Alter** des Patienten gerade im zahnärztlichen Bereich wegen des veränderten Kalziumsgehalts der Knochen eine große Rolle. Schließlich verändern **pathologische Störungen** gegenüber den gesunden Bereichen die charakteristischen Strahlenabsorptionen.

6.2.1 Objektkontrast

Sehr geringe und sehr hohe Absorptionsgrade ergeben sehr dunkle, dichte und sehr helle, gering dichte Bereiche auf dem Röntgenbild. Die Differenzen dieser extremen Dichten ergeben einen hohen Kontrast. Die dazwischenliegenden Absorptionsgrade liefern die gesamte Skala der Grauwerte des Strahlenreliefs. Die Differenz der maximalen und minimalen optischen Dichte, mit der ein Detail abgebildet wird, bezeichnet man als Objektkontrast. Er ist nur von der Art des Objekts und der verwendeten Strahlenqualität abhängig. Weitere Daten, wie die Stromstärke, der Abstand, die Belichtungszeit oder die Charakteristik des Films, können den Objektkontrast nicht beeinflussen. Allein die digitale Bildgebung kann eine Veränderung des primär entstandenen Objektkontrasts bewirken.

6

6.2.2 Stromstärke und Belichtungszeit

Die Menge der in einer bestimmten Belichtungszeit in Sekunden (s) erzeugten Röntgenstrahlen ist abhängig von der Stromstärke in Milliampere (mA) an der Heizspirale der Kathode. Das Produkt aus Stromstärke und Belichtungszeit steuert demnach die Bildschwärzung, ohne den Kontrast zu verändern. Abhängig von den technischen Möglichkeiten, kann der gleiche Effekt durch Veränderung der Belichtungszeit oder, wenn dies nicht möglich ist, durch Veränderung der Stromstärke erzeugt werden. Das Milliampere-Sekunde-Produkt bleibt immer gleich.

6.2.3 Abstandsquadratgesetz

Zu bedenken ist auch der Abstand, den das Objekt von der Strahlenquelle hat. Die Röntgenstrahlen verlieren nämlich mit zunehmendem Abstand von der Strahlenquelle durch Schwächung an Intensität und durch die Divergenz und kegelförmige räumliche Ausbreitung an Dichte pro Flächeneinheit. Daher spielt der Abstand eine große Rolle in Bezug auf die Filmschwärzung.

Röntgen- wie auch Lichtstrahlen folgen dem Abstandsquadratgesetz (▶ Abb. 6.3), das besagt, dass die Strahlenintensität mit dem Quadrat der Entfernung von der Strahlenquelle abnimmt. Dies hat eine sehr große Bedeutung für den Strahlenschutz: Abstand ist der sicherste Strahlenschutz.

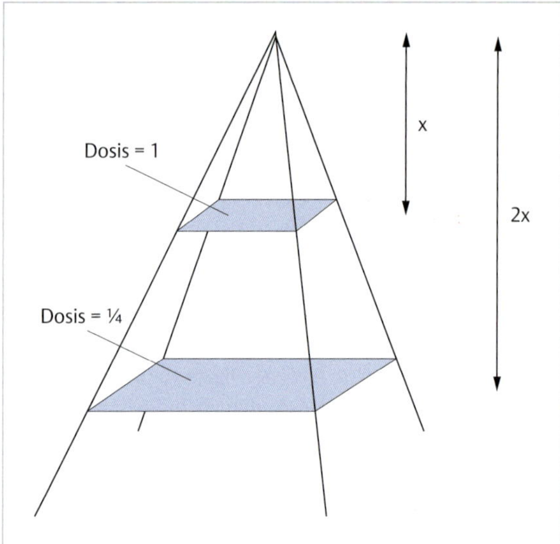

Abb. 6.3 Skizze zum Abstandsquadratgesetz. Aus: Pasler FA. Zahnärztliche Radiologie. 5. Aufl. Stuttgart: Thieme; 2008.

Bei Röntgenaufnahmen muss aber bei einer Verdopplung des Abstands die Strahlungsintensität theoretisch um das 4-Fache erhöht werden, um die gleiche Schwärzung zu erhalten. Da bei größerem Abstand die Blende wegen der 6 cm Hautfeldgröße verkleinert wird, findet keine höhere Strahlenexposition statt.

6.2.4 Hochspannung

Ändern wir die Spannung, so ändern wir damit die Durchdringungsfähigkeit der Röntgenstrahlen. Je größer die Durchdringungskraft wird, desto weniger Strahlen werden absorbiert und mehr Röntgenstrahlen gelangen auf den Bildempfänger. Die Folge ist eine Verringerung des Kontrasts, da die Absorptionsunterschiede im Gewebe geringer werden und weniger Kontraststufen zur Abbildung kommen. Gleichzeitig nimmt bei steigender Spannung der Streustrahlenanteil zu und übersteigt ab ca. 60 kV die Absorptionsrate.

Die höhere Spannung hat zwar einen Einfluss auf die Schwärzung des Bildes, dies wird jedoch erkauft durch Kontrastverlust. Die Kontrastminderung durch die Streustrahlung lässt sich nur begrenzt vermindern. Im zahnärztlichen Bereich kann durch eine Verkleinerung des Hautfeldes und geeignete Filterung der Streustrahlenanteil verringert werden.

In der Allgemeinradiologie werden Streustrahlenraster eingesetzt. Diese Raster bestehen aus Lamellen, die die schräg eintreffenden Streustrahlen absorbieren. Sie werden zwischen Patient und Film angebracht und schwächen die für das Bild wichtigen Primärstrahlen nicht.

6.2.5 Streustrahlung

Beim Durchgang der Röntgenstrahlen durch das Objekt werden diese entweder absorbiert oder in alle Richtungen gestreut. Diese Streustrahlung oder Sekundärstrahlung, die im Objekt entsteht, verursacht durch die verschiedenen Einstrahlrichtungen eine Verringerung des Kontrasts auf dem Bild.

Durch eine möglichst kleine Blende kann man den Streustrahlenanteil praktisch verkleinern. Für die größeren Formate der Schädelaufnahmen werden Raster zwischen Patient und Bildempfänger positioniert, um die Streustrahlen abzufangen (▶ Abb. 6.4).

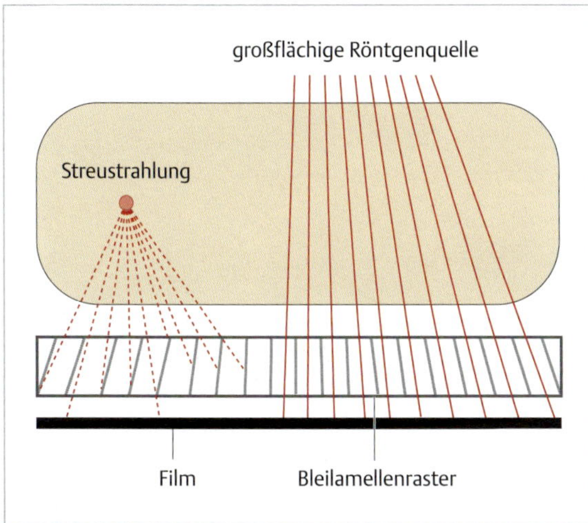

Abb. 6.4 Streustrahlung und Streustrahlenraster. Aus: Zabel H. Kurzlehrbuch Physik. 1. Aufl. Stuttgart: Thieme; 2011.

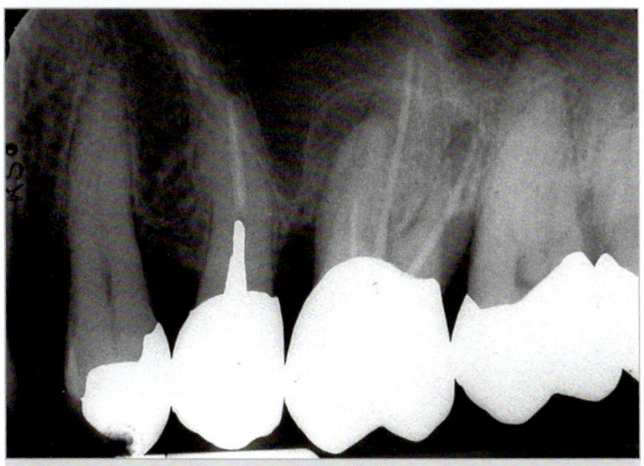

Abb. 6.5 Zahnfilm.

6.3 Film- und folienabhängige Faktoren mit Einfluss auf die Bildgestaltung

6.3.1 Folienlose Filme

Eine Besonderheit des zahnärztlichen Röntgens besteht darin, dass Röntgenfilme auch ohne Verwendung von Verstärkungsfolien zum Einsatz kommen.

Diese folienlosen Filme werden ausschließlich für die intraoralen Aufnahmen benutzt. Von der intraoralen Zahnaufnahme werden ein hoher Kontrast und eine sehr gute Zeichenschärfe erwartet, bei gleichzeitig hoher Empfindlichkeit (▶ Abb. 6.5).

> **Merke**
>
> Ein Röntgenfilm hat mehrere Eigenschaften, die ihn charakterisieren. Das sind:
> - Kontrast
> - Zeichenschärfe
> - Empfindlichkeit

▶ **Kontrast.** Ganz allgemein soll ein Zahnfilm einen hohen Kontrast besitzen, damit die feinen Strukturen des Zahnbereichs genau differenziert werden können. Einfluss auf den Kontrast haben die Streustrahlung und die Entwicklungsbedingungen. Eine höhere Entwicklungstemperatur steigert den Kontrast. Verbrauchter Entwickler hat eine Kontrastreduzierung zur Folge.

▶ **Zeichenschärfe.** Mit der intraoralen Aufnahme sollen feinste Strukturen dargestellt werden. Es ist deshalb

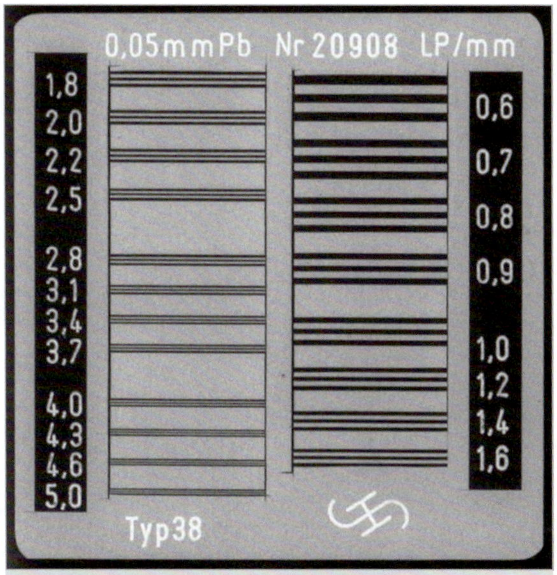

Abb. 6.6 Bleistrichraster.

notwendig einen Film zu verwenden, der eine große Zeichenschärfe aufweist. Allgemein wird für die Zeichenschärfe der Begriff Ortsauflösung benutzt. Die Ortsauflösung wird in der Praxis mit kontrastreichen Bleistrichrastern gemessen (▶ Abb. 6.6).

▶ **Empfindlichkeit.** Die Filmempfindlichkeit kann durch die Anzahl der Silberbromidkristalle und durch die Form der Kristalle gesteigert werden. Der Anzahl der Silberbromidkristalle sind technische Grenzen gesetzt. Die Form und Struktur der Kristall dagegen kann durch Züchtungen von neuen Kristallformen verbessert werden.

Die klassischen Kristalle waren sehr klein und zeichneten sich durch eine hohe Zeichenschärfe aus. Die Empfindlichkeit war aber gering, was deutlich längere Belichtungszeiten bedeutete. Die Entwicklung führte dann zu den tafelförmigen T-Grain-Kristallen (▶ Abb. 6.7 und ▶ Abb. 6.8), die in der Emulsionsschicht so angeordnet sind, dass sie von der flachen Seite aus getroffen werden. Durch diese Anordnung wird die Absorption der Strahlen deutlich erhöht, gegenüber den älteren kugelförmigen Kristallen. Unterschieden werden die Empfindlichkeitsklassen nach der ISO-Norm 3665 in 3 Klassen, die mit den Buchstaben D, E und F gekennzeichnet werden.

Während der Dosisbedarf des D-Films doppelt so hoch ist wie der des E-Films, so besteht zwischen dem E-Film und F-Film diese Differenz nicht.

Der F-Film erhält seine höhere Empfindlichkeit allein durch eine höhere Entwicklungstemperatur. Wird der Film durch eine Entwicklungsmaschine mit Rollen und einer höheren Temperatur von 28 °C entwickelt, dann gehört dieser Film nach der ISO 3665 zur F-Klasse. Wird er aber in anderen Entwicklungsautomaten oder von Hand bei 20 °C entwickelt, dann gehört dieser Film zur E-Klasse.

Merke

M!

Da die hochempfindlichen E-Filme bzw. F-Filme die gleiche diagnostische Bildqualität besitzen wie die D-Filme, sollte man – wegen der Reduzierung der Strahlenexposition um die Hälfte – nur diese Filme für intraorale Aufnahmen einsetzen.

Aufbau des Röntgenfilms

Um eine möglichst große Ausbeute der Röntgenstrahlen bzw. des Lichts aus der Verstärkungsfolie zu erreichen, muss eine möglichst hohe Anzahl von Silberbromidkristallen auf den Film aufgebracht werden. Da auf einer Seite

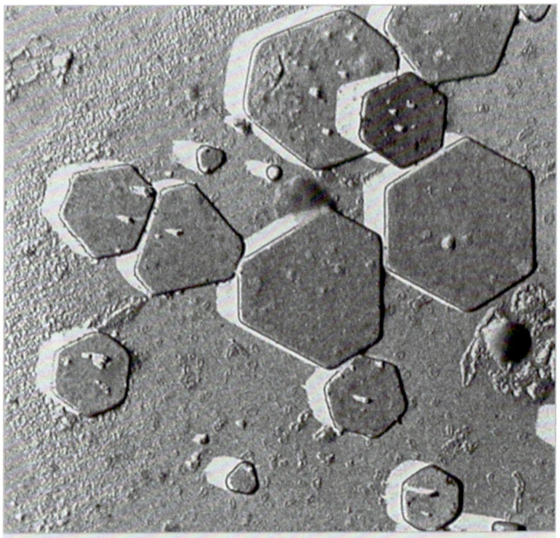

Abb. 6.8 T-Grain-Kristalle unter dem Elektronenmikroskop.

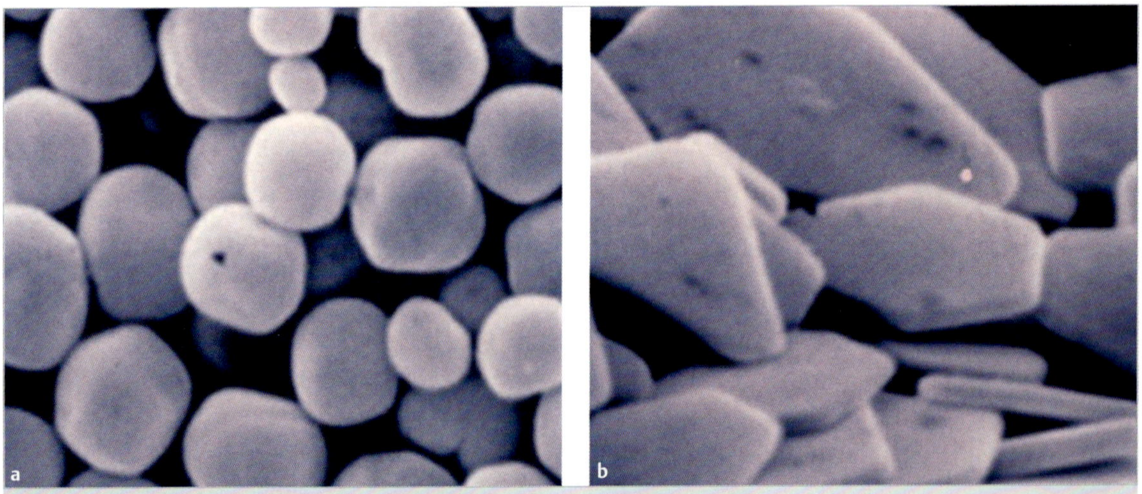

Abb. 6.7 Filmkristalle im Vergleich.
a Konventionelle Kristalle.
b T-Grain-Kristalle.

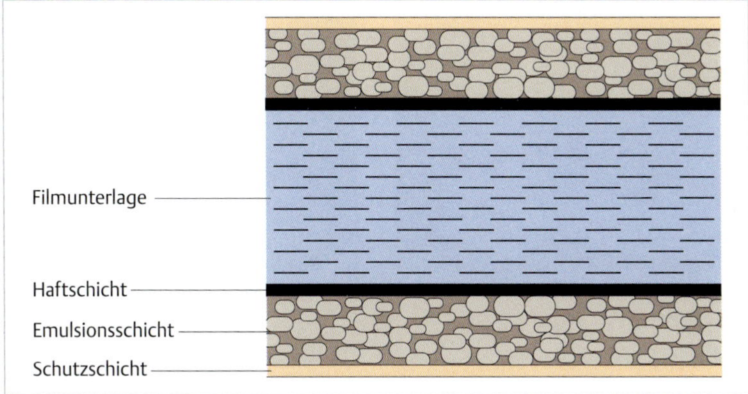

Abb. 6.9 Röntgenfilmaufbau.

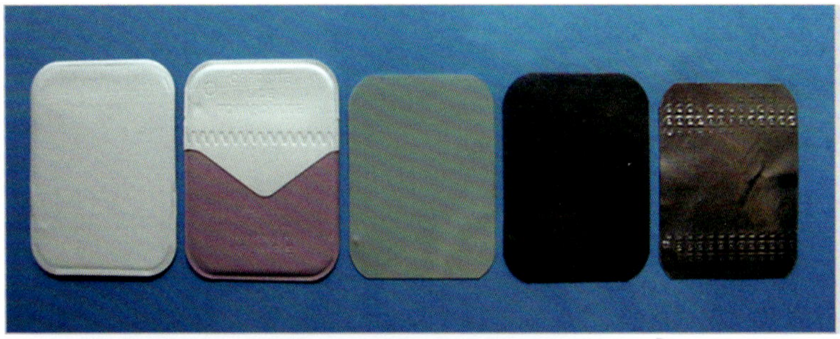

Abb. 6.10 Zahnfilmverpackung mit Inhalt: Plastikhülle Vorder- und Rückseite, Film, Bleifolie, schwarzer Karton.

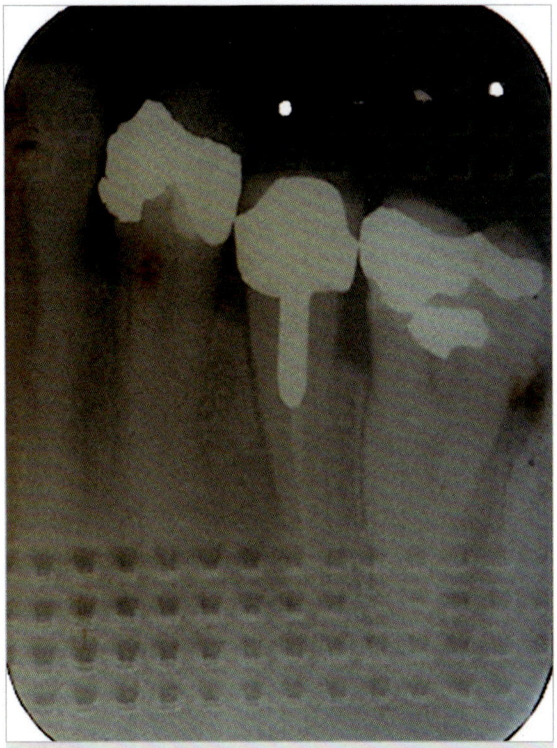

Abb. 6.11 Von der falschen Seite belichteter Zahnfilm, mit dem Muster der Bleifolie.

nur eine beschränkte Anzahl von Silberbromidkristallen aufgebracht werden können, werden Röntgenfilme in der Regel doppelseitig beschichtet (▶ Abb. 6.9). Als Schichtträger befindet sich in der Mitte eine dünne Polyesterfolie von ca. 0,2 mm Dicke. Polyester ist transparent und schwer brennbar.

Auf diesem Schichtträgermaterial wird beidseitig eine dünne Haftschicht aufgetragen, die die beiden Emulsionsschichten mit den Silberbromidkristallen halten sollen. Die Emulsionsschicht ist in Gelatine eingebettet. Die Gelatine dient nicht nur als Bindemittel für die Emulsionsschicht, sondern hat auch Einfluss auf die Empfindlichkeit und den Kontrast des Films. Zum Schutz der Emulsion vor mechanischen Beschädigungen und zur Verbesserung der Gleitfähigkeit in Entwicklungsmaschinen wird der Film abschließend mit einer Schutzschicht versehen.

Da die intraoralen Filme ohne Verstärkungsfolie nur wenige Treffer durch die Röntgenstrahlen erhalten, wird der Film, ergänzend zur doppelseitigen Beschichtung, mit so viel Silber beschichtet, wie es praktisch möglich ist. Die modernen Zahnfilme enthalten ca. 200 g Silber pro m^2. Die Folienfilme haben dagegen nur circa 40 g Silber pro m^2. Hauptgrund für diese Unterschiede dürfte, neben der Verwendung der Verstärkungsfolie, auch der Preis des Silbers sein.

Die Verpackung der Filme muss licht- und wasserdicht sein und eine gewisse Stabilität aufweisen. Die Hüllen sind aus Plastik. Der Film wird aus den genannten Stabilitätsgründen zusätzlich von einer Pappe umschlossen (▶ Abb. 6.10).

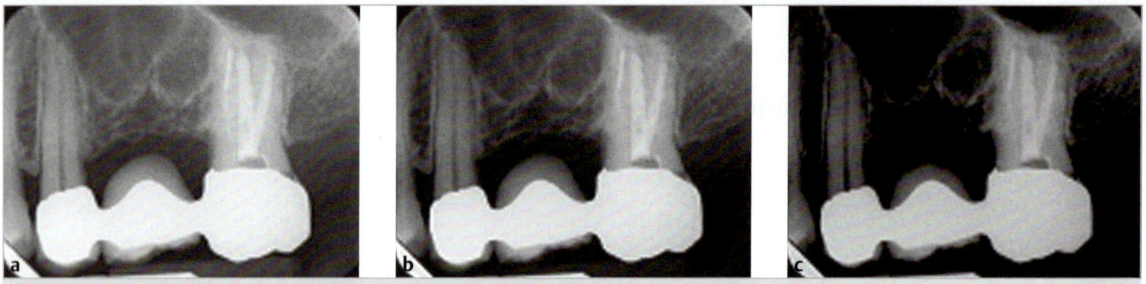

Abb. 6.12 Unter-, Normal- und Überbelichtung.
a Zu hell.
b „Normal".
c Zu dunkel.

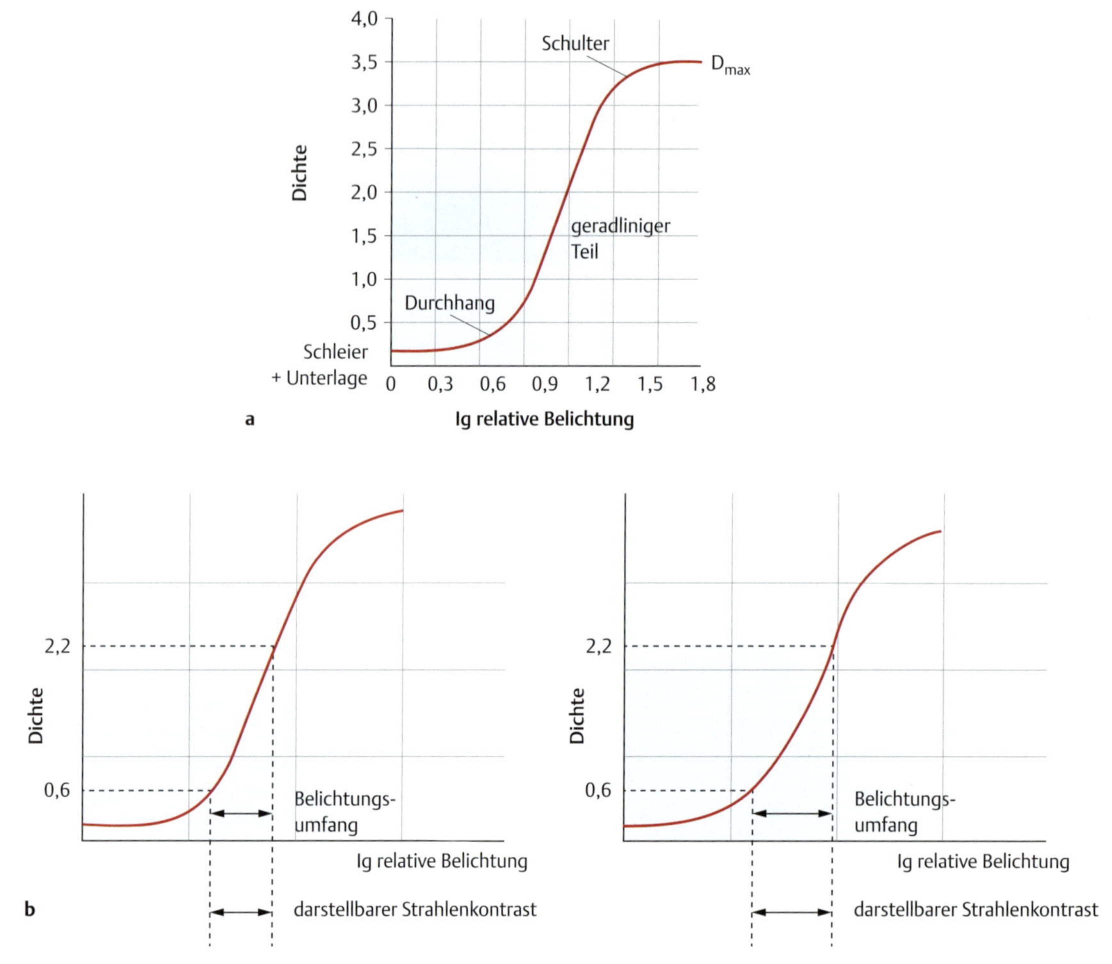

Abb. 6.13 Dichtekurven. Aus: Ewen K. Moderne Bildgebung. 1. Aufl. Stuttgart: Thieme; 1998
a Dichtekurve eines Röntgenfilms: Darstellung der Belichtung und der entstehenden Dichte.
b Dichtekurven von Filmen mit verschiedenen Kontrastverhalten: Der **rechte** Film, mit steilerem geradlinigem Teil, ist kontrastreicher, hat aber einen geringen Belichtungsspielraum. Der **linke** Film mit einem niedrigeren Kontrast hat dagegen einen größeren Belichtungsbereich und ist besonders geeignet für Aufnahmen in Bereichen, die einen großen dargestellten Strahlenkontrast, wie im Gesichtsschädel, benötigen.

Auf der Rückseite befindet sich eine Bleifolie. Sie absorbiert sowohl Strahlung, die durch den Film durchgeht, als auch die Streustrahlung, die aus dem Gewebe wieder auf dem Film auftrifft. Sie dient damit dem Strahlenschutz und der Bildqualität. Auf der Folie ist ein Muster (▶ Abb. 6.11) eingestanzt, sodass man sehen kann, wenn der Film fälschlicherweise auf der Rückseite belichtet wurde und, hervorgerufen durch die Bleifolie, zu hell erscheint.

Grafische Darstellung der Filmeigenschaften: Dichtekurve

Die Dichtekurve beschreibt die Zusammenhänge zwischen der Belichtung – einschließlich der Entwicklung – und der daraus resultierenden optischen Dichte.

Mit der richtigen Belichtung und Entwicklung soll erreicht werden, dass die Dichte des Films immer in einem Bereich liegt, in dem mit ihm gut diagnostiziert werden kann (▶ Abb. 6.12). Um sehen zu können, wie sich die Eigenschaften des Röntgenfilms auf das Bild auswirken, erstellt man eine Dichte- oder Filmkurve (▶ Abb. 6.13).

Die Dichtekurve setzt sich aus mehreren Abschnitten zusammen, wobei der Mittelteil die entscheidenden Aussagen über das Kontrastverhalten des Films macht. Je steiler der Anstieg des Mittelteils ist, desto kontrastreicher verhält sich der Film.

Die beiden gekrümmten Anteile zu Beginn und am Schluss, Durchhang und Schulter genannt, stellen einen Bereich dar, der für die Diagnostik nicht geeignet ist.

Die Dichtekurve beginnt nicht im Nullpunkt. Dieser Beginn der Kurve gibt den sogenannten **Grundschleier** wieder. Unter Grundschleier versteht man eine Grundschwärzung, die ein Film haben kann, die aber einen Wert von s = 0,25 nicht überschreiten darf. Hervorgerufen wird der Grundschleier durch die Unterlage und die Emulsion des Films. Ursachen für eine Erhöhung des Grundschleiers können Lagerungsbedingungen, aber auch Umgebungsbedingungen in der Dunkelkammer sein.

6.3.2 Mit Verstärkungsfolien verwendete Filme

Für alle Aufnahmen, bei denen der Film extraoral eingesetzt wird, kommen Verstärkungsfolien zum Einsatz. Die Folien werden in Filmkassetten in der Regel auf der Vorder- und Rückseite innerhalb der Kassette angebracht. Die Folien haben ähnlich wie der Film eine Trägerschicht, auf der sich eine Emulsionsschicht befindet. In dieser Emulsion befinden sich Kristalle, die zur Fluoreszenz fähig sind. Die Aufgabe der Verstärkungsfolien besteht darin, die Wirkung von Röntgenstrahlen auf den Film zu verstärken. Das geschieht dadurch, dass die Röntgenstrahlen beim Auftreffen die Folien zum Leuchten bringen (im Spektralbereich des sichtbaren Lichts).

Die Fluoreszenz hat eine lange Geschichte, schließlich führte das Aufleuchten einer solchen Leuchtschicht zur Entdeckung der Röntgenstrahlen. Verstärkungsfolien wurden schon von Anfang an eingesetzt. Über Jahrzehnte wurde Kalziumwolframat benutzt. Abgelöst wurde Kalziumwolframat 1978 durch die Kristalle der seltenen Erden, von denen sich das grün leuchtende Gadoliniumoxysulfid durchgesetzt hat.

Die Kristalle (▶ Abb. 6.14 und ▶ Abb. 6.15) haben ein individuelles Lichtemissionsspektrum, auf das die Filme genau abgestimmt werden müssen.

Die Empfindlichkeit eines Film-Folien-Systems ist durch die Dosis definiert, die eine bestimmte Schwärzung auf dem Film bewirkt. Bestimmt wird die Empfindlichkeitsklasse hauptsächlich durch die Foliendicke.

Die Folien werden in bestimmte dimensionslose Empfindlichkeitsklassen eingeteilt, wobei für die Zahnmedizin nur noch die hochverstärkenden Folien der Klassen 200–250 und 400 zur Anwendung kommen.

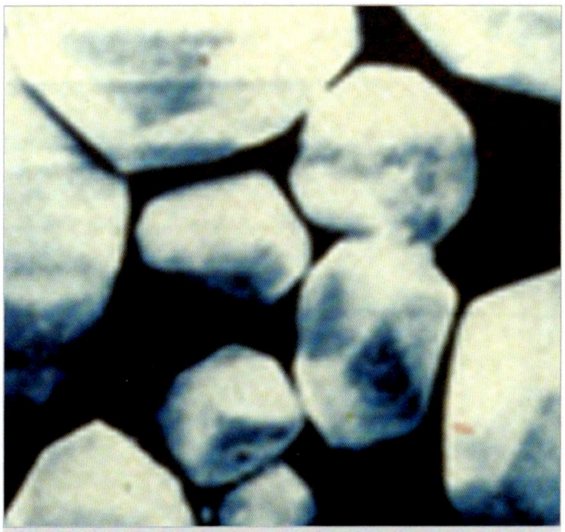

Abb. 6.14 Kalziumwolframat-Kristalle.

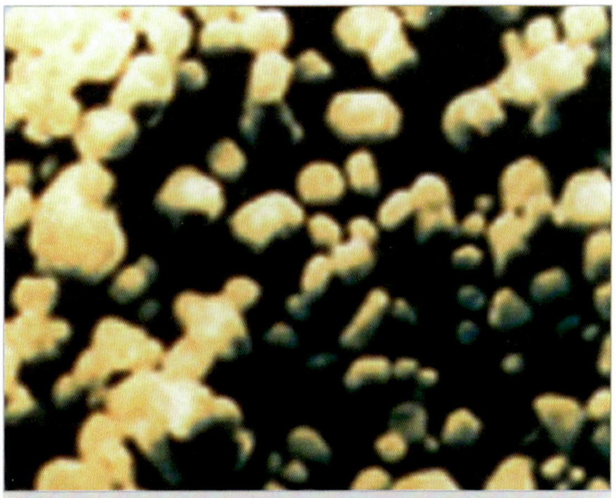

Abb. 6.15 Gadoliniumoxysulfid-Kristalle (seltene Erden).

> **Merke**
>
> Die 400er-Folien mit der höheren Empfindlichkeit müssen für die Fernröntgenaufnahmen bei Kindern eingesetzt werden. Alle übrigen extraoralen Aufnahmen können mit Folien der Empfindlichkeitsklasse von 200–250 angefertigt werden (▶ Abb. 6.16).

Nachteile der Verstärkungsfolien

Für die Dosisreduzierung müssen geringe Einbußen der Bildqualität in Kauf genommen werden.

Die Ursache für die Unschärfen, die durch Verstärkungsfolien entstehen, ist die Größe der Kristalle, die nicht so klein wie die Silberbromidkristalle sind. Weiterhin spielt die Dicke der Folie eine Rolle. In einer dickeren Folie legt das Licht einen längeren Weg zurück und streut deshalb mehr. Verstärkt wird dieser Effekt, wenn das Licht auf der ersten Emulsion kein Silberbromidkristall trifft (sondern erst auf der zweiten Emulsion) oder wenn es sogar – nachdem es auf der Hinterwand der Kassette reflektiert wurde – die Emulsion erst von der Rückseite aus trifft. In diesem Fall spricht man von einem **Crossover-Effekt,** der sich ebenfalls auf die Bildqualität negativ auswirken kann (▶ Abb. 6.17).

Abb. 6.16 Kassette mit Film.

6.4 Verarbeitung der Röntgenfilme

Man unterscheidet die manuelle, halbautomatische und die vollautomatische Verarbeitung. Mit Einführung der Qualitätssicherung hat die Handentwicklung und auch die halbautomatische Entwicklung praktisch keine Berechtigung mehr.

Ein entscheidender Grund besteht darin, dass – neben vielen anderen Vorteilen – mit höherer Entwicklungstemperatur die Filmempfindlichkeit und der Kontrast ansteigen. Praktisch bedeutet also die vollautomatische Entwicklung eine Dosisreduktion und eine zusätzliche Verbesserung der Bildqualität.

Weiterhin wird durch die automatische Rollenmaschine (▶ Abb. 6.18) die notwendige Qualitätssicherung in der Entwicklung erreicht, wie sie in den DIN-Normen vorgeschrieben ist.

Wenn kein Dunkelraum existiert, dann kann mit einem Tageslichtvorsatz die Entwicklung der Filme gefahrlos durchgeführt werden (▶ Abb. 6.19).

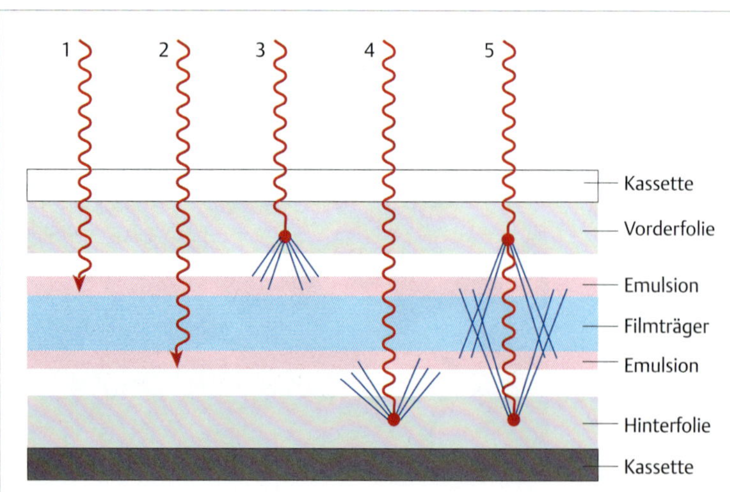

Abb. 6.17 Folienunschärfe (Schema). Aus: Pasler FA, Visser H. Farbatlanten Zahnmedizin, 5. Band, Zahnmedizinische Radiologie. 2. Aufl. Stuttgart: Thieme; 2000.

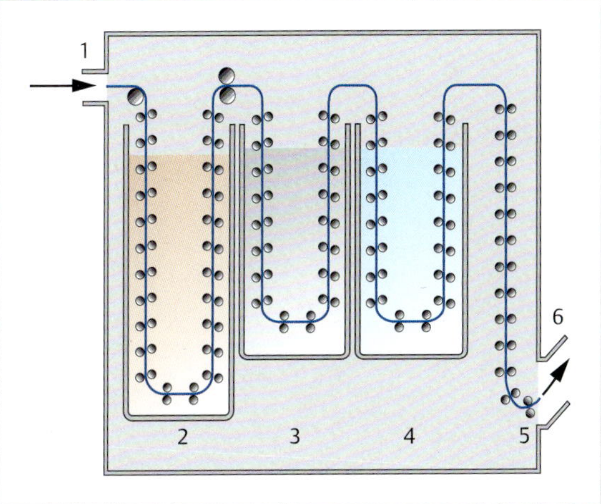

Abb. 6.18 Entwicklungsmaschine mit Rollen: 1 Einschub, 2 Entwickler, 3 Fixierung, 4 Wässerung, 5 Trocknung, 6 Ausgabe. Aus: Pasler FA, Visser H. Taschenatlas der Zahnärztlichen Radiologie. 1. Aufl. Stuttgart: Thieme: 2003.

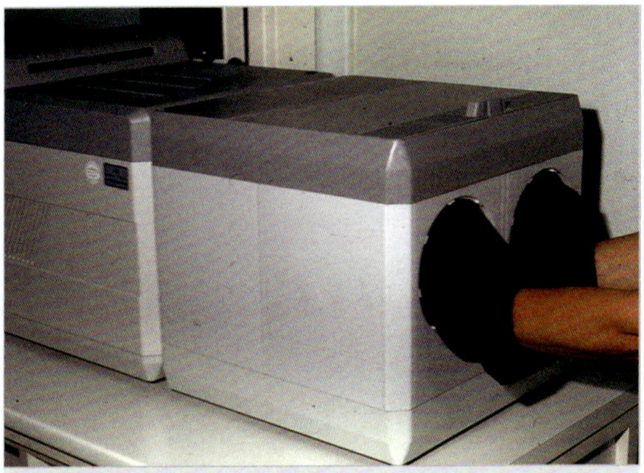

Abb. 6.19 Entwicklungsmaschine mit Tageslichtvorsatz.

Kapitel 7

Digitale Bildentstehung

7

7 Digitale Bildentstehung

Der Einsatz von digitalen Bildempfängern begann im zahnärztlichen Röntgen mit der Vorstellung des ersten kommerziellen Systems im Jahr 1986 unter dem Namen „Radiovisiographie“ mit einem CCD-Sensor (CCD: Charge-coupled Device) für intraorale Aufnahmen. Mitte der 1990er-Jahre wurde die Speicherfolientechnik als zweites digital arbeitendes System im zahnärztlichen Röntgen eingeführt.

Inzwischen haben sich die digitalen bildgebenden Verfahren für intraorale und für extraorale Röntgenaufnahmen so positiv weiterentwickelt, dass die diagnostische Bildqualität der Qualität von konventionellen Röntgenbildern entspricht, wenn sie diese nicht sogar übertrifft.

Abb. 7.1 Sensor mit Kabel.

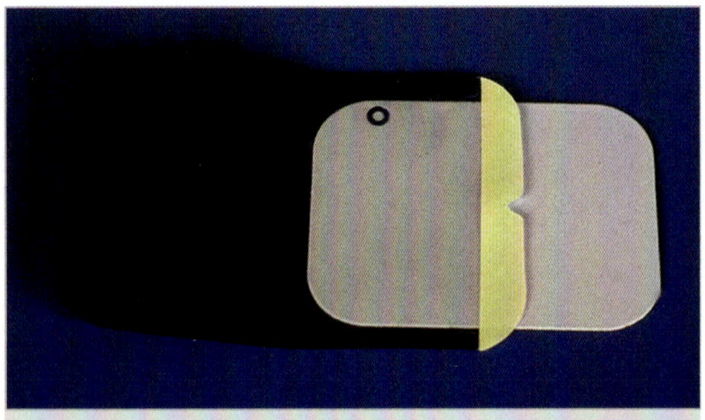

Abb. 7.2 Speicherfolie mit Hülle.

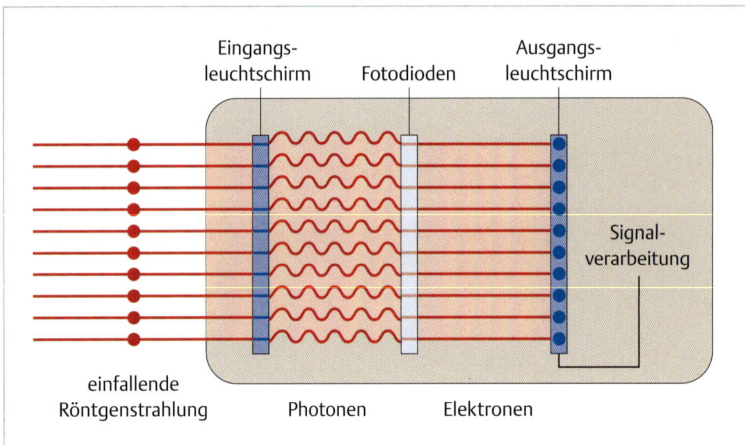

Abb. 7.3 Flat Panel (Schema).

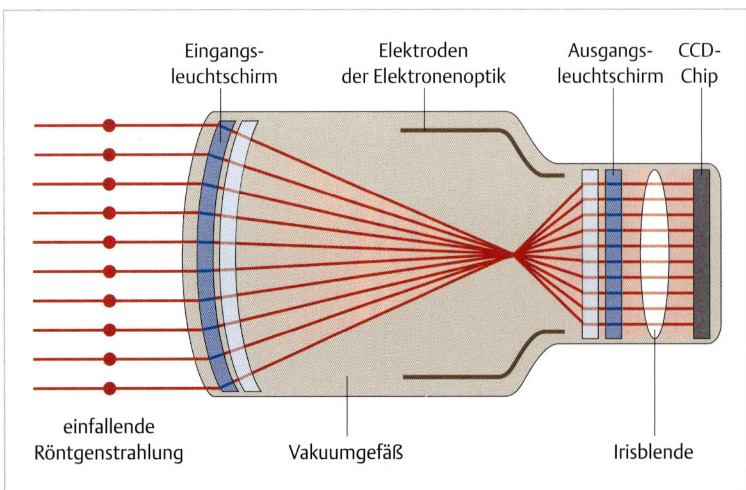

Abb. 7.4 Bildverstärker (Schema).

7

Unter dem Begriff digitale Radiografie oder digitales Röntgen versteht man die Verfahren zur Aufzeichnung und Darstellung von Röntgenaufnahmen, die mit den Mitteln der elektronischen Datenverarbeitung durchgeführt werden. Bisher wurde das Strahlenbild mit einem Film oder einer Film-Folien-Kombination aufgezeichnet. Digitale Verfahren benutzen dagegen Sensoren oder Speicherfolien, um die Röntgenbilder zu erzeugen. Zur Verarbeitung der Daten wird ein Computer mit entsprechender Software benötigt und schließlich – zur Darstellung – leistungsfähige Monitore.

Voraussetzung für den Einsatz digital arbeitender Bildempfänger ist die Umsetzung der analogen Signale in ein digitales System, mit dem die Photonen der Röntgenstrahlung in elektrische Ladungen umgewandelt werden können.

Im zahnärztlichen Röntgen kommen mehrere Technologien zum Einsatz:

- Im intraoralen und Panoramaschichtbereich werden Sensoren (▶ Abb. 7.1) und Speicherfolien (▶ Abb. 7.2) verwendet.
- Für die digitale Volumentomografie kommen Flat-Panel-Imager und vereinzelt Bildverstärker zum Einsatz (▶ Abb. 7.3 und ▶ Abb. 7.4).

7.1 Sensoren

Sensoren sind Bildempfänger, die aus quadratischen lichtempfindlichen Fotodioden bestehen. Diese Fotodioden sind die Picture Elements und werden abgekürzt als Pixel bezeichnet.

Die Energie der auftreffenden Photonen wird auf die Elektronen eines Halbleiters mit Kondensatorfunktion im z. B. CCD-Chip übertragen. Die Ladungen, die dadurch entstehen, fließen in kleine Potenzialtöpfe, in denen sie gesammelt und dann ausgelesen werden (▶ Abb. 7.5).

Es stehen 3 Arten von Sensoren zur Verfügung, die sich in ihrem Aufbau und in ihrer Arbeitsweise zum Teil wesentlich voneinander unterscheiden:

- CCD-Sensoren (Charge-coupled Device)
- CMOS-Sensoren (Complementary Metal Oxide Semiconductor)
- CdTe-Sensoren (Kadmium-Tellurid)

▶ Der CCD-Sensor. Wird ausgelesen, indem die Elektronen zeilenweise in vertikaler und horizontaler Richtung von einem Pixel zum nächsten – wie in einer Eimerkette – weitergeleitet werden. Die elektrischen analogen Signale werden am Ende dann verstärkt und durch einen Analog-digital-Konverter in digitale Signale umgewandelt. Der größte Nachteil der CCD-Sensoren besteht darin, dass bei zu großen Ladungsmengen, sprich Überbelichtung, die kleinen Potenzialtöpfe überlaufen und sich als tintenfleckähnliche Aufhellungen auf den Bildern bemerkbar machen. Dieses als Blooming bezeichnete Phänomen hat unter anderem dazu geführt, dass die CCD-Sensoren zunehmend von den CMOS-Sensoren abgelöst wurden. Weitere Nachteile der CCD-Technik sind der enge Belichtungsspielraum (wegen des Bloomingeffekts) und die relativ lange Auslesezeit der Daten.

▶ Beim CMOS Sensor. Verläuft das Auslesen völlig anders. Hier kann jeder Pixel individuell (separat) ausgelesen werden. Außerdem verfügt jeder Pixel über einen eigenen Verstärker für die analogen Signale und ebenso über einen eigenen Analog-digital-Konverter. Da die CMOS-Sensoren diese und viele andere Funktionen ausführen können, nennt man diese Sensoren Active Pixel Sensor (APS). Diese Technik wird die CCD-Sensortechnik ablösen, da ein schnelleres Auslesen möglich und das Rauschen geringer als bei einem CCD-Sensor ist.

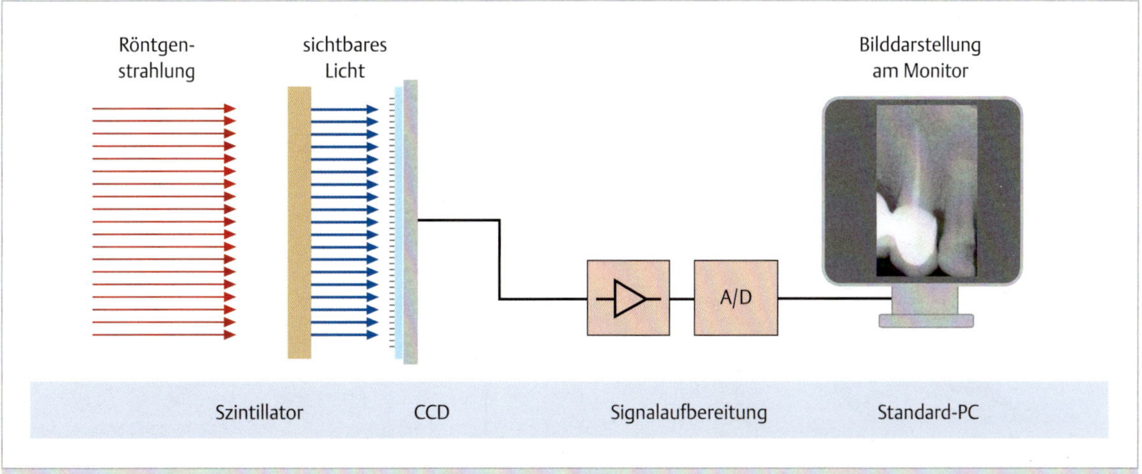

Abb. 7.5 Schematische Darstellung der Bildentstehung mit einem Sensor. Aus: Pasler FA, Visser H. Farbatlanten Zahnmedizin, 5. Band, Zahnmedizinische Radiologie. 2. Aufl. Stuttgart: Thieme; 2000.

▸ **Der CdTe Sensor.** Besitzt anstelle einer Leuchtschicht eine dünne Schicht aus Kadmium-Tellurid.

Heute arbeiten fast alle Sensoren mit einer Leuchtschicht, die – ähnlich wie bei einer Verstärkungsfolie – fest auf dem Sensor aufgedampft wird. Die 1. Generation der Sensoren war noch mit Kristallen der seltenen Erden bedeckt, inzwischen kommt Cäsiumjodid (CsI) zum Einsatz. Ein Cäsiumjodidkristall zeichnet sich durch seine geringe Größe und schlanke, spitz zulaufende Nadelstruktur aus. Die Streuung des Lichts wird fast völlig verhindert. Durch das Licht wird der Sensor vor den extrem kurzwelligen Röntgenstrahlen geschützt.

Der CdTe-Sensor ist ein Versuch, ohne Licht die Röntgenstrahlen zu digitalisieren und Bilder mit noch besserer Auflösung zu erhalten.

7.1.1 Optische Auflösung

Die optische Auflösung der Sensoren ist abhängig von der physikalischen Pixelgröße. Diese beträgt bei den modernen Sensoren 15 × 15 µm. Ausgedrückt – und verständlich – wird diese Auflösung mit dem Begriff der **„Linienpaare pro Millimeter"** (Lp/mm). Bei einer Sensorgröße von 15 × 15 µm liegen 33 Lp/mm vor. Diese rein mathematisch-physikalischen Werte werden aber in der Praxis aufgrund vieler Störeinflüsse niemals erreicht. Zu diesen Störungen gehören das Rauschen und die geometrische Unschärfe.

Unter **Rauschen** versteht man die statistische Verteilung der Photonen auf einer definierten Fläche des Bildempfängers. Der Rauschanteil ist allein abhängig von der Anzahl der Photonen, die auf den Detektor auftreffen. Das bedeutet, dass eine höhere Dosis (zur Verbesserung der Bildqualität) nur mit einem größeren Rauschanteil erkauft werden kann.

Die **geometrische Unschärfe** wird durch die nicht punktförmige Fokusgröße verursacht und kann zusätzlich durch ungünstige Abbildungsparameter das Bild mehr oder weniger verschlechtern.

Ein weiterer Eingriff in das System ist das sogenannte **Pixel-Binning.** Es werden in der Regel 4 Pixel zusammengefasst, um die Bearbeitungszeit zu verkürzen und den Speicherbedarf zu verringern. Nicht vergessen werden darf, dass auf diese Weise auch der Dosisbedarf gesenkt werden kann. Auf jeden Fall wird durch das Pixel-Binning, das eigentlich viele Vorteile bringt, die optische Auflösung verringert.

7.2 Speicherfolien

Im Gegensatz zu den Verstärkungsfolien wird die Röntgenstrahlung in der Speicherfolie nicht sofort in sichtbares Licht umgewandelt, sondern im Kristallgitter der Speicherfolie gespeichert. Die Speicherfolie ist eine Halbleiterplatte, in der sich in einer Speicherschicht z.B. mit Europium versetzte Bariumhalogenidkristalle befinden. Hier wirken Elektronenhaftstellen, die auch als „chemical traps" bezeichnet werden (▸ Abb. 7.6). Durch einen Laser wird das latente Bild mithilfe der Lumineszenz in ein digitales Bild umgewandelt (▸ Abb. 7.7).

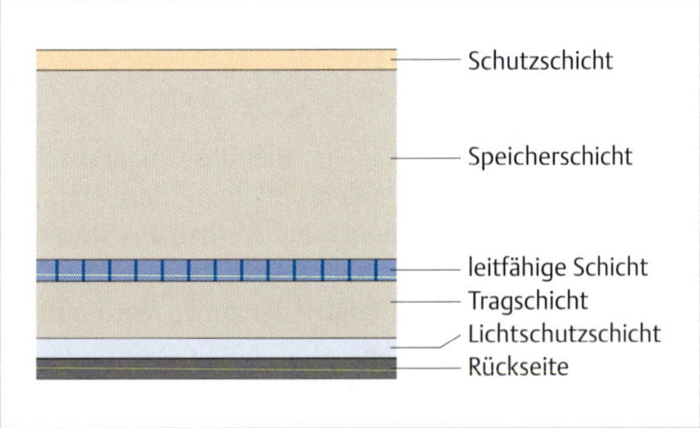

Abb. 7.6 Aufbau einer Speicherfolie: Eine für Röntgenstrahlen empfindliche Kristallschicht aus einer mit Europium dotierten Barium-Fluor-Verbindung ($BaFBr:Eu^{2+}$) ist auf eine Tragschicht aus Polyester aufgebracht.

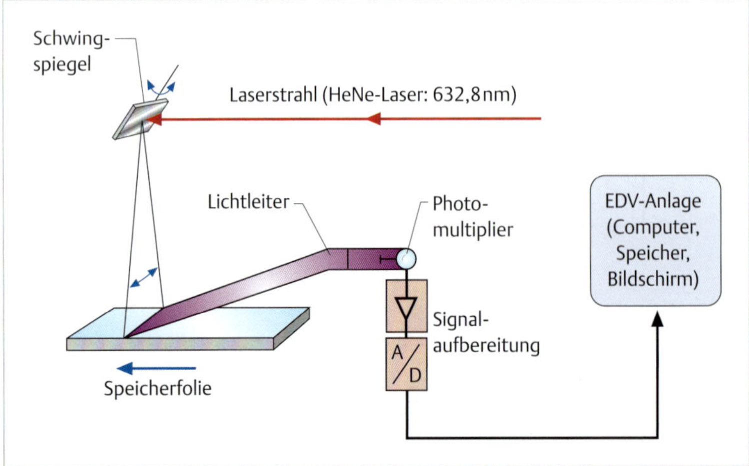

Abb. 7.7 Auslesen einer Speicherfolie. Aus: Pasler FA, Visser H. Farbatlanten Zahnmedizin, 5. Band, Zahnmedizinische Radiologie. 2. Aufl. Stuttgart: Thieme; 2000.

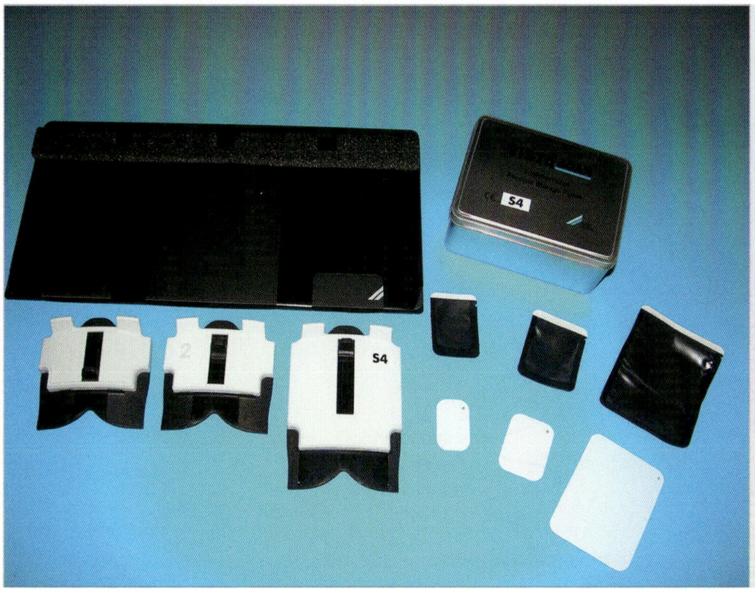

Abb. 7.8 Speicherfolien verschiedener Formate.

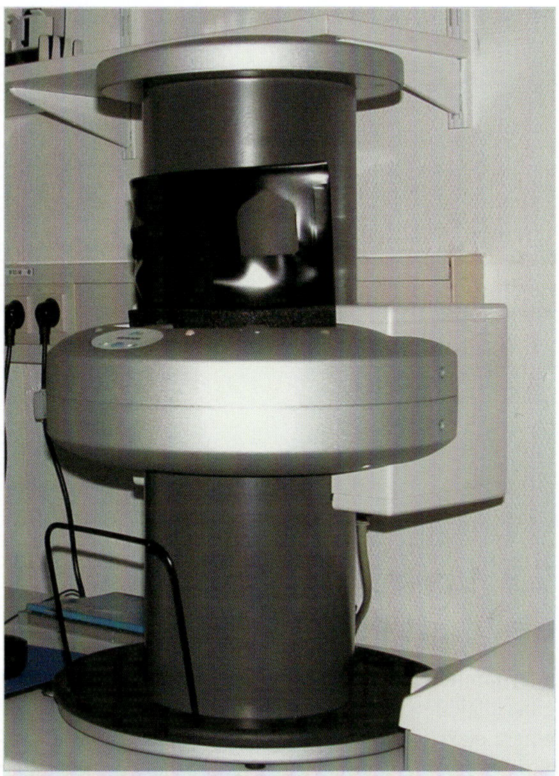

Abb. 7.9 Scanner für Speicherfolien.

Abb. 7.10 Scanner für Speicherfolien kleiner Formate.

Im zahnärztlichen Bereich gibt es für intraorale, aber auch für Panoramaaufnahmen geeignete Folien (▶ Abb. 7.8) mit den entsprechenden Scannern zum Auslesen (▶ Abb. 7.9 und ▶ Abb. 7.10).

Die Röntgenstrahlen bewirken, dass Elektronen des Europiums, ähnlich wie bei der Lumineszenz, auf eine höhere Bahn gelangen. Sie fallen aber nicht sofort wieder zurück, sondern werden dort an den Elektronenhaftstellen fixiert und bleiben als latentes Bild unbearbeitet bis zu 7 Stunden gespeichert (▶ Abb. 7.11).

Durch die Anregung des Laserlichts wird eine Freisetzung der Elektronen dann derart bewirkt, dass die Elektronen wieder auf ihre ursprüngliche Schale zurückfallen und dabei Energie in Form von Licht abgeben. Dieses Lumineszenzlicht wird durch einen Fotomultiplier an den Analog-digital-Wandler weitergeleitet und schließlich im Computer digitalisiert (▶ Abb. 7.12).

Einer der großen Vorteile der Speicherfolien ist ihr großer Dynamikbereich, der aber inzwischen auch von den CMOS-Sensoren erreicht wird.

Im Gegensatz zur Sensortechnik benötigt die Speicherfolie aber eine höhere Dosis, um rauschfreie Bilder zu bekommen.

In der Praxis haben Speicherfolien eine große Ähnlichkeit mit dem Zahnfilm. Die Anwendung am Patienten erscheint deshalb einfacher zu sein als mit dem Sensor. Diese Einschätzung ist aber relativ, da die praktische

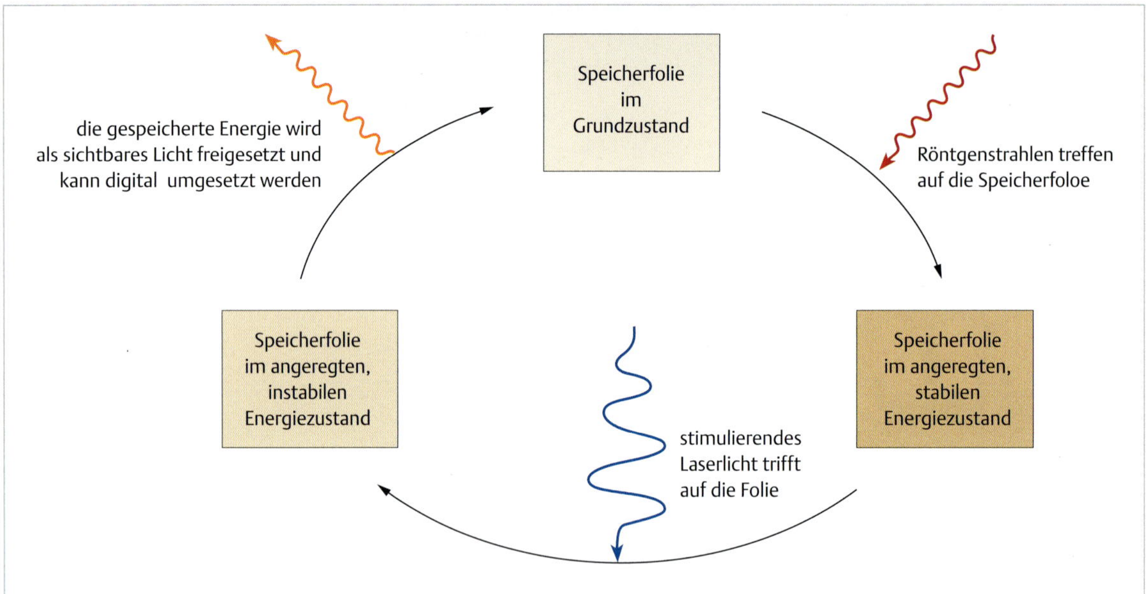

Abb. 7.11 Ablauf der Lumineszenzradiografie.

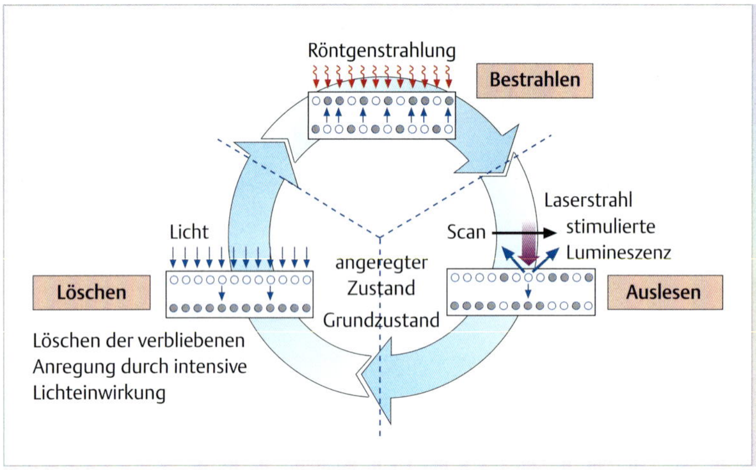

Abb. 7.12 Auslesevorgang bei einer Speicherfolie. Aus: Pasler FA, Visser H. Farbatlanten Zahnmedizin, 5. Band, Zahnmedizinische Radiologie. 2. Aufl. Stuttgart: Thieme; 2000.

Durchführung der intraoralen Aufnahmen neben dem Bildempfänger noch von vielen weiteren Faktoren abhängt.

Auch wenn die Speicherfolie dem Film sehr ähnelt, so darf nicht vergessen werden, dass Folien an sich sehr empfindlich sind und durch unsachgemäße Behandlung schnell beschädigt werden können. Jede mechanisch bedingte Schädigung macht sich auf dem Bild als helle Linie bemerkbar (▸ Abb. 7.13 und ▸ Abb. 7.14). Es besteht durchaus die Gefahr, dass es dadurch zu Fehldiagnosen kommt.

7.3 Vorteile des digitalen Röntgens

▸ **Dynamikbereich.** Entscheidend für die Bildqualität eines digitalen Bildes ist die Menge an Photonen, die zu einem elektrischen Signal für die Bildentstehung umgewandelt werden. Wie viele der einfallenden Röntgenquanten in ein bildgebendes Signal umgewandelt werden (prozentualer Anteil), wird als sogenannte Detective Quantum Efficiency (DQE; Quantenwirkungsgrad) angegeben; der DQE-Wert sagt somit etwas über die Empfindlichkeit des Detektors aus.

Der Dosisbereich, den der digitale Bildempfänger in verwertbare Daten umsetzen kann, wird als der Dynamikbereich bezeichnet. Beim digitalen Röntgen wird eine sehr viel höhere Ausbeute erreicht als beim konventio-

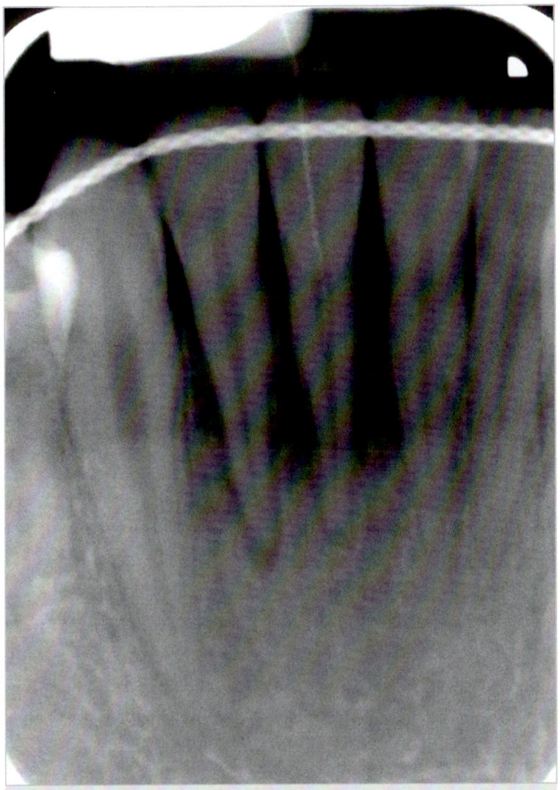
Abb. 7.13 Kratzer auf der Speicherfolie.

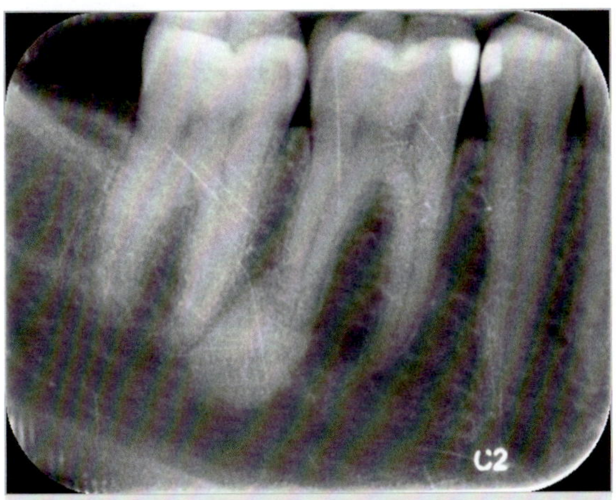

Abb. 7.14 Stark zerkratzte Speichfolie.

nellen Röntgen. Die Eigenschaften eines Films werden mit der Dichtekurve dargestellt. Diese weist beim Film eine S-Form auf – und nur ein kleiner Bereich, nämlich der geradlinige Mittelteil, ist für die Bildgebung von Bedeutung. Die charakteristische Kurve im digitalen Röntgen ist durchgehend linear. Beim Film dagegen ist nur der mittlere Teil linear, mit dem daraus resultierenden kleinen nutzbaren Bereich (▶ Abb. 7.15). Der Kontrastumfang, der durch die Dichtekurve dargestellt wird, liegt bei 1 : 30, während der Dynamikbereich bei 1 : 10 000 liegt.

▶ **Wegfall der Entwickler- und Fixierflüssigkeiten.** Die Verwendung von Chemikalien zur Filmentwicklung ist sehr problematisch. Sie ist sehr zeitintensiv, da die Entwicklungsmaschinen regelmäßig gereinigt werden müssen. Die Chemie, die in der Regel 1 Mal im Monat erneuert wird, muss entsorgt werden, was Zeit und Geld kostet und letztlich eine Belastung der Umwelt bedeutet.

▶ **Digitale Bilder können bearbeitet werden.** Die Entwicklung der Filme ist nicht beeinflussbar. Nach den DIN-Normen ist der Entwicklungsablauf genau vorgeschrieben und darf nicht manipuliert werden. Das heißt aber auch, dass die richtige Belichtung und die korrekte Entwicklung für die Bildentstehung entscheidend sind. Das Röntgenbild, das die Entwicklungsmaschine verlässt, ist das endgültige Bild. Dieses Bild kann zu hell, zu dunkel oder aber kontrastarm sein (▶ Abb. 6.12). Auf jeden Fall besteht nach der Filmentwicklung keine Möglichkeit mehr, dass Bild zu verändern. Und wenn, dann ist das sehr aufwendig und qualitätsmindernd. Das digitale Bild kann auf vielfältige Weise bearbeitet werden. Belichtungsfehler können ausgeglichen werden. Es darf aber nicht vergessen werden, dass zur Erzeugung eines Röntgenbilds eine bestimmte Schwärzung durch eine notwendige Menge an Photonen notwendig ist. Es ist daher falsch zu glauben, dass unterbelichtete digitale Bilder durch Nachbearbeitung die fehlende Schwärzung und Bildqualität bekommen können. Jeder Bildempfänger bedarf der Dosis, die sein System erfordert, um die erforderliche Bildqualität zu erreichen.

▶ **Das digitale Röntgenbild.** Steht schneller als der Film zur Verfügung. Die Filmentwicklung benötigt mit der Maschine fast 8 min. Digitale Sensoraufnahmen sind sofort nach der Belichtung auf dem Monitor. Die Speicherfolie braucht durch das Auslesen etwas länger. Auch erinnert die Speicherfolie mit dem Arbeitsablauf an den Film, nur das hier keine Entwicklungsmaschine, sondern ein Scanner zum Einsatz kommt.

▶ **Archivierung und Vernetzung.** Digitale Bilder lassen sich einfach archivieren und sind in kürzester Zeit aufrufbar. Sie können deshalb nicht verloren gehen (im konventionellen zahnärztlichen Röntgen kamen Verluste häufig vor). Die Archivierung ist platzsparend und kann an mehreren Orten gleichzeitig vorgenommen werden.

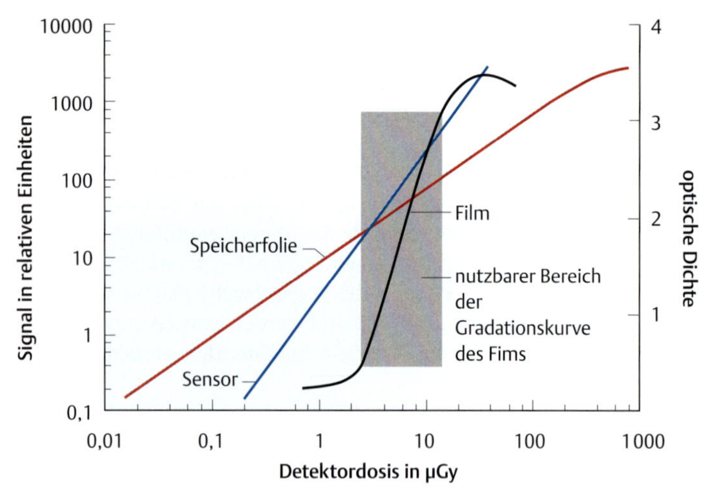

Abb. 7.15 Vergleich der Dichtekurven eines Films, eines Sensors und einer Speicherfolie. Aus: Pasler FA, Visser H. Farbatlanten Zahnmedizin, 5. Band, Zahnmedizinische Radiologie. 2. Aufl. Stuttgart: Thieme; 2000.

Kapitel 8

Qualitätssicherung

8 Qualitätssicherung

8.1 Grundlagen

Mit der Röntgenverordnung vom 8. Januar 1987 wurden zum ersten Male Regelungen zur Qualitätssicherung und Qualitätskontrollen eingeführt. Die Qualitätssicherung ist ein sehr wichtiger Bestandteil der Bemühungen, Strahlendosen im medizinischen Bereich so niedrig wie möglich zu halten.

Notwendig wurde diese Qualitätssicherung im Zusammenhang mit den Empfehlungen der Internationalen Strahlenschutzkommission und den daraus entstandenen EG-Richtlinien, in denen gefordert wird, die notwendige Bildqualität mit einer möglichst geringen Strahlendosis zu erreichen.

Erreicht werden soll die Reduzierung der Strahlenexposition

- durch die Einführung der Qualitätssicherung und – parallel dazu –
- durch eine Verbesserung der Ausbildung der Ärzte und der Helfer (Es war durch retrospektive Untersuchungen bekannt geworden, dass die Bildqualität der Röntgenbilder trotz vermehrter Bemühungen in vielen Fällen nicht besser wurde).

Qualitätssicherung ist ein umfassender Begriff, der alle wichtigen Tätigkeiten für den Arzt beinhaltet und sicherstellen soll, dass

- die Röntgenaufnahme erforderlich und für die Klärung der anstehenden Probleme das Richtige ist,
- die Röntgenbilder die Informationen enthalten, die für die Lösung der gestellten Fragen geeignet sind,
- die Inhalte der Röntgenbilder richtig interpretiert werden können und rechtzeitig zur Verfügung stehen,
- die Untersuchung mit der geringstmöglichen Strahlenexposition und den geringsten Unannehmlichkeiten für den Patienten durchgeführt werden kann.

Die Qualitätssicherung umfasst alle Bereiche des zahnärztlichen Röntgens und ist somit ein wesentlicher Bestandteil des gesamten Röntgenbetriebes.

Grundlage für die Qualitätssicherung in der zahnärztlichen Radiologie ist der § 16 der Röntgenverordnung. Der § 16 geht zurück auf die Richtlinie Nr. 84/466/EURATOM vom 3. September 1984 und auf Empfehlungen der Weltgesundheitsorganisation (WHO) und der Internationalen Strahlenschutzkommission (IRCP).

Weitere Organisationen, die grundlegend an der Qualitätssicherung beteiligt waren, sind die Internationale Organisation für Standardisierung (ISO) und das Deutsche und Europäische Institut für Normung (DIN und DIN-EN). Für die praktische Durchführung ist die Qualitätssicherungsrichtlinie (QS-RL) vom 20. November 2003, zuletzt geändert durch Rundschreiben vom 15. Juli 2010, maßgebend. Durch diese Richtlinie soll sichergestellt werden, dass die Durchführung der Qualitätssicherung bundeseinheitlich gesichert ist.

Der § 16 enthält folgende Aussagen:

- Als eine wesentliche Grundlage für die Qualitätssicherung bei der Durchführung von Röntgenuntersuchungen in der Heilkunde oder Zahnheilkunde werden vom Bundesamt für Strahlenschutz diagnostische Referenzwerte erstellt. Diese Referenzwerte werden veröffentlicht und sind bei der Untersuchung von Menschen zugrunde zu legen.
- Die Strahlenexposition darf danach das erforderliche Maß nicht überschreiten. Die Höhe der Dosis wird durch den Stand der Wissenschaft und Technik vorgegeben. Die Referenzwerte zeigen die Grenzen der Dosis auf, die für die Röntgenaufnahmen benutzt werden dürfen.

8.2 Abnahmeprüfung

Der Zahnarzt als Strahlenschutzverantwortlicher hat dafür zu sorgen, dass vor der ersten Inbetriebnahme einer Diagnostikeinrichtung eine Abnahmeprüfung nach § 16 Abs. 2 RöV durchgeführt wird. Am Anfang der Qualitätssicherung steht die Abnahmeprüfung durch den Hersteller oder Lieferanten, die vor Inbetriebnahme durchgeführt werden muss.

Bei der **Abnahmeprüfung** werden die Röntgeneinrichtung und das Abbildungssystem daraufhin überprüft, dass bei der vorgesehenen Art der Untersuchung die erforderliche Bildqualität mit einer möglichst geringen Strahlenexposition erreicht wird.

Durch die Abnahmeprüfung wird also für den Betrieb einer Röntgeneinrichtung ein Ausgangswert geschaffen, der sich nicht verändern darf. Dafür sind regelmäßige **Konstanzprüfungen** (s.u.) vorgeschrieben, mit denen festgestellt werden soll, ob die ursprüngliche Bildqualität weiterhin mit derselben Dosis erreicht wird. Im Vergleich der Konstanzaufnahme mit der Aufnahme der Abnahmeprüfung kann also überprüft werden, ob die Bildqualität und die Höhe der Strahlenexposition unverändert sind.

Die Abnahme- und Konstanzprüfungen zur Qualitätssicherung tragen dazu bei, die einwandfreie technische Funktion der Röntgeneinrichtung für die Dauer des Betriebs zu gewährleisten.

8.3 Prüfung der Röntgeneinrichtung durch einen Sachverständigen

Um sicherzustellen, dass die Röntgeneinrichtung dem Stand der Technik entspricht, sind Prüfungen durch einen Sachverständigen vorgeschrieben.

Sachverständige werden von der zuständigen Behörde bestimmt. Sie sind für die technische Prüfung von Röntgeneinrichtungen und für die Erteilung von Bescheinigungen zuständig. Sachverständige müssen unabhängig sein von den Personen, die an der Herstellung, am Vertrieb oder an der Instandhaltung von Röntgeneinrichtungen beteiligt sind.

Die Sachverständigenprüfungen finden zu Beginn der Röntgentätigkeit statt, nachdem die Abnahmeprüfung durchgeführt worden ist. Fortlaufend ist eine Sachverständigenprüfung mindestens alle 5 Jahre notwendig. Dann wird die Röntgeneinrichtung insbesondere auf sicherheitstechnische Funktion, Sicherheit und Strahlenschutz überprüft.

8.4 Konstanzprüfungen

8.4.1 Praktische Durchführung der Qualitätssicherungen im Filmröntgen

Die Prüfungen werden mit denselben Prüfkörpern durchgeführt wie bei der Abnahmeprüfung. Ebenso muss darauf geachtet werden, dass die Aufnahmebedingungen exakt die gleichen sind. Dazu gehören die Belichtungszeit, der Filmtyp, dieselbe Speicherfolie und derselbe Sensor. Ebenso ist dafür zu sorgen, dass die Entwicklungsmaschine oder die Handentwicklung in einem einwandfreien Zustand sind.

Es werden 3 Arten von Konstanzprüfungen durchgeführt:

- wöchentliche Prüfung der Filmentwicklung
- monatliche Prüfung des Röntgenstrahlers
- jährliche Prüfung des Dunkelraums

Die Ergebnisse der Konstanzprüfungen sind in ein Formblatt einzutragen. Sie müssen 2 Jahre aufbewahrt werden und sind auf Verlangen der Zahnärztlichen Stelle oder der zuständigen Aufsichtsbehörde vorzulegen.

Vorgeschrieben sind die Konstanzprüfungen in der DIN 6868 (Sicherung der Bildqualität in röntgendiagnostischen Betrieben – Teil 5: Konstanzprüfung in der zahnärztlichen Röntgenaufnahmetechnik).

Durchgeführt werden die Abnahme- und die Konstanzprüfungen mit einem genormten Prüfkörper. Dieser enthält 3 Stufen aus Kunststoff, die die Röntgenstrahlen von Stufe zu Stufe um etwa 25% schwächen (▶ Abb. 8.1).

Konstanzprüfung der intraoralen Aufnahmen

Der Film wird in den Schlitz des Prüfkörpers gesteckt und dann belichtet. Der Tubus wird dafür exakt auf die dafür vorgesehene Mulde gesetzt. Es ist darauf zu achten, dass der Tubus immer exakt senkrecht ausgerichtet ist (▶ Abb. 8.2).

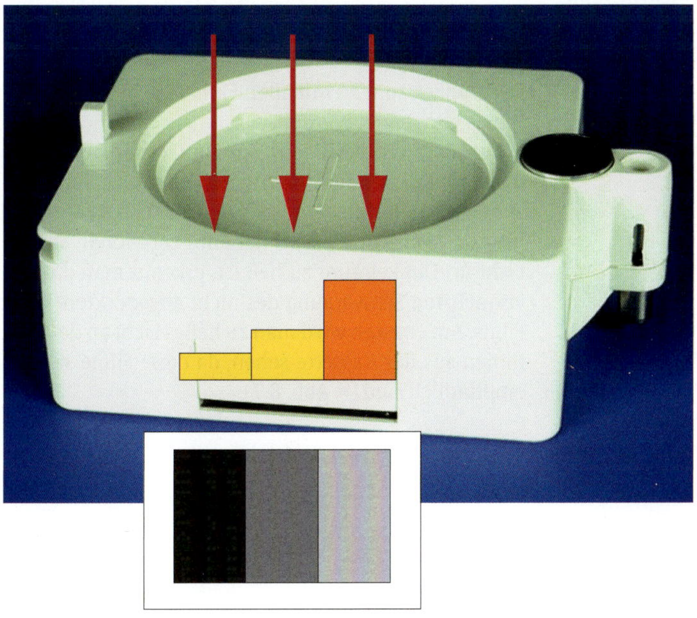

Abb. 8.1 Prüfkörper mit 3 Graustufen.

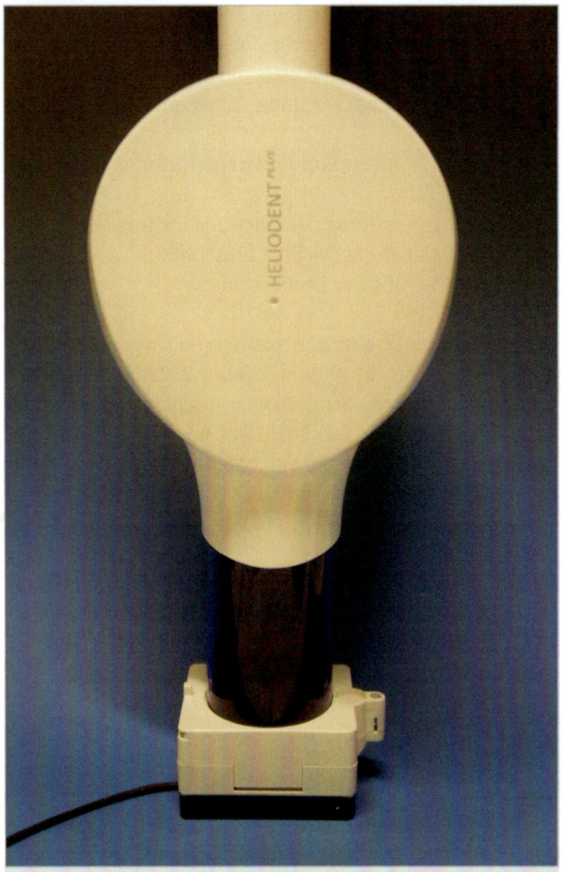

Abb. 8.2 Tubus (intraorales Gerät) auf dem Prüfkörper.

Die Auswertung der Prüfaufnahmen sollte eine vollkommene Übereinstimmung mit dem Ausgangsbild der Abnahmeprüfung erbringen. Falls Abweichungen vorliegen, gilt für die Schwärzung folgende Vorschrift: Eine Abweichung von maximal 1 Graustufe ist zugelassen. Es muss aber sichergestellt sein, dass die mittlere Graustufe eine Dichte von 1,2 ± 0,2 aufweist (▶ Abb. 8.3).

Das Nutzstrahlenfeld wird in der mittleren Schwärzung gemessen, es darf höchstens 0,2 mm abweichen (▶ Abb. 8.4).

Konstanzprüfung der Panoramaschichtaufnahmen

Für die Konstanzprüfung bei Panoramageräten wird der Prüfkörper an der Sekundärblende in halber Höhe befestigt.

Die Auswertung für die Schwärzung erfolgt ähnlich wie für die intraoralen Aufnahmen. Es muss aber ein Teil des Films am schmalen Ende abgeschnitten werden, damit Abweichungen der Graustufen sicher erkannt werden.

Die Blende ist richtig eingestellt, wenn ein nicht belichteter Rand durchgehend zu erkennen ist (▶ Abb. 8.5).

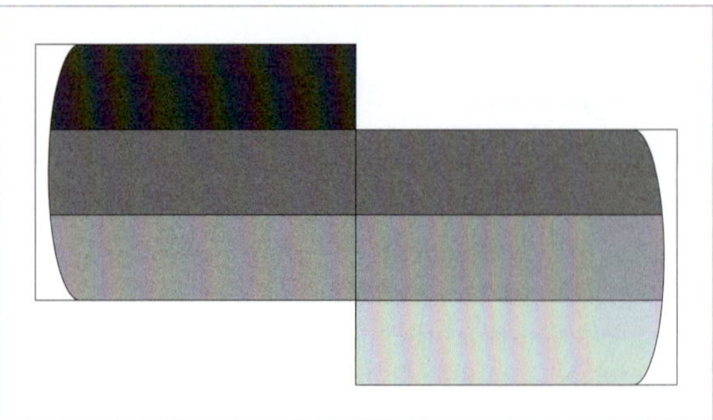

Abb. 8.3 Konstanzprüfung der Dichte.

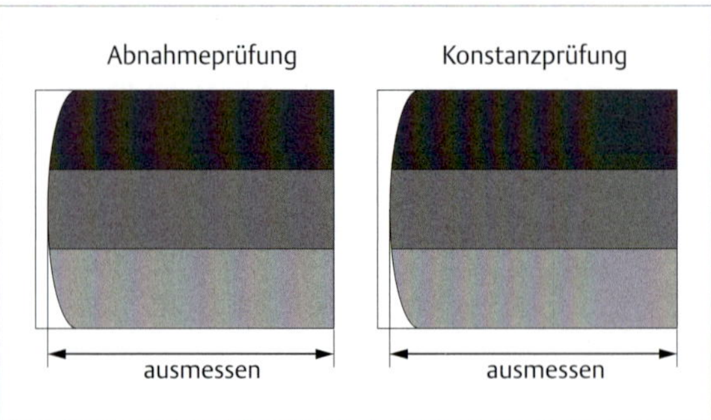

Abb. 8.4 Konstanzprüfung des Nutzstrahlenfeldes.

Konstanzprüfung der Fernröntgeneinrichtung

Auch hier erfolgt die Konstanzprüfung (▶ Abb. 8.6) ähnlich wie am Panoramaschichtgerät. Die Schwärzungsdifferenz darf auch hier maximal 1 Graustufe betragen.

Die Blende ist korrekt, wenn ein nicht belichteter Rand auf dem Film zu sehen ist (▶ Abb. 8.5).

Konstanzprüfung des Dunkelraums

Der Dunkelraum ist mit allen Filmen zu prüfen, die in der Praxis verwendet werden.

Zunächst wird der Film im Prüfkörper belichtet und dann im Dunkelraum dem Licht ausgesetzt. Zuvor wird aber die Hälfte des Films abgedeckt und 1 Minute liegengelassen. Danach wird der Film entwickelt. Wenn das Licht im Dunkelraum zu hell ist, erkennt man das an der vermehrten Schwärzung des nicht abgedeckten Teils des Films. Am ehesten wird man zu helles Licht an den Folienfilmen aus der Kassette sehen, da diese Filme sehr lichtempfindlich sind (▶ Abb. 8.7).

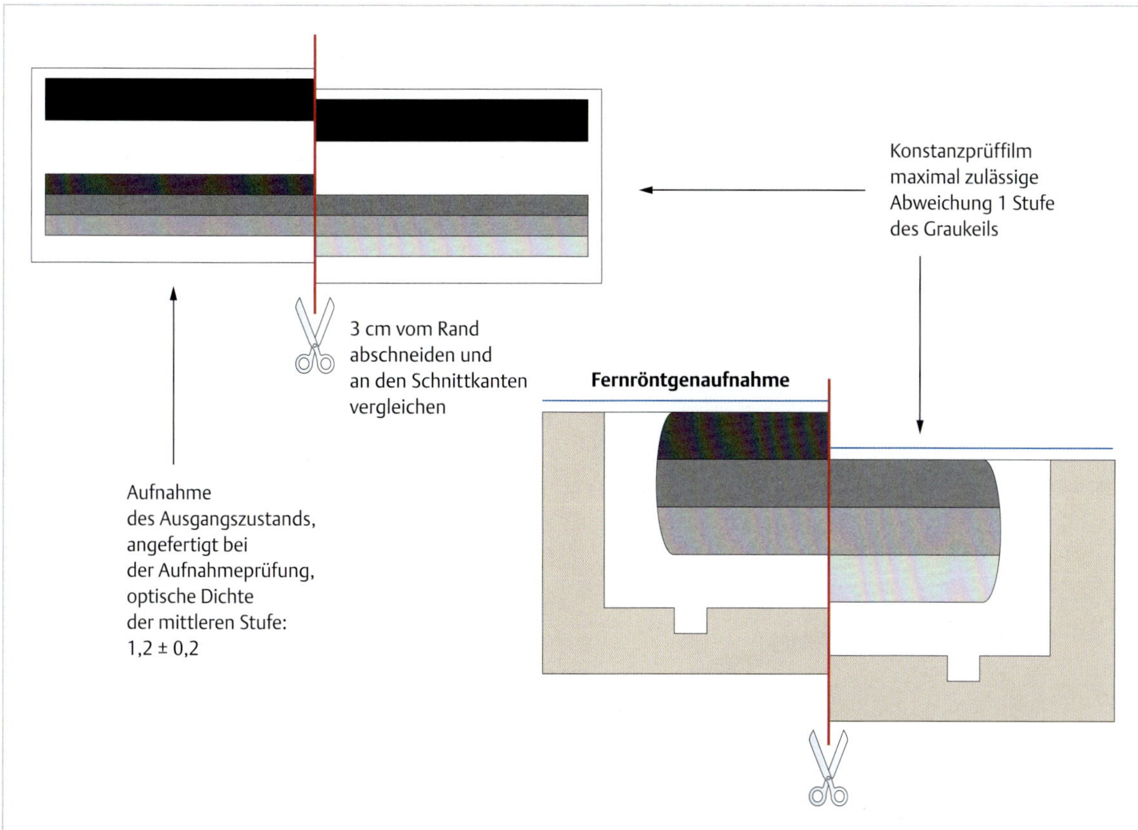

Abb. 8.5 Konstanzprüfung der Schwärzung und des Nutzstrahlenfeldes der PSA (Panoramaschichtaufnahme).

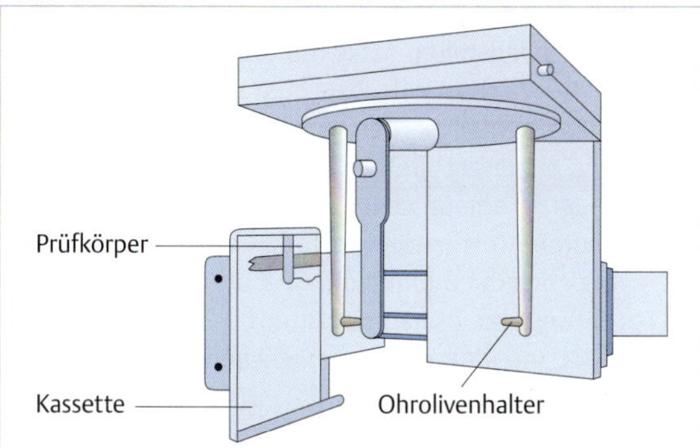

Abb. 8.6 Konstanzprüfung (Schwärzung und Nutzstrahlenfeld) an einer FRS-Einrichtung (FRS: Fernröntgenseitenbild). Der Ohrmuschelhalter muss aus dem Strahlengang geschwenkt werden.

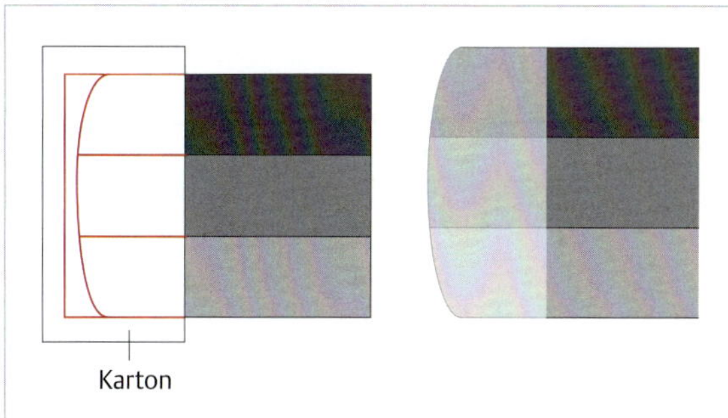

Abb. 8.7 Konstanzprüfung der Schwärzung durch das Licht des Dunkelraums.

8.4.2 Praktische Durchführung der Qualitätssicherungen im digitalen Röntgen

Die digitale Röntgeneinrichtung wird monatlich oder 3-monatlich durch Konstanzaufnahmen überprüft. Anstelle der Überprüfung der Entwicklung wird der Befundmonitor arbeitstäglich und monatlich überprüft.

Um bei digitalen Aufnahmen den Kontrast und die Zeichenschärfe prüfen zu können, wird ein Prüfkörper eingesetzt, der für den Niedrigkontrast 4 Bohrungen in einer Aluminiumplatte – mit Durchmessern von 1 mm, 1,5 mm, 2 mm und 2,5 mm – aufweist und für den Hochkontrast mit einem Bleistrichraster ausgerüstet ist (▶ Abb. 8.8).

Für intraorale, Panorama- und Fernröntgenaufnahmen gelten unterschiedliche Anforderungen.

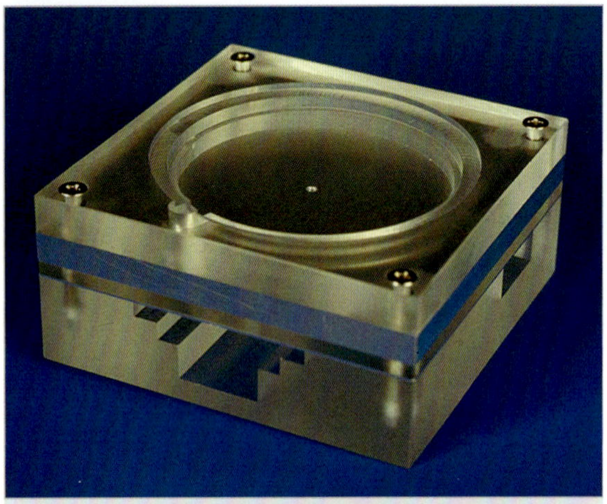

Abb. 8.8 Prüfkörper für digitales Röntgen.

Abb. 8.9 Konstanzprüfung für den digitalen Dentalstrahler.

Konstanzprüfung am Dentalstrahler

Wie bei der Filmröntgen-Konstanzprüfung wird das Nutzstrahlenfeld überprüft.

Für die Hochkontrastauflösung wird der Bleistrichraster eingesetzt. Sensor oder Speicherfolie werden typischerweise im Prüfkörper belichtet. Das Bild, das mit Helligkeit und Kontrast bearbeitet werden darf, muss 5 Lp/mm zeigen und es müssen alle 4 Bohrungen von 1–2,5 mm erkennbar sein.

Der Dosisäquivalentwert darf nicht mehr als 20% abweichen (▸ Abb. 8.9).

Konstanzprüfung am Panoramaschichtgerät

Wie beim Filmröntgen muss ein umlaufender nicht belichteter Rand erkennbar sein.

Die Auflösung des Hochkontrasts muss eine Mindestauflösung von 2,5 Lp/mm haben. Für den Niedrigkontrast müssen mindestens 2 der 4 Bohrungen erkennbar sein. Die Graustufen müssen deutlich erkennbar sein. Sie dürfen sich nicht mehr als 1 Stufe von dem Ausgangsbild unterscheiden.

Konstanzprüfung am Befundungsmonitor

Die Prüfungen erfolgen an einem Testbild, das arbeitstäglich auf dem Monitor erscheint. Dieses SMPTE-Testbild wurde von der Society of Motion Picture and Television Engineers (SMPTE) entwickelt (▸ Abb. 8.10).

Das Testbild enthält mehrere Graufelder und Strichraster, die geeignet sind alle Prüfungen, die gefordert sind, durchzuführen.

- Die Grauwertwiedergabe wird arbeitstäglich überprüft
- Kontrastauflösung, Bildgeometrie und Farbartefakte müssen monatlich überprüft werden.

8.5 Zahnärztliche Stelle

Die Rolle und Aufgaben der Zahnärztlichen Stellen werden in § 17a der Röntgenverordnung beschrieben. Die Zahnärztliche Stelle hat demnach Prüfungen durchzuführen, um sicherzustellen, dass die Erfordernisse der medizinischen Wissenschaft beachtet werden. Außerdem soll darauf geachtet werden, dass die angewandten Verfahren und eingesetzten Röntgeneinrichtungen den Qualitätsstandards entsprechen, um die Strahlenexposition des Patienten so niedrig wie möglich zu halten. Dabei muss aber auch die Bildqualität Beachtung finden, sodass die Forderung der Abnahmeprüfung – die erforderliche Bildqualität mit der geringstmöglichen Dosis zu erreichen – in der Praxis erfüllt wird.

Die Zahnärztliche Stelle überprüft also die Qualitätssicherung, die in den Praxen durchgeführt wird. Dazu müssen in regelmäßigen Abständen folgende Unterlagen vorgelegt werden:

- Aufzeichnungen zur Qualitätssicherung
- Patienten-Röntgenbilder
- Angaben zur Strahlenexposition, zur Röntgeneinrichtung und zur rechtfertigenden Indikation der eingeschickten Röntgenbilder

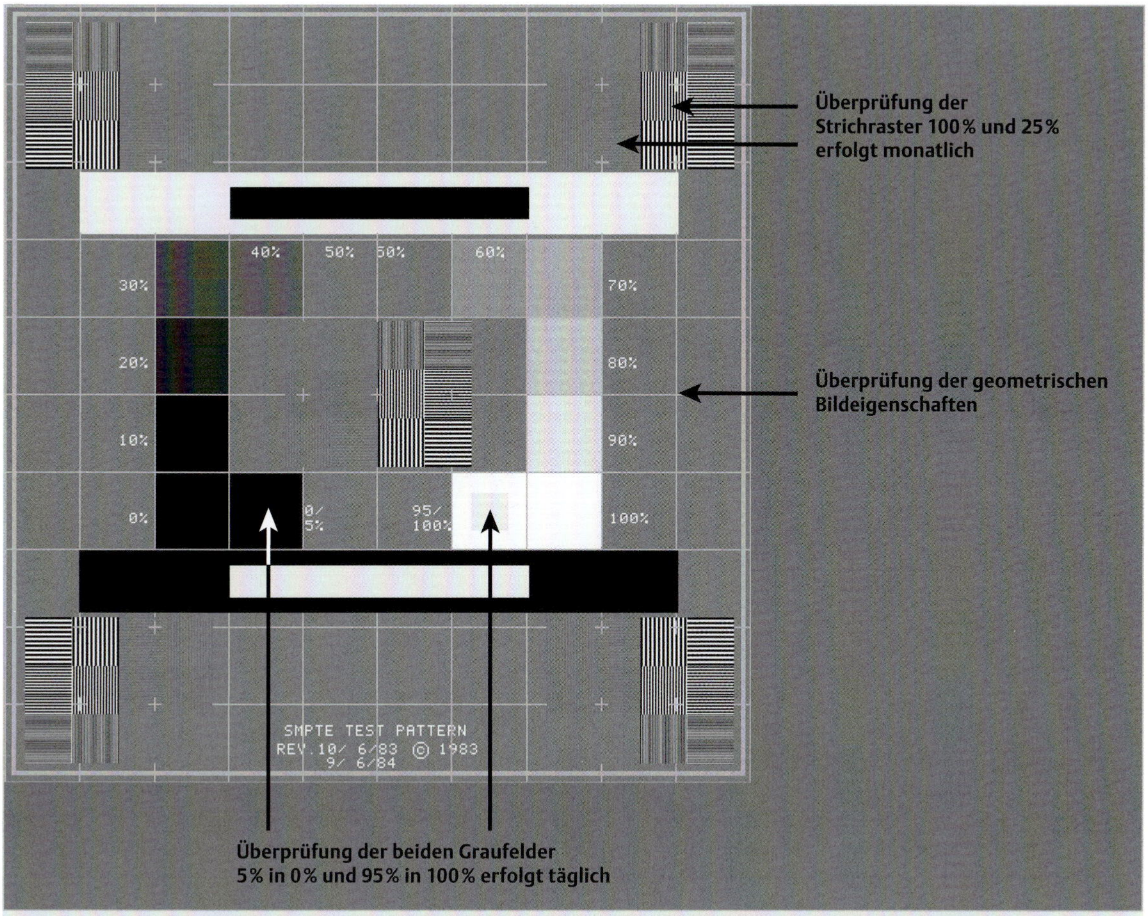

Abb. 8.10 SMPTE-Testbild zur täglichen und monatlichen Überprüfung des Befundmonitors.

Kapitel 9

Praxis des zahnärztlichen Röntgens

9

9 Praxis des zahnärztlichen Röntgens

9.1 Intraorale Aufnahmen

Die intraorale Aufnahme war über Jahrzehnte die wichtigste Aufnahme zur Darstellung der Zähne. Mit der Einführung der Panoramaschichttechnik und der digitalen Volumentomografie hat sie zwar an Bedeutung verloren, ist aber in vielen Fällen als eine ergänzende Zielaufnahme für eine optimale Darstellung der Strukturen im Zahnbereich immer noch eine große diagnostische Hilfe im zahnärztlichen Röntgen.

Da intraorale Einzelaufnahmen sehr stark befundbezogen sind und primär kleinste Details darstellen sollen, werden an die diagnostische Bildqualität besonders hohe Anforderungen gestellt.

Die diagnostische Bildqualität für intraorale Aufnahmen hängt dabei im Wesentlichen von der Aufnahmetechnik und der praktischen Durchführung der Aufnahme ab. Außerdem auch, wie die Entwicklung der intraoralen Aufnahmetechniken gezeigt hat, von den dafür notwendigen technischen Hilfsmitteln in Form von geeigneten Haltersystemen.

Für die Abbildung der Zähne gelten bestimmte Regeln, die sicherstellen sollen, dass die diagnostisch wichtigen Bildmerkmale, Details und klinischen Strukturen immer nach dem Stand der Technik und der Zahnheilkunde abgebildet werden.

Das heißt, die Abbildung der Zähne muss immer vollständig, überlagerungsfrei, gerade ausgerichtet und unverzerrt sein. Die Bildqualität muss so gut sein, dass Krone, Pulpa, Wurzelkanal, Parodontalspalt, Apexregion, Spongiosa und die angrenzenden Nachbarstrukturen zweifelsfrei diagnostiziert werden können.

Die Aufnahmetechnik, die angewandt wird, muss diese Forderungen erfüllen. Betrachtet man in diesem Zusammenhang die Regeln der allgemeinen Projektionslehre, dann kommt man schnell zu dem Schluss, dass die uns zur Verfügung stehenden Aufnahmetechniken qualitativ verschieden sind und nicht jede Technik zu den erwünschten guten Ergebnissen führt.

9.1.1 Forderungen an die Darstellung der Zähne

Um eine umfassende und optimale Diagnostik zu gewährleisten, müssen folgende Abbildungskriterien für die intraorale Aufnahme erfüllt werden:

- **vollständige Abbildung:**
  - Die intraorale Aufnahme muss Krone, Wurzel und den periapikalen Bereich in seiner Gänze vollständig abbilden.
  - Aufnahmebedingt fehlende Kronen oder Wurzelspitzen entsprechen nicht mehr dem Stand der zahnärztlichen Röntgentechnik (▸ Abb. 9.1).
- **überlagerungsfreie, orthoradiale Abbildung:**
  - Die intraorale Aufnahme hat eine sehr große Bedeutung für die Kariesdiagnostik. Die Zahn- und die Bissflügelaufnahme im Besonderen muss daher so durchgeführt werden, dass die Approximalflächen nicht überlagert sind (▸ Abb. 9.2).
  - Unabhängig von der Aufnahmetechnik, hängt die überlagerungsfreie Darstellung allein von der Durchführung der Aufnahme ab.
  - Es muss bei jeder Aufnahme gewährleistet sein, dass sich die Approximalflächen der Kronen nicht überlagern. Dass dies gelingt, liegt allein in der Verantwortung derjenigen, die diese Aufnahme durchführen. Egal mit welcher Einstelltechnik gearbeitet wird, die orthoradiale Einstellung hat immer individuell für jede einzelne Aufnahme zu erfolgen. Bei der orthoradialen Einstrahlung verläuft der Zentralstrahl senkrecht auf die Approximalflächen der Zähne. Am besten wird eine orthoradiale Einstellung erreicht, wenn der Zentralstrahl senkrecht auf der Tangente

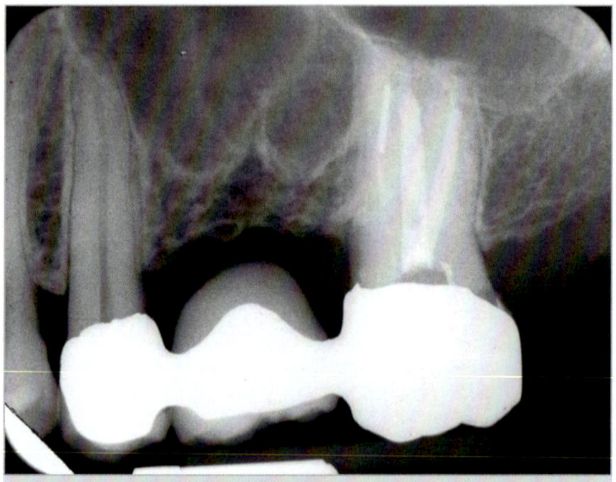

Abb. 9.1 Korrekte, vollständige Zahnaufnahme des Oberkiefers.

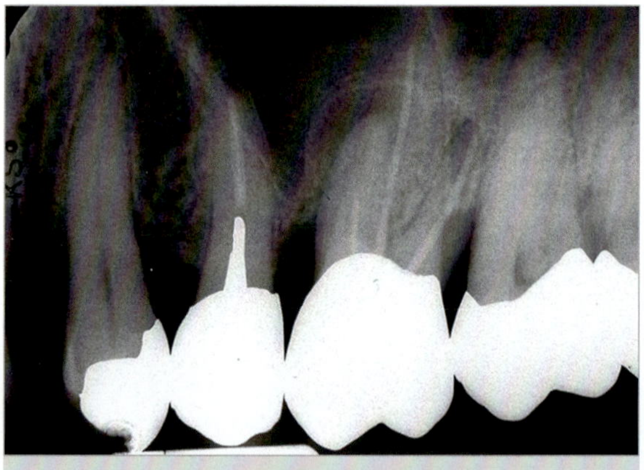

Abb. 9.2 Orthoradiale Darstellung der Zähne 17–15.

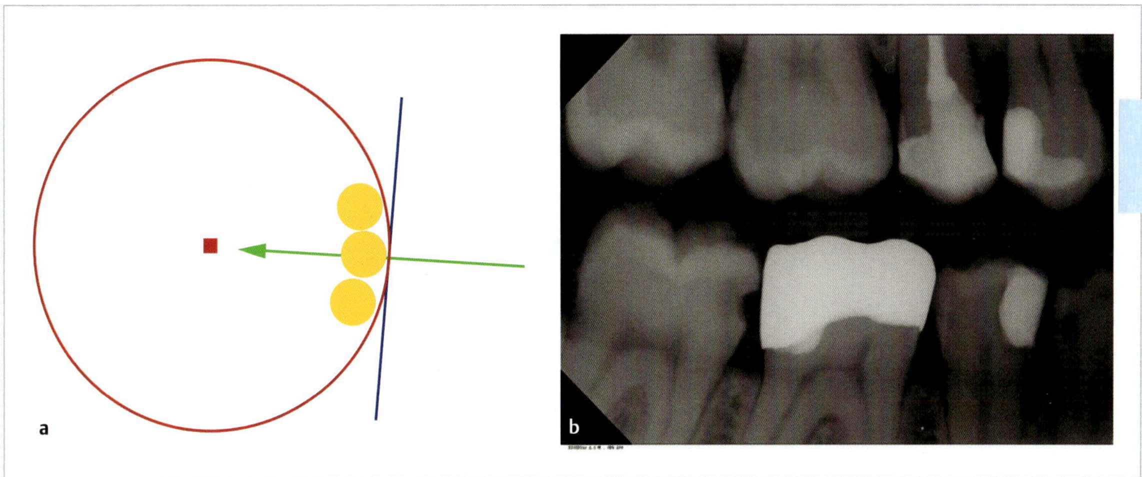

Abb. 9.3 Orthoradiale Abbildung.
a Schema: Orthoradial bedeutet eine Einstrahlung in Richtung des Radius an einer bestimmten Stelle.
b Zahnfilm mit orthoradialer Abbildung der Zähne.

steht, die an der buccalen Fläche des Zahns angelegt wird. Der Film muss dann immer parallel zu dieser Tangente ausgerichtet werden. Dadurch sieht man an der Filmlage, ob die Einstrahlrichtung korrekt orthoradial ausgerichtet ist (▶ Abb. 9.3).

- **Reproduzierbarkeit:**
  - Intraorale Aufnahmen müssen reproduzierbar sein. Grundsätzlich wird jedes Röntgenbild bei der Begutachtung mit den Bildern verglichen, die der Arzt in seinem Gedächtnis gespeichert hat. Nur so kann ein neues Bild optimal gedeutet werden. Im Einzelfall müssen aber auch Bilder mit Voraufnahmen desselben Patienten im Verlauf einer Erkrankung verglichen werden.
  - Vorrausetzung für eine sichere Diagnostik ist eine standardisierte Aufnahmetechnik. Für die intraorale Aufnahme ist es notwendig, dass die Zahnachseimmer im rechten Winkel zur unteren Filmkante oder zum Aufbissblock steht. Wird dies bei der Positionierung des Films bedacht, so ist ein hohes Maß an Reproduzierbarkeit erreicht.
  - Die Reproduzierbarkeit von Röntgenbildern ist ein ganz wichtiger Bestandteil der Diagnostik. Nur ähnliche Bilder lassen sich vergleichen, weil sich auf ihnen die anatomischen Strukturen immer wieder auf dieselbe Weise darstellen. Dieser Umstand erleichtert das Erkennen von Abweichungen, seien es Normvarianten oder aber pathologische Veränderungen (▶ Abb. 9.4).
- **unverzerrte Abbildung:** Ob die Zähne verzerrt abgebildet werden oder nicht, hängt sehr stark von der Aufnahmetechnik ab. Die Verzerrungen treten praktisch nicht auf, wenn
  - ein Langtubus von 30 cm verwendet wird und
  - die Strahlen auf den Bildempfänger und idealerweise auch auf den Zahn senkrecht auftreffen (▶ Abb. 9.5 und ▶ Abb. 9.6).

9.1.2 Projektionsgesetze

Die Projektionsgesetze lassen sich in wenigen Forderungen darstellen:

- Die Röntgenstrahlen müssen idealerweise auf den Bildempfänger und das Objekt senkrecht auftreffen (▶ Abb. 9.7).
- Die Röntgenstrahlen dürfen deshalb nicht divergieren.

Für die intraoralen Aufnahmen lassen sich parallele Strahlen durch einen Langtubus realisieren. Ebenso kann durch geeignete Halter sichergestellt werden, dass die Strahlen senkrecht auf den Bildempfänger auftreffen.

Lediglich die Parallelität von Zahn und Bildempfänger ist durch die Anatomie der Mundhöhle nicht immer zu erreichen.

Umsetzung und Anwendung der Projektionsgesetze

Die idealen Abbildungsbedingungen müssen in Bezug zu den einzelnen Aufnahmearten gebracht werden. Gleichzeitig muss geklärt werden, inwieweit die Projektionsregeln angewandt werden können. Je mehr dies gelingt, umso höherwertig ist die Aufnahmetechnik.

Die intraoralen Einstellungen (▶ Abb. 9.8) sind aber, egal mit welcher Aufnahmetechnik durchgeführt, immer ein Kompromiss. Dies gilt für Filme, Sensoren und Speicherfolien gleichermaßen. Wenn auch nicht alle Bedingungen für eine ideale intraorale Aufnahme erfüllbar sind, so sollte aber versucht werden, eine Aufnahmetechnik zu wählen, die dem Ideal am nächsten kommt.

9

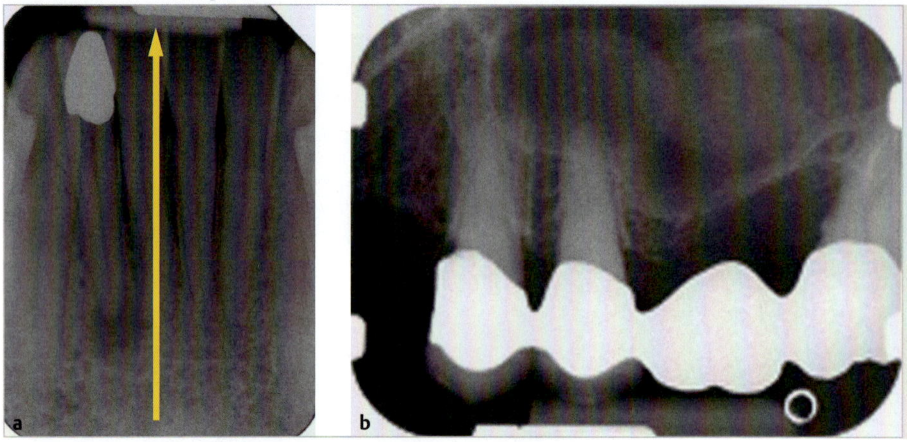

Abb. 9.4 Abbildung mit korrekter, reproduzierbarer Wurzelstellung.
a Reproduzierbarkeit: Gerade ausgerichtet bedeutet, dass die Zahnachse immer senkrecht auf den Aufbissblock auftrifft (Pfeil)
b Beispiel einer Aufnahme mit korrekter Wurzelstellung.

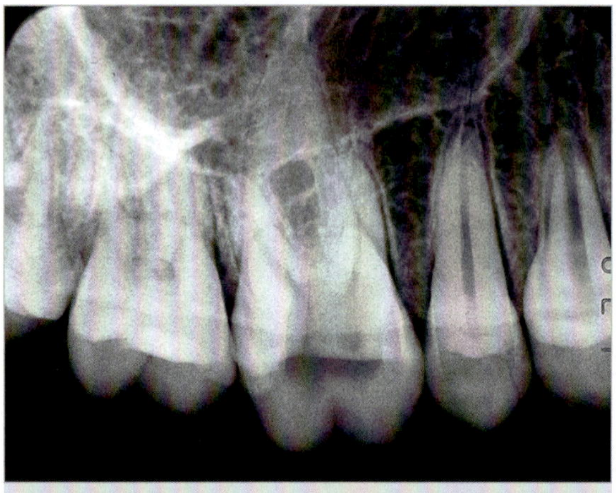

Abb. 9.5 Oberkieferaufnahme mit typischen Verzerrungen der Halbwinkeltechnik,

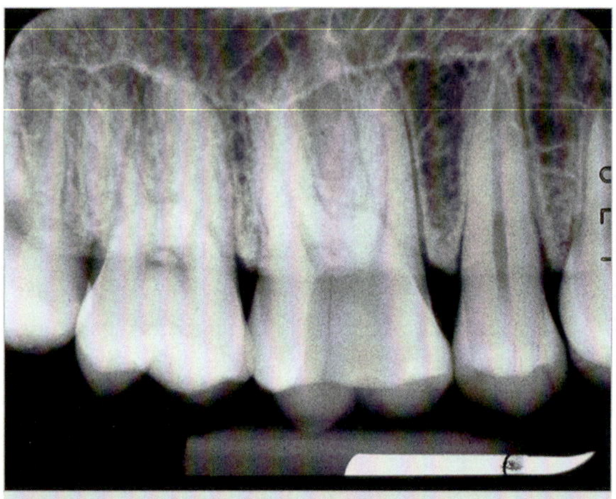

Abb. 9.6 Vergleichsaufnahme mit Paralleltechnik: ohne Verzerrungen.

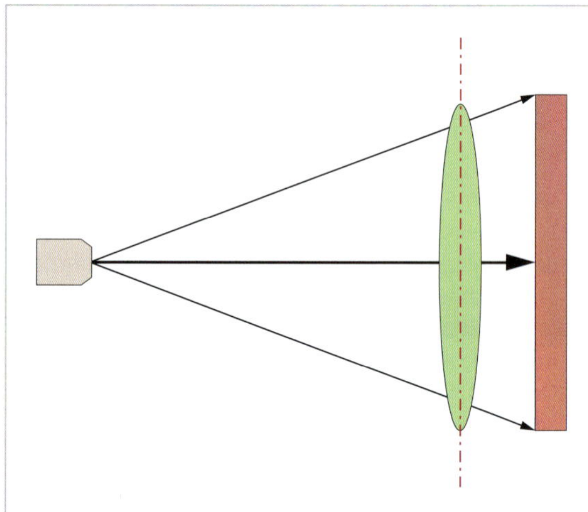

Abb. 9.7 Schema: Strahlenquelle und Strahlengang in Beziehung zum darzustellenden Objekt und Bildempfänger (Film, Sensor, Speicherfolie).

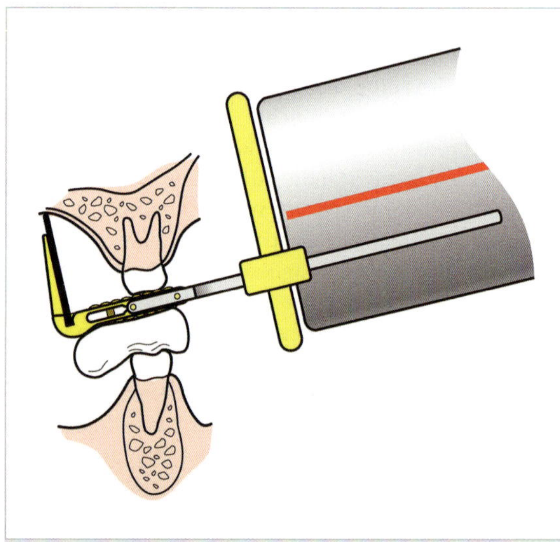

Abb. 9.8 Ideale intraorale Aufnahme (Schema). Mit freundlicher Genehmigung der Fa. Dentsply Detrey.

Intraorale Zahnaufnahmen

Bei der klassischen Zahnaufnahme wird immer der gesamte Zahn mit nahe gelegenen Nachbarstrukturen abgebildet. Es werden Bildempfänger der Größen 3 × 4 cm und 2 × 3 cm eingesetzt.

Im Seitenzahnbereich wird in der Regel ein 3 × 4 cm großer Bildempfänger horizontal liegend eingesetzt. Quer liegend können so bis zu 3 Zähne aufgenommen werden.

Werden kleinere Formate benutzt, müssen diese aufrecht stehend positioniert werden, da nur so die gesamte Länge des Zahns abgebildet werden kann.

In der Front werden die Formate 3 × 4 cm, aber auch 2 × 3 cm verwendet. Die Bildempfänger stehen im Eck- und Frontzahnbereich immer aufrecht (▸ Abb. 9.9 und ▸ Abb. 9.10).

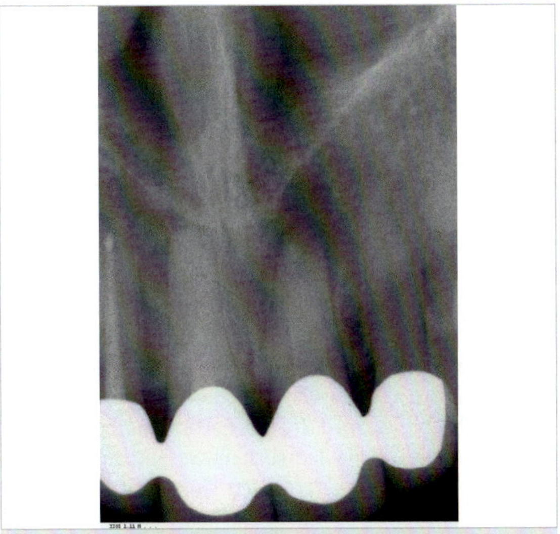

Abb. 9.9 Typische Aufnahme der Frontzähne.

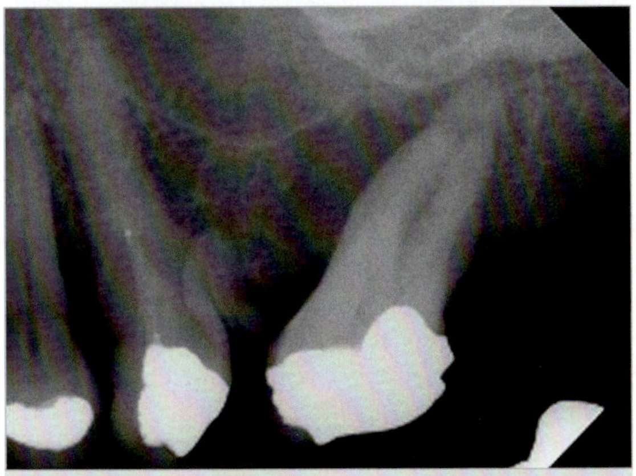

Abb. 9.10 Typische Aufnahme des Seitenzahnbereichs.

9.1.3 Paralleltechnik

Merkmale der Paralleltechnik

Mit der Paralleltechnik wird versucht, die idealen Abbildungsregeln, die in der Radiologie gelten, in die Praxis umzusetzen. Schon den Pionieren des zahnärztlichen Röntgens war klar, dass der Bildempfänger parallel zum Zahn platziert sein sollte. Ebenso wurde früh gefordert, dass der Zentralstrahl des Strahlenbündels senkrecht auf den Zahn und die Bildebene auftreffen muss.

Als Begründer der Paralleltechnik kann C.E. Kells angesehen werden. Da der Patient den Bildempfänger in einer solchen Position nicht selbst halten konnte, mussten geeignete Haltevorrichtungen konstruiert werden. Schon 1896 stellte Kells einen Filmhalter für die Paralleltechnik vor, der sich in der Praxis aber nicht bewährte. Im Laufe der Jahre wurden viele Filmhalter für die Paralleltechnik entworfen, doch es gelang über Jahrzehnte nicht, einen Filmhalter zu entwickeln, der sich in der alltäglichen Praxis durchsetzen konnte.

Die Standardaufnahmetechnik blieb deshalb, zumindest in Deutschland, über lange Zeit die Halbwinkeltechnik. Erst durch Arbeiten von F. G. Fitzgerald 1947, D. T. Waggener 1947 und die praktische Umsetzung von W. J. Updegrave 1951 konnte die Paralleltechnik, jetzt wissenschaftlich fundiert, für die intraoralen Aufnahmen als bessere Alternative zur Halbwinkeltechnik wieder eingesetzt werden (▸ Abb. 9.11).

- **Die Paralleltechnik verwendet einen 30-Zentimeter-Langtubus.**
  - Durch die Verwendung eines Langtubus (s. ▸ Abb. 2.6; vgl. Kurztubus ▸ Abb. 2.5) wird gewährleistet, dass nur parallele Strahlen für die Bildentstehung genutzt werden. Dadurch werden Vergrößerungen der Abbildung auf ein Minimum reduziert.
  - Aus der Kieferorthopädie ist ja bekannt, dass mit einem sehr großen Fokus-Objekt-Abstand Bilder mit sehr geringen Verzeichnungen entstehen. Da in der Kieferorthopädie fast der gesamte Schädel aufgenommen wird, muss dort der Abstand mindestens

Abb. 9.11 Filmhalter für die Paralleltechnik. Mit freundlicher Genehmigung der Fa. Dentsply Detrey.

1,5 m sein, damit der Schädel nur von parallelen Strahlen getroffen wird. Da bei der intraoralen Zahnaufnahme das aufgenommene Feld mit 6 cm deutlich kleiner ist, kann schon mit einem Abstand von 30 cm erreicht werden, dass nur parallele Strahlen zur Bildentstehung genutzt werden.
  - Als Nachteil eines großen Fokus-Objekt-Abstands galt bisher immer die dadurch bedingte längere Belichtungszeit, die das Risiko verwackelter Bilder verstärkte. Die modernen Dentalstrahler haben aber eine größere Leistung und zusammen mit den sehr empfindlich gewordenen Bildempfängern (sowohl Film, Speicherfolie und Sensor) eine extrem kurze Belichtungszeit. Ein längerer Tubus, für den ja gesetzlich eine Mindestlänge von 20 cm vorgeschrieben ist, dürfte keine negativen Einwirkungen auf die Bildqualität, bedingt durch Bewegungsunschärfe, haben.
- **Die parallelen Strahlen treffen immer senkrecht auf den Bildempfänger auf.** Film, Sensor oder Speicherfolie werden im Aufbissblock des Halters so fixiert, dass die parallelen Strahlen immer senkrecht auftreffen können (▶ Abb. 9.8).

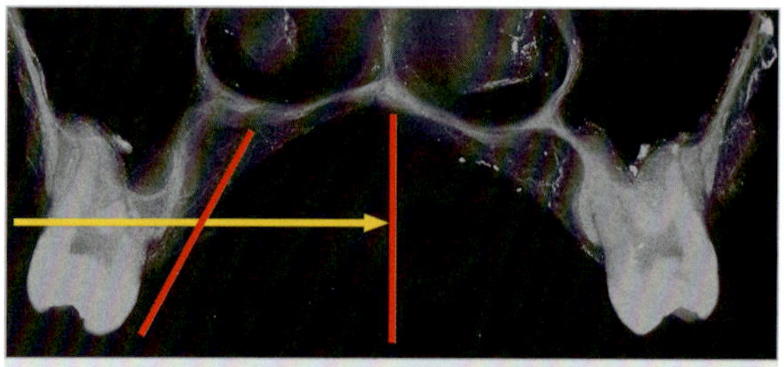

Abb. 9.12 Bildempfänger in der Mitte der Mundhöhle. Pfeil: senkrechtes Auftreffen der Strahlen auf den Film.

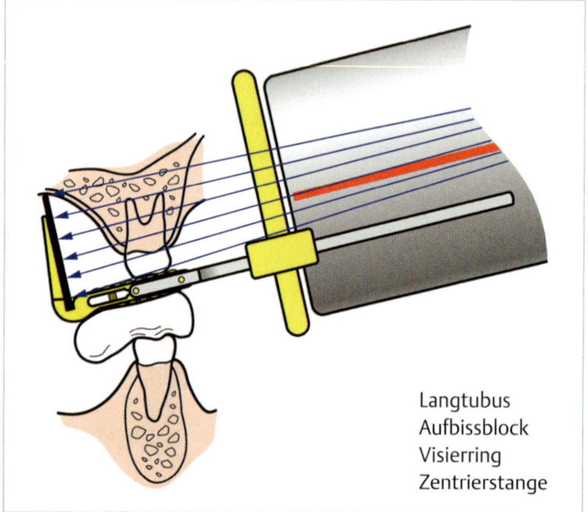

Abb. 9.13 Korrekte Lage des Halters mit Kontakt zur Krone und zum harten Gaumen. Die Strahlen verlaufen weitgehend parallel. Sie treffen senkrecht auf dem Bildempfänger senkrecht ein; im Idealfall auch senkrecht auf den Zahn. Mit freundlicher Genehmigung der Fa. Dentsply Detrey.

- **Der Bildempfänger kann in der Mitte der Mundhöhle platziert werden.**
  - Die Mitte der Mundhöhle ist die Stelle, wo das Höchstmaß an Parallelität zwischen dem aufzunehmenden Zahn und dem Bildempfänger erreicht werden kann. Allein die Höhe des harten Gaumens kann die parallele Lage einschränken oder verhindern.
  - Es muss aber berücksichtigt werden, dass die Wurzeln im Seitenzahnbereich in vielen Fällen gespreizt sind und nicht parallel zueinander stehen. Damit ist eine absolute Parallelität auch bei genügend hohem Gaumen niemals gewährleistet (▶ Abb. 9.12).

Auswirkung des vergrößerten Objekt-Film-Abstands

Durch den großen Fokus-Objekt-Abstand von 20–30 cm mit den daraus resultierenden parallelen Strahlen, wird der um bis zu 2 cm vergrößerte Objekt-Film-Abstand keine negativen Auswirkungen auf die Bildqualität bzw. Bildschärfe haben. Die theoretisch vergrößerte geometrische Unschärfe kann vernachlässigt werden.

Funktion und Bedeutung des Aufbissblocks

Bei der Paralleltechnik beißt der Patient immer auf den Aufbissblock. Dadurch wird sichergestellt, dass der Halter gut und sicher fixiert ist (▶ Abb. 9.13).

Der Bildempfänger hat auf der anderen Seite immer Kontakt zum harten Gaumen im Oberkiefer und zum Mundboden oder zum Zungenrücken im Unterkiefer. Durch diese Kontaktpunkte wird eine sehr stabile und sichere Lage des Bildempfängers in der Mundhöhle erreicht.

Ebenfalls wird durch diese Konstellation sichergestellt, dass bei korrekter Einstrahlung der Zahn immer vollständig abgebildet wird. Ist der harte Gaumen zu flach, erscheinen die Zähne lediglich unwesentlich verkürzt, wobei die Verkürzung durch den längeren Objekt-Film-Abstand zum Teil wieder ausgeglichen werden kann.

Durch den Aufbissblock entfällt die Einstellung eines vertikalen Winkels, wie wir ihn von der Halbwinkeltechnik her kennen. Die Aufnahmen werden so auch besser reproduzierbar, eben weil sie unabhängig von einem willkürlich eingestellten vertikalen Winkel sind. Der vertikale Winkel bei der Paralleltechnik hängt allein von den anatomischen Platzverhältnissen ab und ist bei jeder Aufnahme gleich.

Durch den Kontakt der Krone mit der Bissplatte des Aufbissblocks und dem Kontakt des Bildempfängers mit dem harten Gaumen ist die jeweilige Lage des Bildempfängers fixiert und definiert. In den meisten Fällen liegt ein hohes Maß an Parallelität zwischen Zahn und Bildempfänger vor. Nur in wenigen Fällen, bei extrem flachen harten Gaumen, entsteht ein größerer Winkel zwischen Zahn und Bildempfänger. In solchen Fällen machen sich die Vorteile der parallelen Strahlen bemerkbar, die immer senkrecht auf den Bildempfänger auftreffen, unabhängig von der anatomischen Situation.

Bedeutung der Halter für die orthoradiale Einstrahlung

Mit Haltern kann der Film sicherer orthoradial platziert werden, als bei Aufnahmetechniken, die ohne Halter oder ohne Aufbissplatte arbeiten (vgl. Schema in ▸ Abb. 9.3; ▸ Abb. 9.14, ▸ Abb. 9.15).

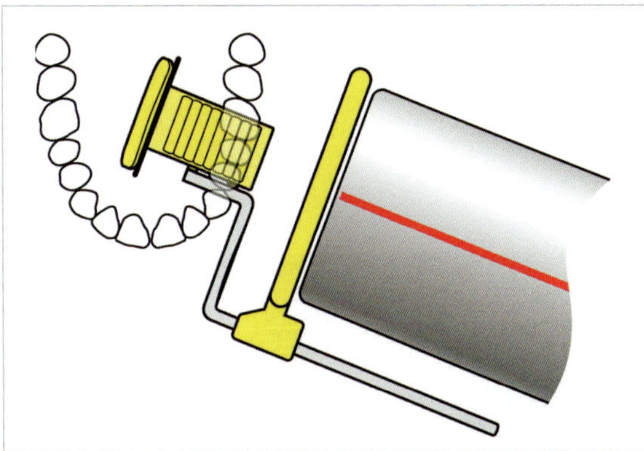

Abb. 9.14 Schema der orthoradialen Einstrahlung auf die Prämolaren. Mit freundlicher Genehmigung der Fa. Dentsply Detrey.

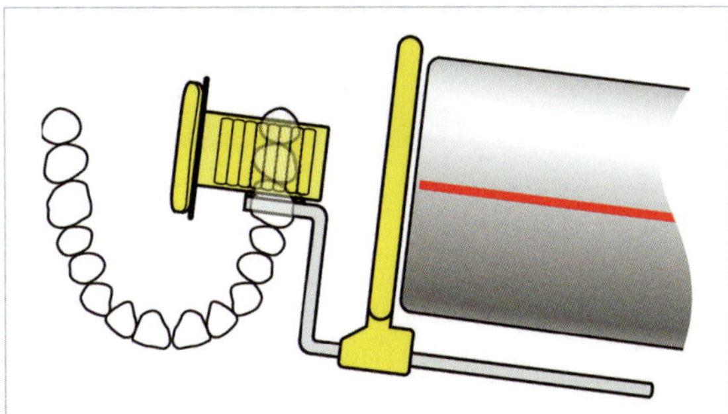

Abb. 9.15 Schema der orthoradialen Einstrahlung auf die Molaren. Mit freundlicher Genehmigung der Fa. Dentsply Detrey.

Bedeutung der Halter für reproduzierbare Aufnahmen

Da der Patient keinen Einfluss mehr auf die Lage des Bildempfängers hat, kann eine standardisierte Lage – mit den Zahnachsen senkrecht zum Aufbissblock ausgerichtet – stets erreicht werden. Reproduzierbare Aufnahmen werden dadurch immer besser realisierbar (vgl. ▸ Abb. 9.4: Steigerung der Reproduzierbarkeit durch senkrechte Wurzelstellung).

> **Merke**
>
> Im Vergleich zur Halbwinkeltechnik muss bei der Paralleltechnik bei korrekter Positionierung des Halters nur noch auf die orthoradiale Einstrahlung geachtet werden.

Die intraorale Aufnahme wird für die Darstellung einzelner Zähne angefertigt. Der klassische Parodontalstatus mit 14 Aufnahmen (▸ Abb. 9.16) ist in den meisten Fällen nicht mehr gerechtfertigt, da das Orthopantomogramm (OPG) die Mehrzahl der Zähne mit diagnostisch gleicher Qualität abzubilden vermag. Für spezielle Einzelfälle wird dann die intraorale Aufnahme als Ergänzung herangezogen.

Einen besonderen Status hat die Bissflügelaufnahme. Sie stellt die approximalen Bereiche zwischen den Kronen zur Kariesdiagnostik am sichersten dar.

Praktisches Vorgehen bei der Paralleltechnik

Bei der Paralleltechnik befindet sich die Krone immer fest auf der Bissplatte und der Bildempfänger hat bei Aufnahmen

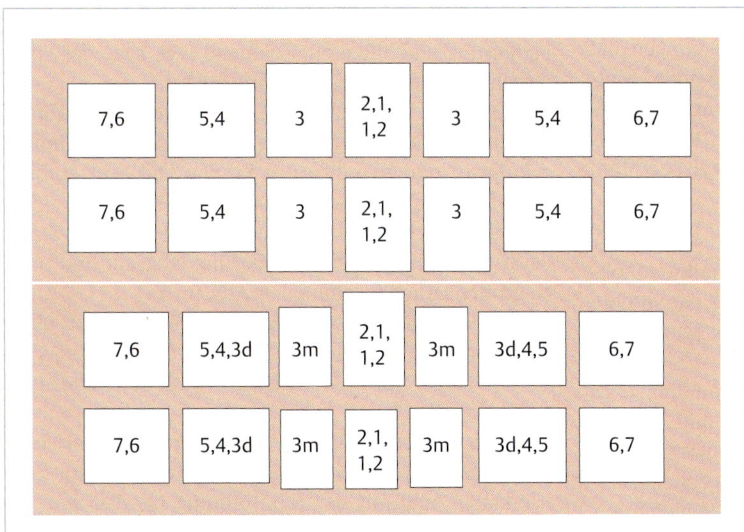

Abb. 9.16 Anordnung eines Zahnstatus mit 14 Aufnahmen.

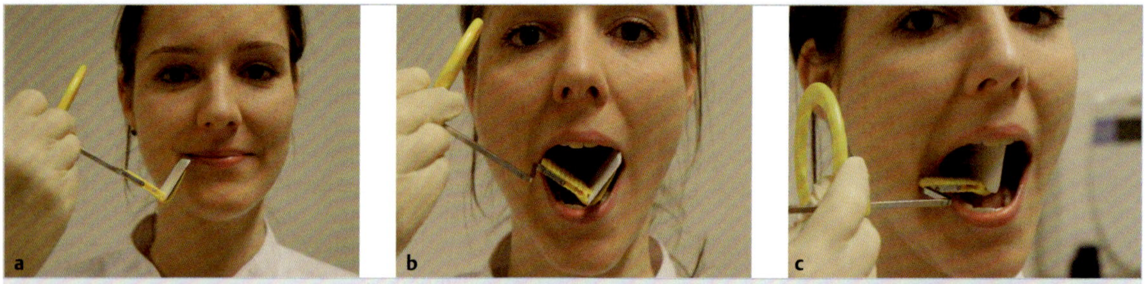

Abb. 9.17 Schräge Lage des Films beim Einbringen.
a Schräge Haltung extraoral.
b Schräge Haltung intraoral.
c Falsche Haltung intraoral.

- im Oberkiefer immer Kontakt zum harten Gaumen und Nasenboden (vgl. ▶ Abb. 9.8: Lage des Films im Oberkiefer),
- im Unterkiefer Kontakt zum Mundboden oder Zungenrücken (vgl. ▶ Abb. 9.25).

Durch diese Konstellation wird eine große Stabilität erreicht, die entscheidend zu einer korrekt eingestellten Aufnahme und einer guten Bildqualität beiträgt.

Sichergestellt wird so außerdem, dass immer der gesamte Zahn abgebildet wird. Voraussetzung ist dabei aber, dass der Tubus am Zentrierring und der Zentrierstange richtig angelegt wurde.

Die Parallelität von Zahn und Bildempfänger ist jetzt nur noch abhängig von der Höhe des harten Gaumens. Ist der Gaumen zu flach, kann die geringer werdende Parallelität in Kauf genommen werden, da durch Langtubus, parallele Strahlen und vergrößerten Objekt-Film-Abstand keine Verzerrungen auftreten und die Verkürzungen minimiert werden.

Einbringen des Halters in die Mundhöhle

Mit dem Ziel vor Augen, dass die Krone mit dem Aufbissblock Kontakt haben muss, lässt sich der Halter mit einem gezielten Bewegungsablauf in die Mundhöhle bringen und dort sicher platzieren: Durch eine leicht rotierende Handbewegung wird der Halter – möglichst ohne ruckartige Bewegungen – in die Mundhöhle eingeführt. Dabei ist Folgendes in den verschiedenen Kieferbereichen zu beachten:

Oberkiefer: Seitenzahnbereich

Der Filmhalter wird schräg nach oben in die Mundhöhle eingeführt (▶ Abb. 9.17); Aufbissblock und der vordere Teil der Visierstange liegen vollständig in der Mundhöhle (▶ Abb. 9.18).

Der Film befindet sich in der Mitte der Mundhöhle. Es wird damit so viel Parallelität zwischen Film und Zahn erreicht, wie der Platz in der Mundhöhle es zulässt. Da die Zahnwurzeln in der Regel divergieren, gibt es ohnehin keine eindeutige parallele Lage des Films in der Mundhöhle.

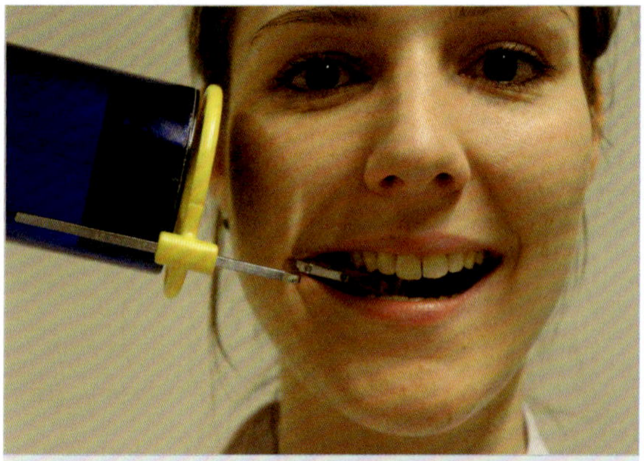

Abb. 9.18 Lage des Films im Mund.

Der Aufbissblock wird so eingeführt, dass zuerst die Krone mit dem Aufbissblock in Kontakt kommt. Erst danach berührt der Film den Gaumen oder den Mundboden bzw. den Zungenrücken.

Der Halter muss jetzt orthoradial ausgerichtet werden. Im Seitenzahnbereich wird er für die Molaren mehr distal und für die Prämolaren mehr mesial geschwenkt. Die Fläche des Bildempfängers bildet die Tangente, entsprechend ist die Lage des Bildempfängers von größter Bedeutung und allein entscheidend (vgl. Lage des Films parallel zu den Zähnen in ▶ Abb. 9.15).

Neben der orthoradialen Einstrahlung ist darauf zu achten, dass der Halter nicht nach vorn oder nach hinten gekippt ist und zwischen den Kronen und dem Aufbissblock kein Abstand und Winkel besteht.

Befindet sich der Halter dann an der richtigen Stelle, beißt der Patient nach Aufforderung langsam und ohne zu großen Druck zusammen (▶ Abb. 9.19).

Um die vorgeschriebene Hautfeldgröße nicht zu überschreiten, wird dann der Visierring bis dicht an die Wange geschoben. Dabei wird überprüft, ob der Halter eine stabile Lage hat.

Außen wird schließlich der Tubus korrekt ausgerichtet. Er befindet sich in seiner Länge dabei parallel zur Zentrierstange und mit der Tubusöffnung parallel zum Visierring.

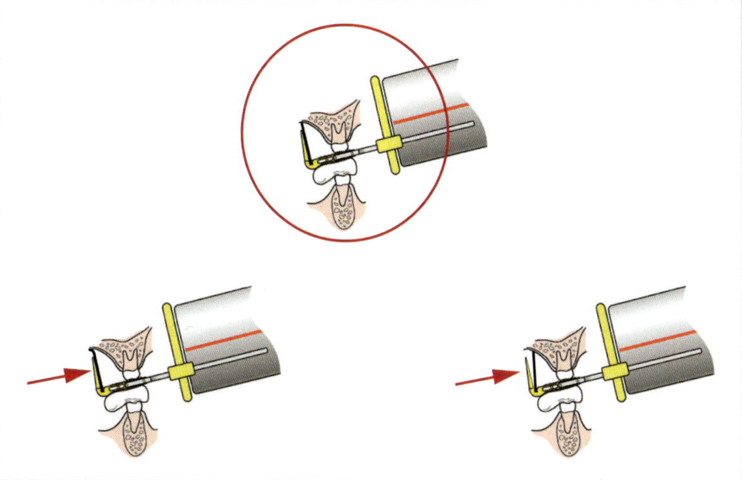

Abb. 9.19 Fehler durch Abknicken des Films, korrekte Lage (oben), durchgebogener Film (unten links), abgeknickter Film (unten rechts). Mit freundlicher Genehmigung der Fa. Dentsply Detrey.

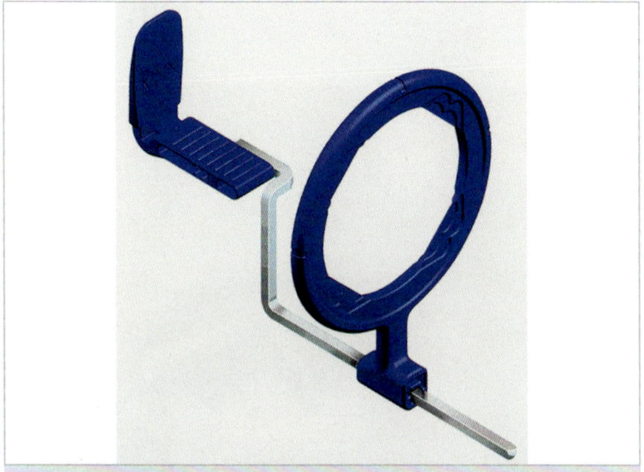

Abb. 9.20 Fronthalter für die Paralleltechnik. Mit freundlicher Genehmigung der Fa. Dentsply Detrey.

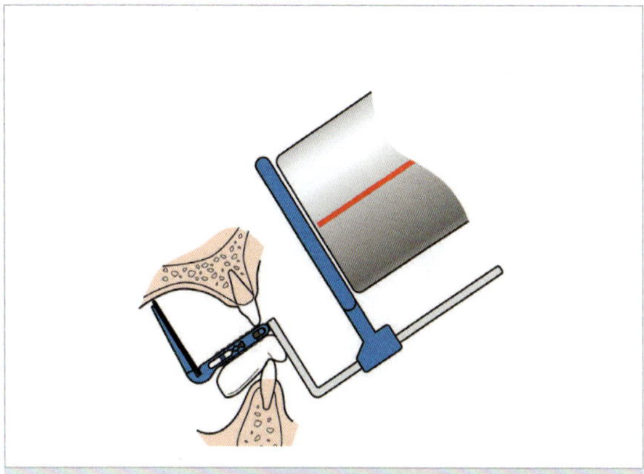

Abb. 9.21 Stellung des Fronthalters im Mund. Mit freundlicher Genehmigung der Fa. Dentsply Detrey.

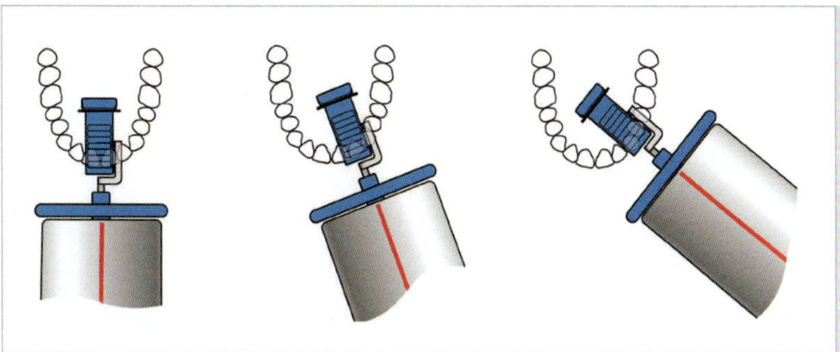

Abb. 9.22 Lage(n) des Fronthalters für Front- und Eckzahnaufnahmen. Mit freundlicher Genehmigung der Fa. Dentsply Detrey.

Oberkiefer: Front- und Eckzahnbereich

In der Front wird der aufrecht stehende Fronthalter verwendet (▶ Abb. 9.20). Auch hier wird der Halter schräg und so weit wie es der Aufbissblock zulässt in die Mundhöhle eingebracht (▶ Abb. 9.21). Der Patient beißt dann nach Aufforderung langsam und ohne zu großen Druck zusammen.

Für die Eckzahnaufnahme wird der Halter leicht nach rechts oder links gedreht (▶ Abb. 9.22).

Die Achse der Eckzähne muss in der Mitte des Bildempfängers stehen. Besonders bei der Eckzahnaufnahme muss darauf geachtet werden, dass die Zahnachse senkrecht auf dem Aufbissblock steht. Kippungen der Wurzel sind unbedingt zu vermeiden (▶ Abb. 9.23).

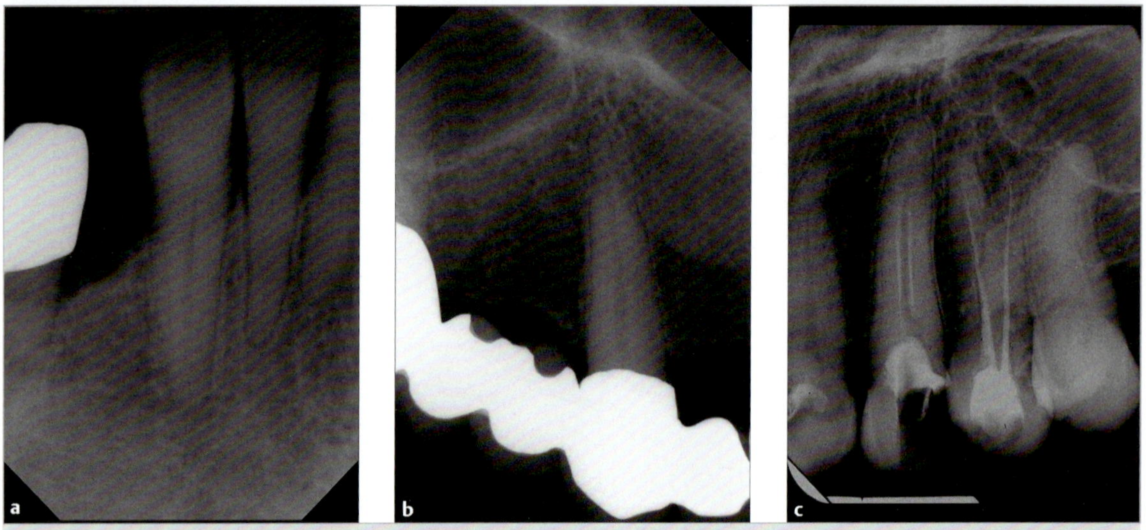

Abb. 9.23 Eckzahnaufnahmen der Oberkieferfront.

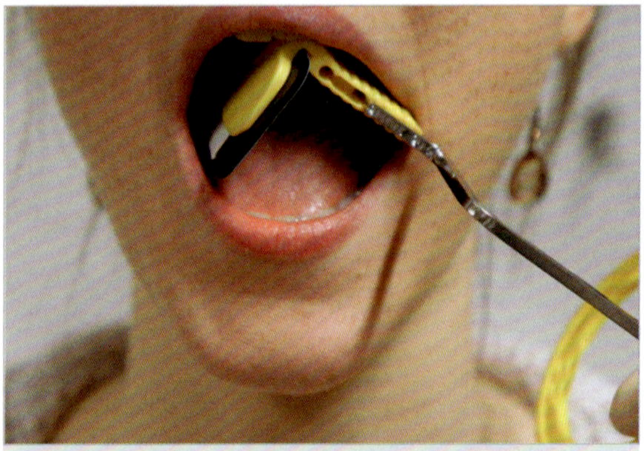

Abb. 9.24 Schräge Filmlage bei der Positionierung im Unterkiefer.

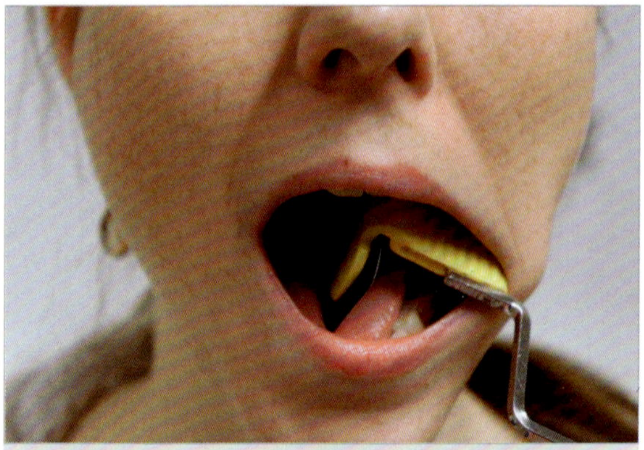

Abb. 9.25 Der Film befindet sich auf der Zungenmitte.

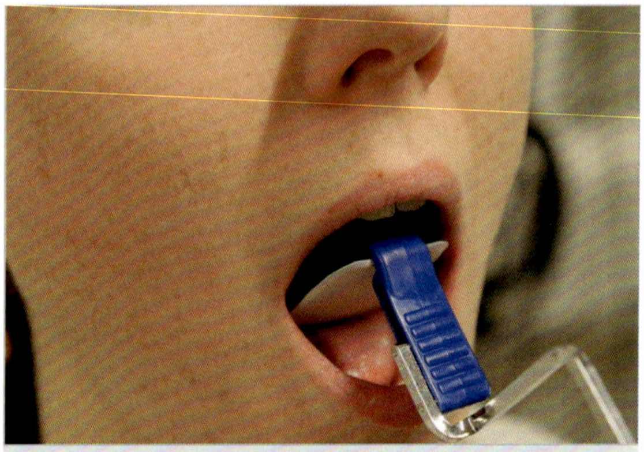

Abb. 9.26 Der Film befindet sich auf dem Zungenrücken.

Unterkiefer: Seitenzahnbereich

Im Unterkiefer finden wir scheinbar ideale Verhältnisse für eine parallele Lage von Zahn und Bildempfänger vor. In der Praxis zeigt sich aber, dass viele Patienten den Druck in den Mundboden als sehr schmerzhaft empfinden und nicht dulden. Namentlich der Film mit seiner scharfen Kante, aber auch die Speicherfolie, wird dann herausgedrückt. Die Folge sind dann Aufnahmen, bei denen die Wurzelspitzen abgeschnitten sind. Als Alternative besteht die Möglichkeit, den Bildempfänger auf den Zungenrücken zu platzieren. Dieser ist im Gegensatz zum Mundboden weniger empfindlich und toleriert den Bildempfänger in der Regel sehr gut.

Häufiger als im Oberkiefer können im Unterkiefer anatomisch bedingte Schwierigkeiten vorliegen, die eine intraorale Aufnahme mit Haltern unmöglich machen. In solchen Einzelfällen muss entschieden werden, ob überhaupt eine intraorale Aufnahme möglich ist oder ob mit individuellen Techniken eine Bildanfertigung möglich ist.

Der Filmhalter wird schräg nach unten in die Mundhöhle eingeführt. Aufbissblock und der vordere Teil der Visierstange sind vollständig in der Mundhöhle (► Abb. 9.24).

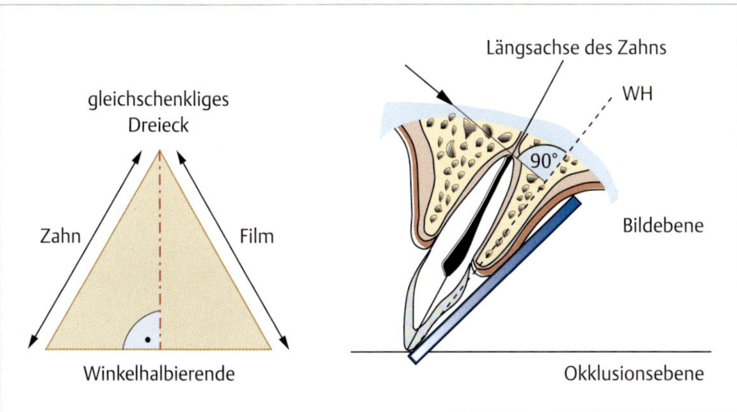

Abb. 9.27 Schema: Halbwinkeltechnik. Aus: Schwenzer N, Ehrenfeldt M, Hrsg. Chirurgische Grundlagen. 4. Aufl. Stuttgart: Thieme; 2008.

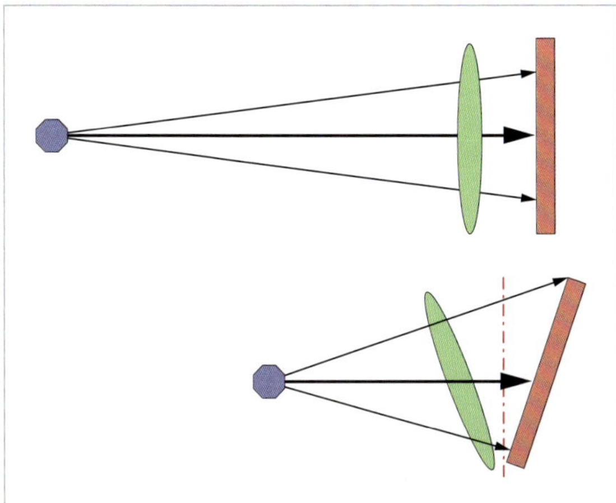

Abb. 9.28 Schema zur Halbwinkeltechnik (unten) im Vergleich zur Paralleltechnik (oben).

Wenn der Mundboden dicht am Zahn den Bildempfänger nicht toleriert, wird er in der Mitte der Mundhöhle auf der Zunge (▸ Abb. 9.25) positioniert. Es muss dabei darauf geachtet werden, dass der Bildempfänger von der Zunge vollständig polsterartig umschlossen wird. Nur dann besteht keine Gefahr, dass durch Druck des harten oder spitzen Materials schmerzhafte Empfindungen entstehen.

Der Halter muss jetzt orthoradial ausgerichtet werden. Im Seitenzahnbereich wird er für die Molaren mehr distal und für die Prämolaren mehr mesial geschwenkt. Im Gegensatz zur Situation im Oberkiefer kann bei Verwendung der Zunge Druck ausgeübt werden. Die Fläche des Bildempfängers bildet wieder die Tangente und entsprechend ist die Lage des Bildempfängers wieder von größter Bedeutung und allein entscheidend für das Gelingen der Aufnahme.

Unterkiefer: Front- und Eckzahnbereich

Für die Unterkieferfront und die Eckzähne hat es sich bewährt, den Bildempfänger ebenfalls auf der Zunge zu platzieren. Es entsteht dadurch mehr Platz für die Breite des Bildempfängers, bei gleichzeitiger paralleler Ausrichtung (▸ Abb. 9.26).

9.1.4 Halbwinkeltechnik

Die Schwierigkeiten, den Film parallel zu den Zähnen zu positionieren, seien es nun die anatomischen Hindernisse oder das Fehlen eines geeigneten Halters, führten dazu, eine Aufnahmetechnik zu entwickeln, mit der die Zähne auf eine andere Weise größenrichtig abgebildet werden können.

Die Lösung dieses Problems bestand darin, den Film mehr oder weniger fest an den Zahn zu drücken, mit der Folge, dass zwischen Zahnachse und Film ein Winkel entsteht. Strahlt man jetzt senkrecht auf die Winkelhalbierende ein, dann erreicht man aufgrund von einfachen geometrischen Gesetzen eine größenrichtige Abbildung des Zahns. Geometrisch handelt es sich hier um ein gleichschenkliges Dreieck (▸ Abb. 9.27, ▸ Abb. 9.28).

Bei der Halbwinkeltechnik wird der Film im Mund fixiert, indem er mit dem Daumen oder Zeigefinger gegen die palatinale oder linguale Seite des Ober- oder Unterkiefers gedrückt wird.

Besonders im Oberkiefer besteht dann aufgrund der anatomischen Verhältnisse ein Winkel bis zu 45° zwischen Zahn und Film. Im Unterkiefer lässt sich der Film theoretisch in den Mundboden drücken, sodass Zahn und Film theoretisch fast parallel zueinander stehen (▸ Abb. 9.29).

Bei einwurzeligen Zähnen kann bei der richtigen Wahl des vertikalen Winkels eine exakte Abbildung erreicht werden. Probleme treten aber bei mehrwurzligen Zähnen auf, da die Wurzeln in vielen Fällen nicht parallel stehen und deshalb ein korrekter vertikaler Einstellwinkel nicht möglich ist und auch das größere Volumen der Prämolaren und Molaren sich ungünstig auf die Projektionen auswirkt.

Bedingt durch die Aufnahmetechnik sind die Zähne bei der Halbwinkeltechnik mehr oder weniger verzerrt dargestellt. Dies war bei Verwendung eines Kurztubus von 10 cm Länge – aufgrund des großen Anteils divergierender Strahlen – besonders auffällig. Als offenkundige Zeichen für die Verzerrung erweisen sich z.B. die auffällig verlängerte palatinale Wurzel im Oberkieferseitenzahn-

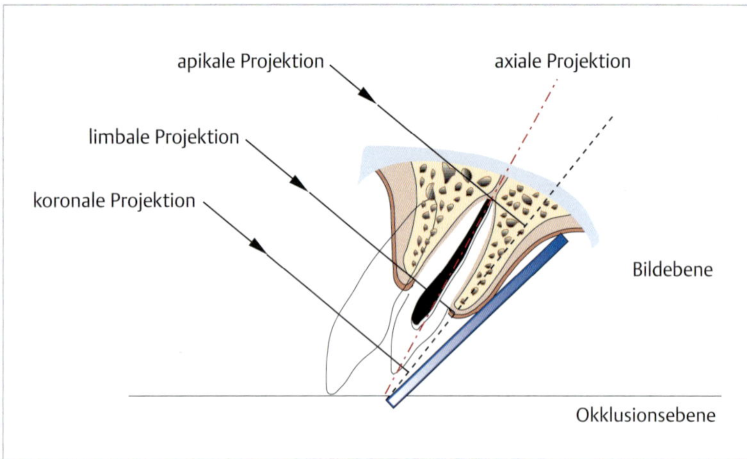

Abb. 9.29 Halbwinkeleinstellung in der Oberkieferfront. Aus: Schwenzer N, Ehrenfeldt M, Hrsg. Chirurgische Grundlagen. 4. Aufl. Stuttgart: Thieme; 2008.

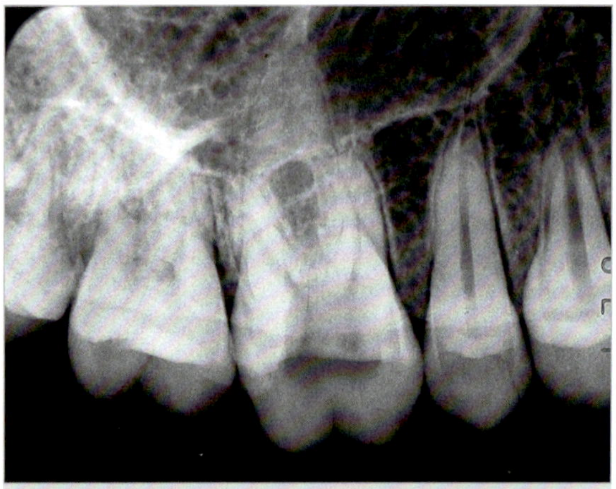

Abb. 9.30 Halbwinkelaufnahme des rechten Oberkiefers eines Phantomkopfs.

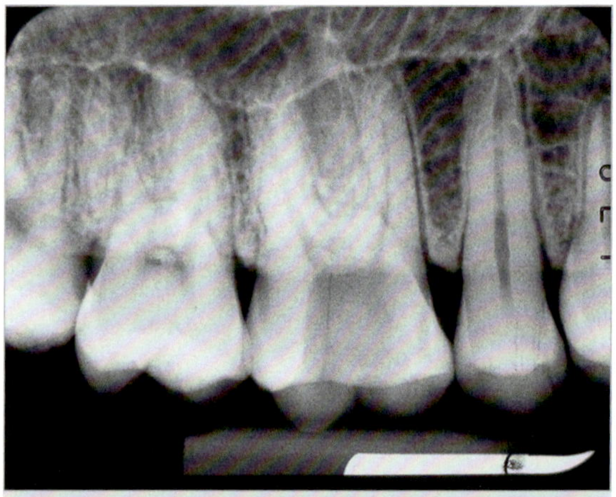

Abb. 9.31 Aufnahme des rechten Oberkiefers aus ▶ Abb. 9.30 mit der Paralleltechnik.

bereich und die schräg angeschnittene Kronen (▶ Abb. 9.30, ▶ Abb. 9.31).

Die Aufnahmetechnik und das – in der Regel – Fehlen von Einstellhilfen führen zu den vielen Nachteilen der Halbwinkeltechnik.

Grundsätzlich muss bei der Halbwinkeltechnik ein größerer vertikaler Winkel gewählt werden. Dadurch wird es praktisch schwerer, auf die Zähne orthoradial einzustrahlen (▶ Abb. 9.32). Durch den größeren vertikalen Winkel wird häufiger das Jochbein in die Apexregion der Molaren projiziert (▶ Abb. 9.33).

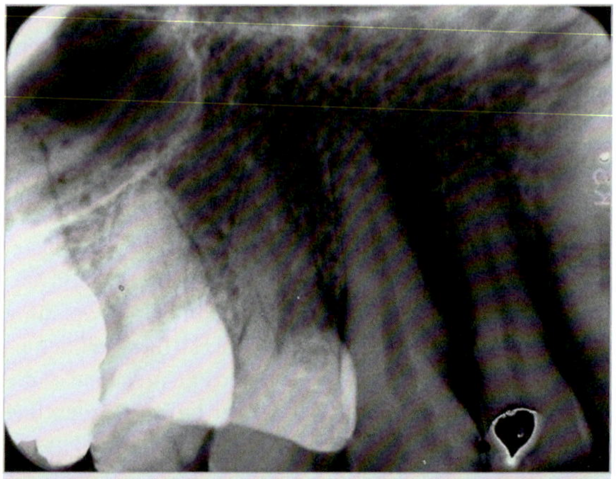

Abb. 9.32 Aufnahme mit nicht orthoradialer Einstrahlung (aufgrund des steilen Winkels).

Die Wahl des richtigen halben Winkel ist nicht immer leicht zu treffen. Dadurch kommen Verlängerungen (▸ Abb. 9.34) und Verkürzungen (▸ Abb. 9.35) der Zähne im Bild zustande.

Verzerrungen entstehen zusätzlich durch das **Durchbiegen des Films,** hervorgerufen durch den Druck des Fingers, der den Film – oder die Speicherfolie – an den Gaumen oder Mundboden drückt.

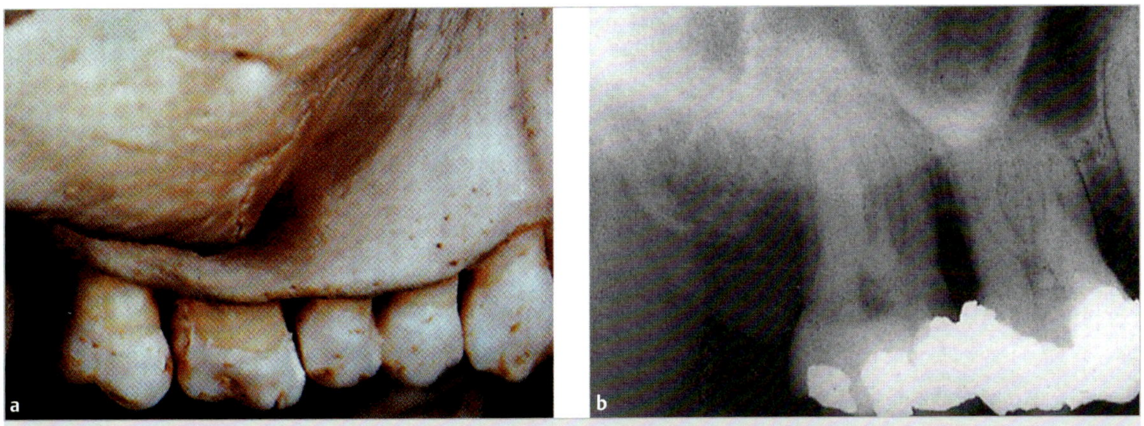

Abb. 9.33 Projektion des Jochbeins.
a Jochbein.
b Projektion in den Apexbereich der Molaren.

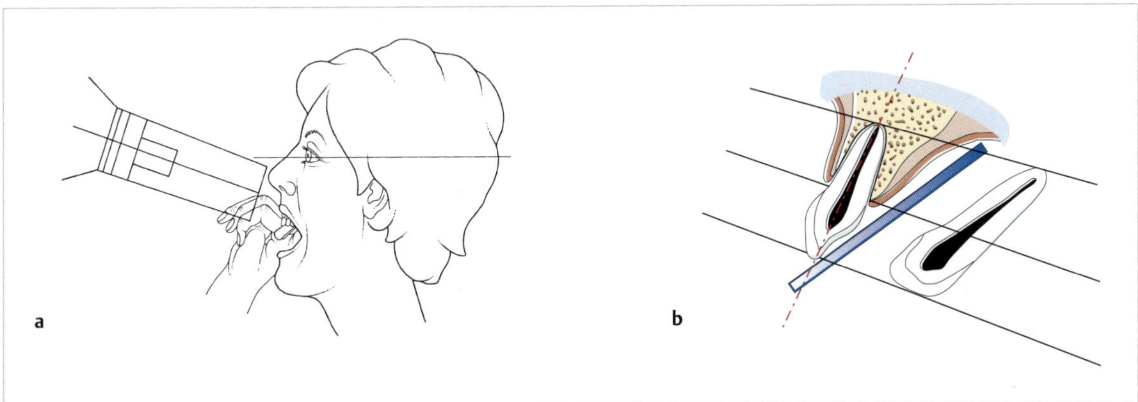

Abb. 9.34 Wahl eines zu flachen Winkels führt im Bild zu einer Verlängerung der Zähne. Abb. 9.34a aus: Pasler FA. Zahnärztliche Radiologie. 5. Aufl. Stuttgart: Thieme; 2008. Abb. 9.34b aus: Schwenzer N, Ehrenfeldt M, Hrsg. Chirurgische Grundlagen. 4. Aufl. Stuttgart: Thieme; 2008.

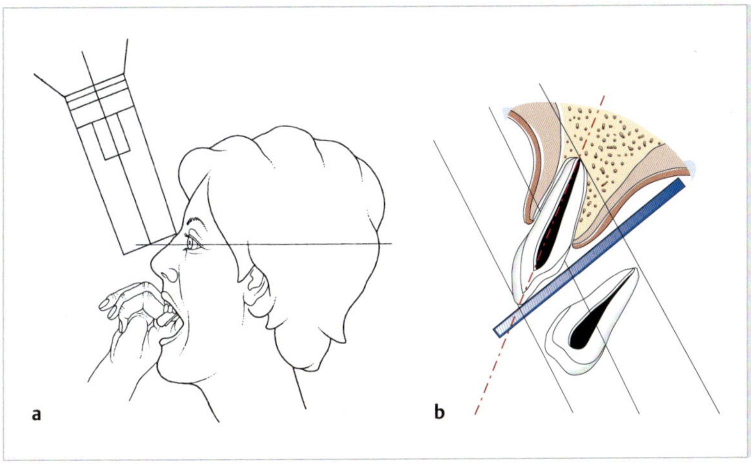

Abb. 9.35 Wahl eines zu steilen Winkels führt im Bild zu einer Verkürzung der Zähne. Abb. 9.35a aus: Pasler FA. Zahnärztliche Radiologie. 5. Aufl. Stuttgart: Thieme; 2008. Abb. 9.35b aus: Schwenzer N, Ehrenfeldt M, Hrsg. Chirurgische Grundlagen. 4. Aufl. Stuttgart: Thieme; 2008.

Bei der Halbwinkeltechnik erreicht man eine geometrisch korrekte Größengleichheit, aber keine maßstabgerechte Abbildung (▶ Abb. 9.36).

Aus **Strahlenschutzgründen** ist ein zu steiler Einstrahlwinkel aber nicht zu empfehlen, da das Strahlenbündel vermehrt auf den Körperstamm gerichtet ist. Auch bei korrekter Verwendung einer Strahlenschutzschürze besteht die Gefahr, dass der Patient der Primärstrahlung auch an anderen Körperteilen ausgesetzt wird.

Die Halbwinkeltechnik erschwert auch die Herstellung von identischen Bildern. Die **Reproduzierbarkeit** von Röntgenbildern ist ein ganz wichtiger Bestandteil der Diagnostik. Nur ähnliche Bilder lassen sich vergleichen, weil sich auf ihnen die anatomischen Strukturen immer wieder

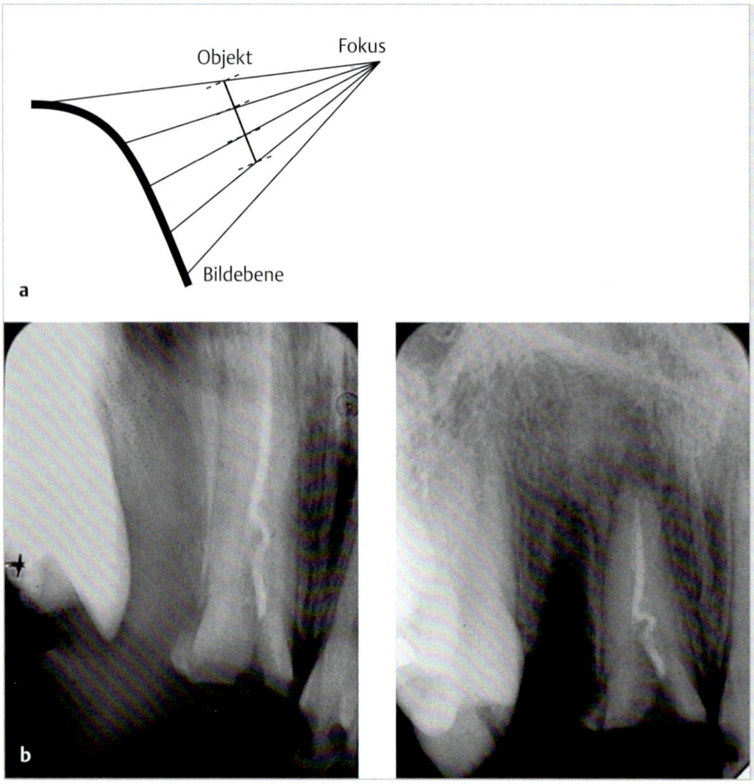

Abb. 9.36 Verzerrung einer Aufnahme bei Durchbiegen des Films.
a Schema, Aus: Pasler FA. Zahnärztliche Radiologie. 5. Aufl. Stuttgart: Thieme; 2008.
b Beispiel.

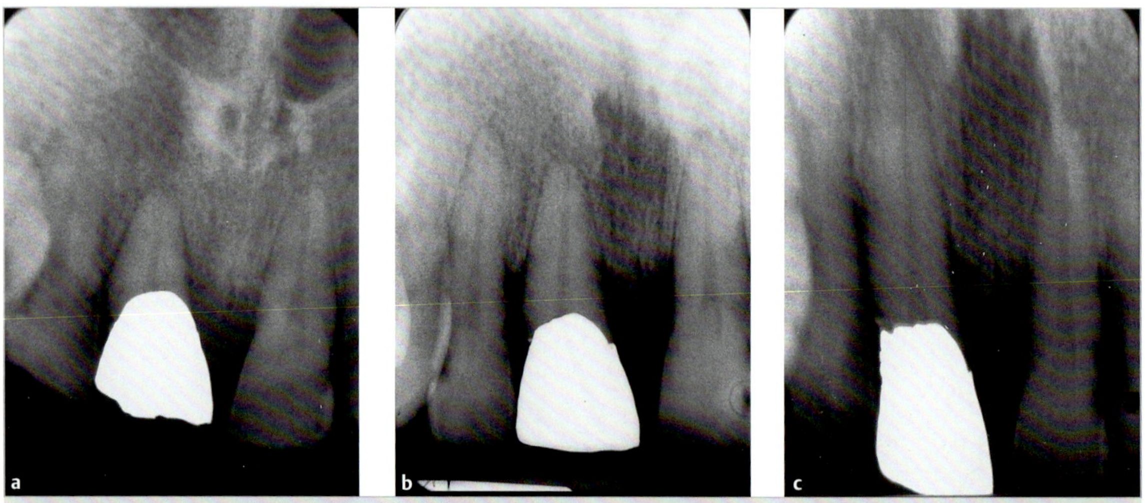

Abb. 9.37 Vergleich von 3 Zahnaufnahmen.
a Verkürzte Darstellung der Zähne durch die Halbwinkeltechnik (steil).
b Korrekte Darstellung der Zähne mit der Paralleltechnik.
c Verlängerte Darstellung der Zähne durch die Halbwinkeltechnik (flach).

auf dieselbe Weise darstellen. Dieser Umstand erleichtert das Erkennen von Abweichungen, seien es Normvarianten oder aber pathologische Veränderungen (▶ Abb. 9.37).

Merke

Die Halbwinkeltechnik erfüllt nicht die Projektionsgesetze, weil die Röntgenstrahlen, einschließlich Zentralstrahl, schräg und nicht senkrecht auf den Film auftreffen.

Bei Verwendung eines Kurztubus trugen stark divergierende Strahlen zu Verzerrungen im Bild bei. Lediglich die Strahlen in der Nähe des Zentralstrahls waren geeignet, Abbildungen ohne größere geometrische Unschärfen zu produzieren.

Dieser Tatsache Rechnung tragend, wurde die sogenannte apikale, koronale und die marginale Projektion entwickelt. Je nach Fragestellung wurde dann auf den Apex, die Krone oder den Alveolarkamm zentriert, um diese Regionen unverzerrt abbilden zu können. Es konnte aber niemals der gesamte Zahn mit 1 Aufnahme verzerrungsfrei abgebildet werden.

Auch wenn der Kurztubus nicht mehr benutzt werden darf, weil ein Fokus-Objekt-Mindestabstand von 20 cm vorgeschrieben ist, sollte die Halbwinkeltechnik nur in Ausnahmefällen angewandt werden. Grund ist das nicht senkrechte Auftreffen der Strahlen auf den Bildempfänger und die dadurch entstehenden Verzerrungen.

Die Halbwinkeltechnik ist nur scheinbar einfach anzuwenden. Sie ist nicht leicht zu erlernen und es gelingt auch dem Erfahrenden nicht immer, den richtigen halben Winkel zwischen Zahnachse und Bildebene zu schätzen und den Zentralstrahl senkrecht auf diese imaginäre Linie einzustellen (▶ Abb. 9.38).

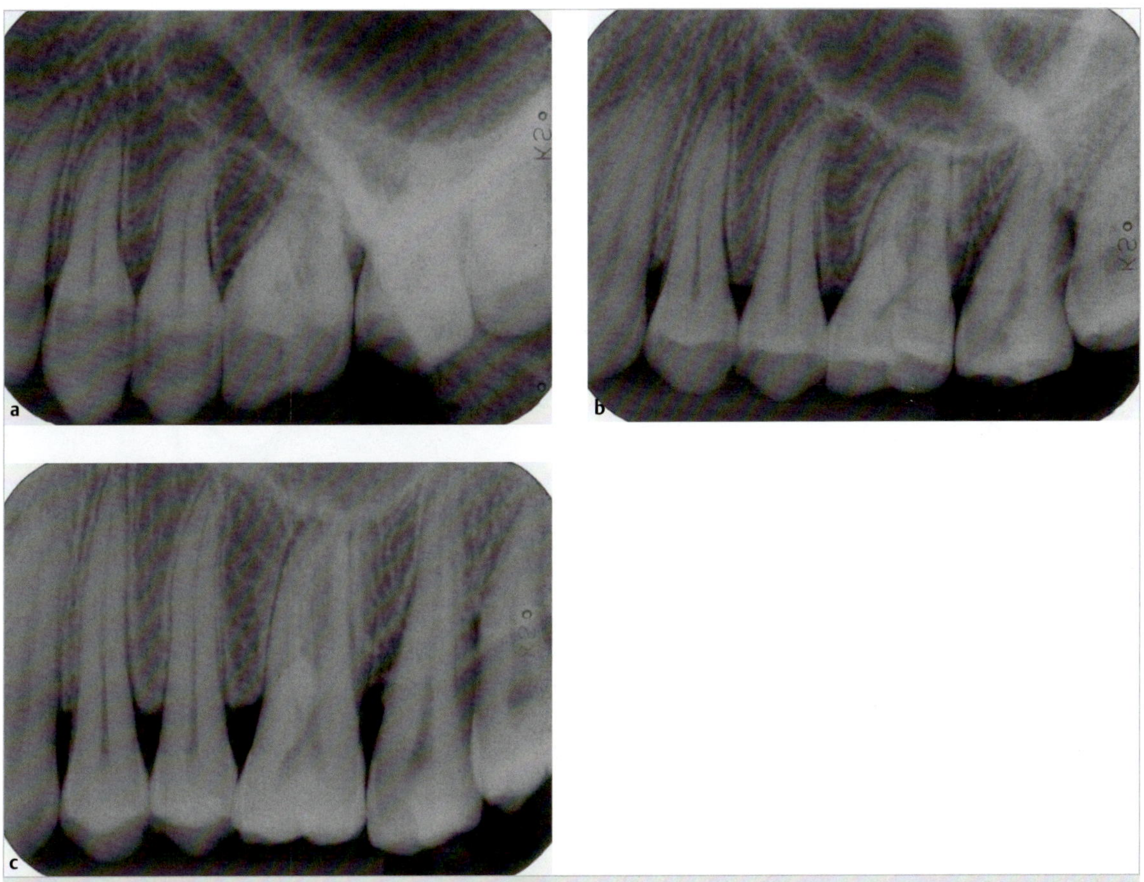

Abb. 9.38 Die 3 Möglichkeiten der vertikalen Winkeleinstellung bei der Halbwinkeltechnik. Es ist wichtig – neben der orthoradialen Abbildung – den richtigen **vertikalen** Winkel zu finden.
a Aufnahme mit zu steiler Einstrahlung (= senkrecht auf den Film).
b Normale/korrekte Aufnahme mit Einstrahlung im Halbwinkel (= auf die Winkelhalbierende).
c Aufnahme mit zu flacher Einstrahlung (= senkrecht auf den Zahn).

Praktisches Vorgehen bei der Halbwinkeltechnik

Bei Verwendung der Halbwinkeltechnik fehlen in der Regel geeignete Halter mit Einstellhilfen wie Visierring und Zentrierstange. Es müssen deshalb sehr viel mehr Aufnahmeparameter berücksichtigt werden, als bei der Paralleltechnik.

Eine wichtige Vorrausetzung bei der Halbwinkeltechnik, mehr als bei der Paralleltechnik, ist eine exakte Kopfhaltung. Die Okklusionsebene muss immer streng parallel zum Fußboden ausgerichtet werden. Das bedeutet für den Oberkiefer eine geringe Kopfneigung ventral und für den Unterkiefer dorsal. Die richtige Kopfhaltung ist erkennbar an den Zahnachsen, die jeweils senkrecht zum Fußboden zeigen sollten.

Anatomisch bedingt, liegt der Bildempfänger schräg in der Mundhöhle, dicht an den Zahn gepresst. Durch diese Lage fällt es schwer, die Position des Bildempfängers auf seine Korrektheit hin zu überprüfen. Verändert sich die Lage während der Finger auf den Bildempfänger drückt, wird dies in der Regel erst auf dem Bild bemerkt.

Die Position der Winkelhalbierenden ist bei jedem Patienten aufgrund der anatomischen Verhältnisse und der daraus resultierenden Lage des Bildempfängers anders. In der Praxis lässt sich der halbe Winkel dadurch leicht einstellen, dass man zunächst senkrecht auf den Bildempfänger zielt, dann senkrecht auf den Film, und daraus die Winkelhalbierende ableitet. So gelingt es in der Regel den richtigen Winkel einzustellen.

Zur Zentrierung sollte die Kante des Tubus möglichst parallel zur sichtbaren Filmkante liegen. Bei korrekter Filmlage (▶ Abb. 9.39) ist auch bei der Halbwinkeltechnik die Filmkante identisch mit der Tangente, die zur orthoradialen Einstrahlung senkrecht getroffen werden muss.

9.1.5 Rechtwinkeltechnik

Die Rechtwinkeltechnik wird meistens mit der Paralleltechnik gleichgesetzt. Gemeinsam haben beide Techniken aber nur, dass die Röntgenstrahlen mithilfe eines Halters senkrecht auf dem Bildempfänger auftreffen. Der Bildempfänger wird, wie bei der Paralleltechnik, in der Mitte der Mundhöhle platziert, um eine parallele Lage von Zahn und Bildempfänger zu erhalten. Der entscheidende Unterschied besteht aber darin, dass bei der Rechtwinkeltechnik der Aufbissblock fehlt (▶ Abb. 9.40). Aus diesem Grund wird der Halter am Tubus befestigt.

Durch den fehlenden Aufbissblock wird die Rechtwinkeltechnik eine Kombination aus Parallel- und Halbwinkeltechnik. Während bei der Paralleltechnik der vertikale Winkel durch die Verwendung des Aufbissblocks vorgegeben ist, muss bei der Rechtwinkeltechnik der vertikale Einstellwinkel nach den Gesetzen der Halbwinkeltechnik individuell gefunden und eingestellt werden (▶ Abb. 9.41).

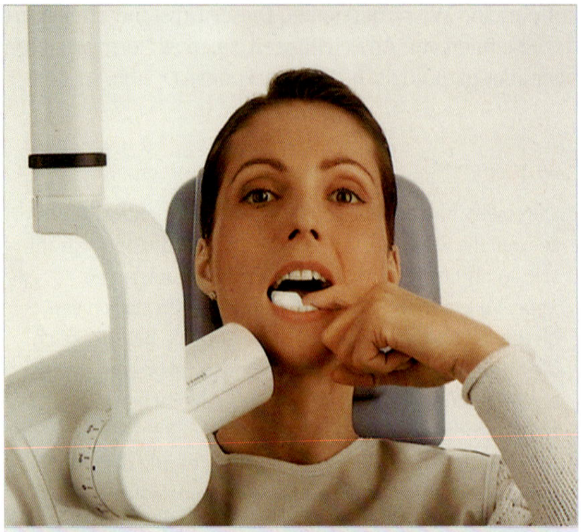

Abb. 9.39 Lage des Films im Unterkiefer. Aus: Pasler FA, Visser H. Farbatlanten Zahnmedizin, 5. Band, Zahnmedizinische Radiologie. 2. Aufl. Stuttgart: Thieme; 2000.

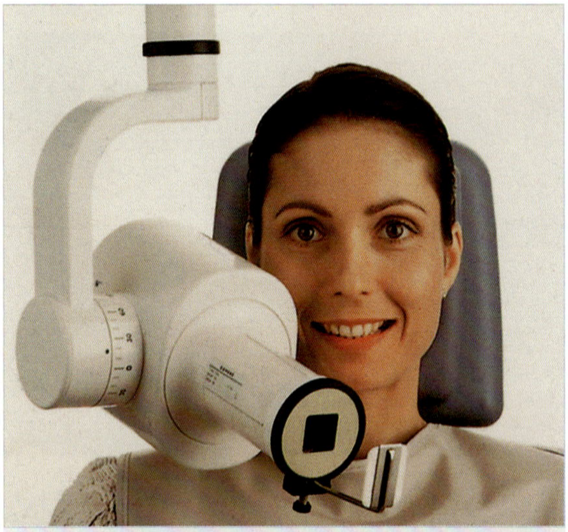

Abb. 9.40 Rechtwinkelhalter, ohne Aufbiss am Tubus befestigt. Aus: Pasler FA, Visser H. Farbatlanten Zahnmedizin, 5. Band, Zahnmedizinische Radiologie. 2. Aufl. Stuttgart: Thieme; 2000.

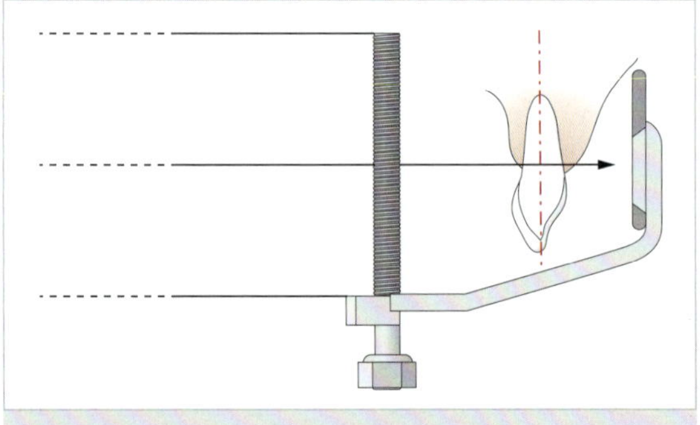

Abb. 9.41 Ideale parallele Lage des Bildempfängers zum Zahn (im Oberkiefer).

Der Hauptnachteil der Rechtwinkeltechnik nach Hielscher – und modifiziert von Pasler – besteht darin, dass die Apexregion nicht mit immer mit Sicherheit abgebildet wird (▶ Abb. 9.42). Der Grund liegt darin, dass bei der Rechtwinkeltechnik die parallele Lage des Bildempfängers zum Zahn erreicht werden soll. Ist aber der Gaumen zu flach, dann befindet sich die obere Kante des Bildempfängers unterhalb der Apexregion. Diese wird dann abgeschnitten und kommt so nicht zur Darstellung. Deshalb muss dann die Halbwinkeltechnik angewandt werden.

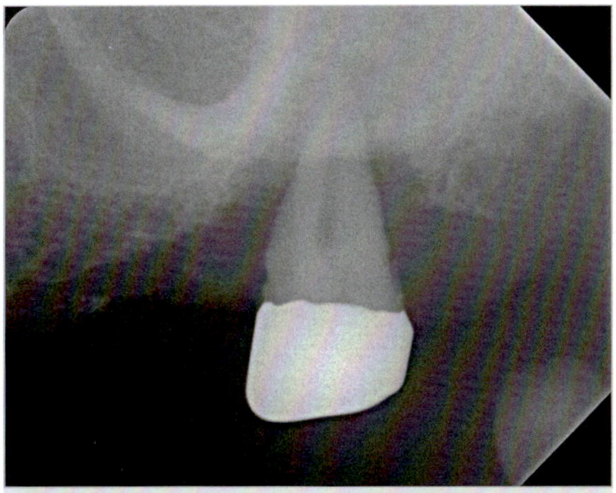

Abb. 9.42 Aufnahme eines Oberkiefers mithilfe der Rechtwinkeltechnik.

Weitere Nachteile, die die Verwendung der Rechtwinkeltechnik mit sich bringen kann, sind:

- Der Filmhalter muss fest mit der Röhre verbunden sein. Dies führt zu einer erschwerten Anwendung dieser Technik, mit geringer Akzeptanz durch den Patienten.
- Der Halter hat bei Kontrollaufnahmen, durch den fehlenden Aufbiss, nicht die gleiche Lage im Mund, sodass reproduzierbare Aufnahmen, z.B. nach Implantation, kaum möglich sind.
- Der Film wird willkürlich parallel gestellt. Es besteht so die Gefahr, dass die Wurzelspitzen im Bild abgeschnitten werden.
- Der Film kann, bei nicht sachgerechter Positionierung, eine mesio oder distal schräge Lage bekommen, mit der Folge, dass die Zahnachsen schräg stehen und approximale Überlagerungen häufiger auftreten.

9.1.6 Bissflügelaufnahme

Die Bissflügelaufnahme wurde von Raper 1925 entwickelt und ist die wichtigste Spezialaufnahme für die Kariesdiagnostik. Außerdem wird der Alveolarkamm unverzerrt ab-

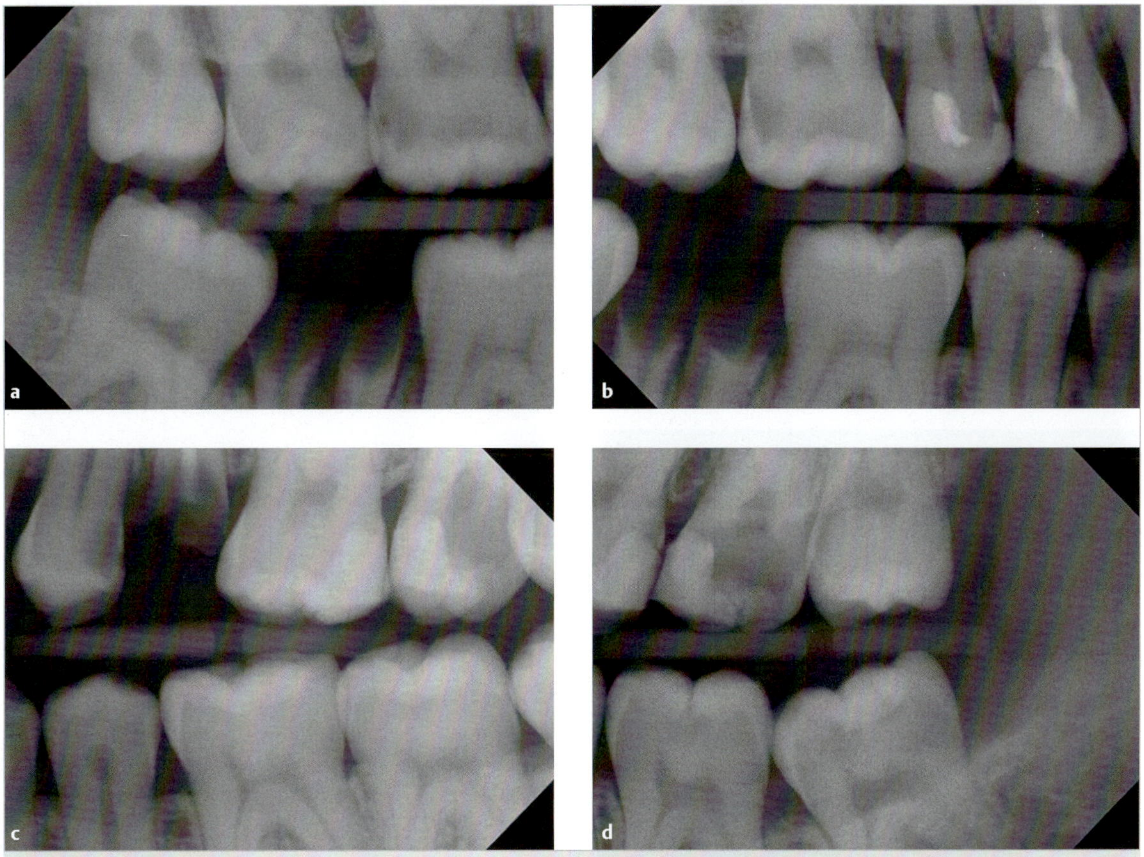

Abb. 9.43 Bissflügelaufnahmen.

gebildet. Weiterhin stellen sich Konkremente gut dar. Auch zur Kontrolle der Randschlüsse von Füllungen und Kronen sind Bissflügelaufnahmen (▶ Abb. 9.43) geeignet).

Diese Aufnahmen sollten ergänzend zur klinischen Abklärung immer dann eingesetzt werden, wenn sich die mesialen und distalen Flächen der Kronen einer visuellen Inspektion entziehen. Approximale kariöse Läsionen bleiben meist unentdeckt, wenn klinische Untersuchungen nicht durch Röntgenaufnahmen ergänzt werden. Ganz besonders gilt dies für jene gar nicht so seltenen Fälle, wo die eindringende Karies wie mit einem Stichkanal den approximalen Schmelz durchquert, um sich im Dentin unterminierend auszubreiten. Die rechtzeitige Erfassung kariöser Defekte stellt auch heute noch eine der wichtigsten röntgendiagnostischen Maßnahmen für die Zahngesundheit breiter Bevölkerungsschichten dar.

Es werden Filme der Größe 3 × 4 cm benutzt. Lange und schmale Filme mit dem Format 2,7 × 5,4 cm sollten nicht mehr zum Einsatz kommen, da eine orthoradiale Darstellung der Molaren und Prämolaren bei 1 Einstrahlrichtung nicht gewährleistet ist. Außerdem ermöglichen diese Filme, aufgrund ihrer geringen Höhe, keine Darstellung des Alveolarkamms.

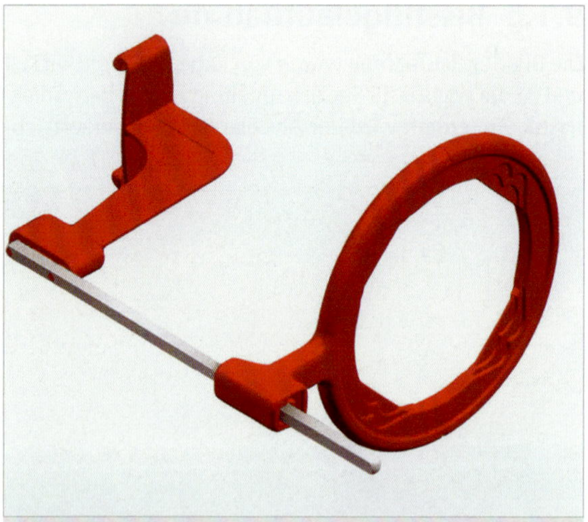

Abb. 9.44 Bissflügelhalter. Mit freundlicher Genehmigung der Fa. Dentsply Detrey.

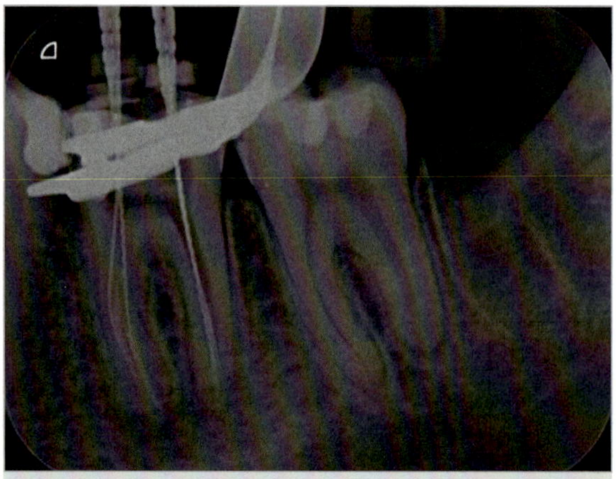

Abb. 9.45 Messaufnahme.

Praktisches Vorgehen bei der Bissflügelaufnahme

Da es bei diesem Aufnahmetyp auf die sehr genaue Darstellung der Approximalbereiche ankommt, sollte die Bissflügelaufnahme immer mit einem Halter und mit Zentrierhilfen durchgeführt werden (▶ Abb. 9.44).

9.1.7 Messaufnahme

Die Bestimmung der Arbeitslänge bei der Aufbereitung der Wurzelkanäle geschieht durch eine sogenannte Messaufnahme (▶ Abb. 9.45). Da diese Aufnahmen mit den Wurzelkanalinstrumenten und dem Kofferdam durchgeführt werden müssen, treten oft aufnahmetechnische Schwierigkeiten auf. Ideal wären Röntgenaufnahmen mithilfe der Paralleltechnik. Dies ist aber mit den üblichen Haltern nicht möglich.

Mit der Einführung eines Endohalters (▶ Abb. 9.46) konnte die Messaufnahme deutlich vereinfacht werden. Durch einen erhöhten korbähnlichen Aufbissblock wurde es möglich, die Aufnahme mit den herausragenden Wurzelkanalinstrumenten und dem Kofferdam durchzuführen. Wie bei der Paralleltechnik hat dieser Halter einen Visierring und eine Zentrierstange und die Strahlen treffen senkrecht auf den Bildempfänger ein. Auf diese Weise werden reproduzierbare Längenmessungen in der Endodontie möglich.

9.1.8 Okklusalaufnahme

Der Aufbiss- oder Okklusalfilm ist ein folienloser Film, der im Vergleich zum Zahnfilm lediglich ein größeres Format von 7,5 × 5,5 cm aufweist (▶ Abb. 9.47). Durch seine Größe ist er vielseitig verwendbar, mit ihm können andere intraorale Aufnahmen ersetzt oder ergänzt werden.

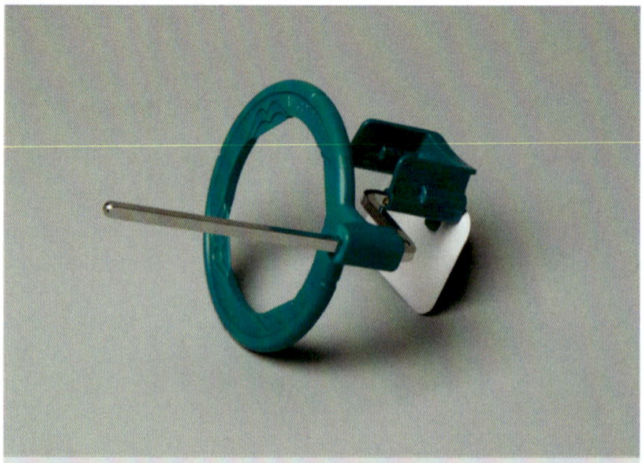

Abb. 9.46 Endohalter für Messaufnahmen.

Von den digitalen Bildempfängern steht lediglich für die Speicherfolientechnik dieses Format zur Verfügung. Die Möglichkeiten, die die Okklusalaufnahmetechnik bietet, sind aber letztlich nicht von dem großen Format abhängig, sie können auch mit dem Format 3 × 4 cm durchgeführt werden.

Der Bildempfänger wird parallel zur Okklusionsfläche auf die Kronen gelegt. Zwischen den Zähnen und dem Bildempfänger bildet sich so ein Winkel von 90°.

Grundsätzlich lassen sich mit der Okklusaltechnik 2 Arten von Aufnahmen durchführen:

- mit Halbwinkeltechnik
- mit axialem Strahlengang

Abb. 9.47 Okklusalfilm (links) und Zahnfilm im Vergleich.

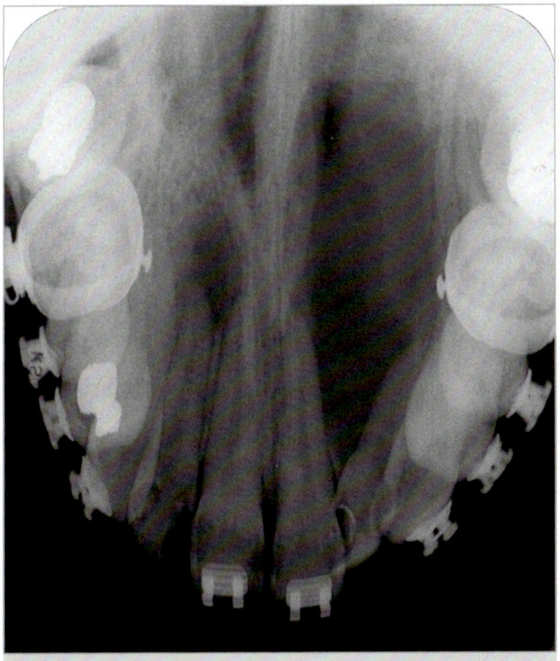

Abb. 9.48 Diese Halbwinkeltechnik-Okklusalaufnahme der Oberkieferfront zeigt eine größere Osteolyse-Region.

Okklusalaufnahme: Halbwinkeltechnik

Um die Zähne mit der Okklusaltechnik darstellen zu können, muss die Halbwinkeltechnik angewandt werden.

Verwendet man das größere Format, dann lassen sich im Seitenzahnbereich mit 1 Aufnahme bis zu 5 Zähne aufnehmen. In der Front und im Eckzahnbereich gelingt es, über die Zähne hinaus, größere Knochenabschnitte darzustellen. Im Unterkiefer wird die gesamte Mandibula einschließlich der Kompakta sichtbar. Zahnaufnahmen mit einem größeren Format ergeben, allein aufgrund der Größe, mehr Informationen (► Abb. 9.48). Die Okklusaltechnik kann aber auch dann angewandt werden, wenn andere Aufnahmen nicht möglich sind. Das gilt für Patienten mit Behinderungen, bei denen keine Panoramaaufnahmen durchführbar und auch andere intraorale Aufnahmen nicht erfolgreich sind.

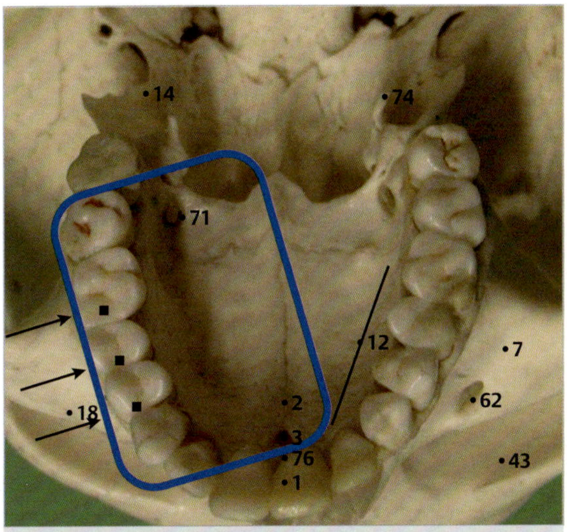

Abb. 9.49 Lage des Films für eine Aufnahme im Oberkiefer-Seitenzahnbereich.

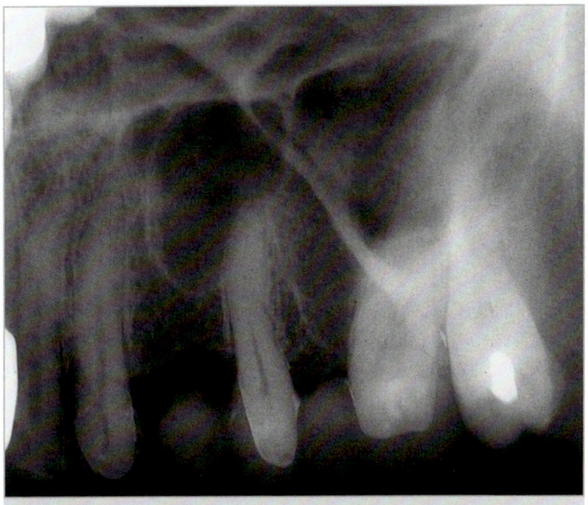

Abb. 9.50 Okklusalaufnahme im Oberkiefer-Seitenzahnbereich.

9

Auch bei Kindern kann die Okklusaltechnik für orientierende Aufnahmen, besonders bei einem Frontzahntrauma, ohne Probleme eingesetzt werden.

Praktische Durchführung mit Halbwinkeltechnik

Der Bildempfänger muss dergestalt okklusal in die Mundhöhle gelegt werden, dass die Kante, die nach außen zeigt, sich parallel zu den Kronen der aufzunehmenden Zähne befindet. Diese Kante bildet die Tangente, auf die im rechten Winkel eingestrahlt werden muss, damit eine orthoradiale Aufnahme gewährleistet ist (▸ Abb. 9.49, ▸ Abb. 9.50).

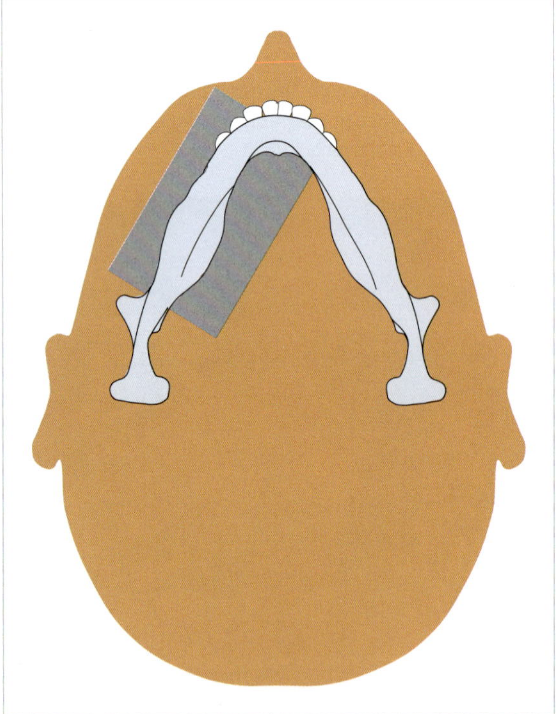

Abb. 9.51 Korrekte Lage des Unterkiefers bei einer axialen Aufnahme im Seitenzahnbereich.

Okklusalaufnahme: axialer Strahlengang

Neu an dieser Aufnahmetechnik ist, dass durch den axialen Strahlengang eine 2. Ebene entsteht, die zusammen mit anderen Aufnahmen einen räumlichen Bildeindruck vermittelt. Wichtig ist die richtige Lage des Films, die anders als bei der Halbwinkelaufnahme ist. Da die lingualen und bukkalen bzw. labialen Ausdehnungen einer pathologischen Veränderung dargestellt werden sollen, muss sich der Unterkiefer immer in der Mitte des Films und hier möglichst parallel zur Filmkante befinden (▸ Abb. 9.51).

So kann man den Verlauf oder die Dislokation einer Fraktur im Unterkiefer, zusätzlich zum Orthopantomogramm (OPG), in einer 2. Ebene darstellen (▸ Abb. 9.52 und ▸ Abb. 9.53) Dies gilt natürlich auch für retinierte Zähne oder raumfordernde Prozesse.

Es hat sich jedoch herausgestellt, dass die axiale Okklusalaufnahme, aus Strahlenschutzgründen und wegen der erforderlichen Bildqualität, **nur für den Unterkiefer** eingesetzt werden sollte.

Im Übrigen gibt es mit der digitalen Volumentomografie inzwischen aussagekräftigere Darstellungsmöglichkeiten in mehreren Ebenen, die in dem Ausmaß durch die axiale Aufnahme nicht erreicht werden können.

Als Spezialeinstellung dient die axiale Aufnahme zur Darstellung von **Speichelstein** im Ausführungsgang der Glandula submandibularis. Hierbei ist darauf zu achten, dass die Belichtungszeit deutlich reduziert wird, damit die steindichten Verschattungen auch erkennbar sind (▸ Abb. 9.54).

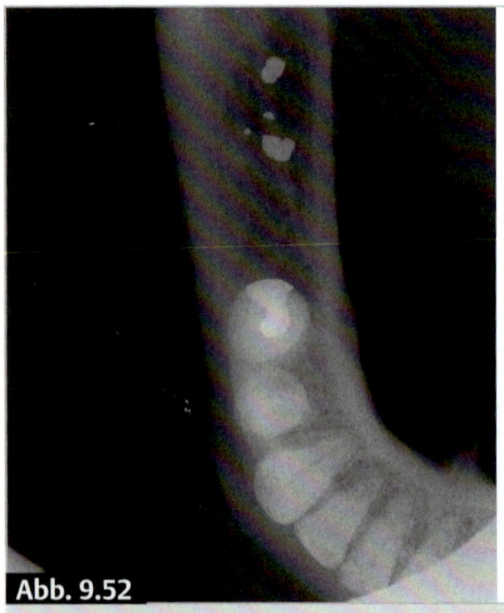

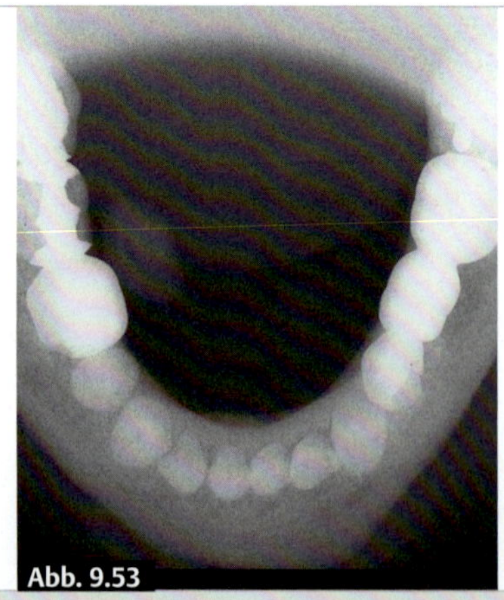

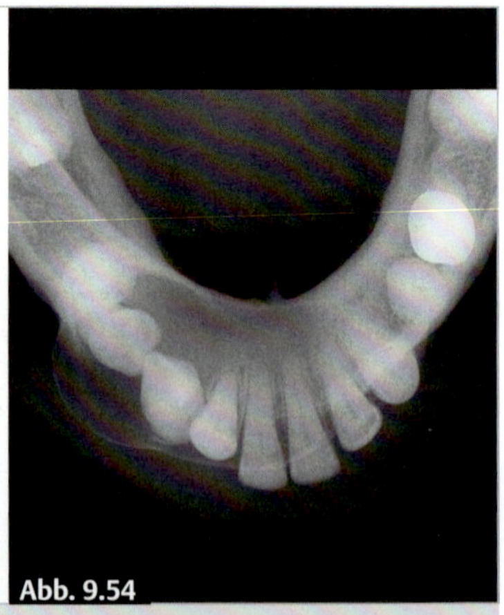

Abb. 9.52 Okklusalaufnahme mit axialem Strahlengang als 2. Ebene zur räumlichen Darstellung der Frakturen.
Abb. 9.53 Okklusalaufnahme mit axialem Strahlengang als 2. Ebene zur räumlichen Darstellung einer Zyste.
Abb. 9.54 Mundbodenübersicht, mit Speichelstein im Ausführungsgang der Glandula submandibularis.

9.2 Konventionelle Tomografie

Die üblichen Röntgenaufnahmen stellen ein Summationsbild unendlich vieler Schichten dar. Sie enthalten zahlreiche Details, die alle von einem Fokus ausgehend durchstrahlt werden. Eine Einstrahlrichtung, die jedes Detail überlagerungsfrei darstellt, gibt es nicht. Es können bei einer Summationsaufnahme deshalb auch nur wenige Strukturen optimal abgebildet werden.

In vielen Fällen ist es also nicht möglich, mit Röntgenaufnahmen, die nur 1 Ebene darstellen, die charakteristischen Bildmerkmale ausreichend darzustellen. Auch wenn z.B. die intraoralen Aufnahmen feinste Strukturen wiedergeben können, so ist es nicht möglich, den Zahn in seiner Gesamtheit abzubilden. Durch intraorale Spezialprojektionen – wie mesial und distal exzentrische Aufnahmen– können in manchen Fällen zunächst nicht erkennbare Strukturen überlagerungsfrei dargestellt werden. Eine befriedigende Diagnostik wird dadurch aber nicht erreicht.

Die einfachste Form, bestimmte Bereiche überlagerungsfrei darzustellen, gelingt durch das **Herausprojizieren** der betreffenden Bereiche. Dies wird erreicht durch geeignete Kopfneigungen, um eine Seite des Unterkiefers isoliert darzustellen oder im Mittelgesicht die Felsenbeine aus der Kieferhöhle herauszuprojizieren (▸ Abb. 9.55).

Eine andere Methode, um Bereiche überlagerungsfrei darzustellen, ist die **Nahaufnahme**. Sie wird mit einem Kurztubus ausgeführt und beruht auf dem Prinzip der geometrischen Unschärfe (▸ Abb. 9.56 und ▸ Abb. 9.57).

Eine neue und bessere Methode wurde aber mit der **Erfindung der Tomografie** durch Bocage 1922 kreiert.

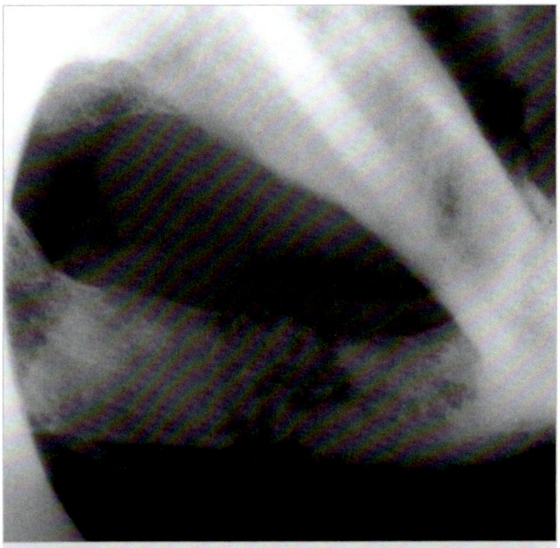

Abb. 9.55 Unterkieferteilprojektion, mit Osteolysen im horizontalen Ast.

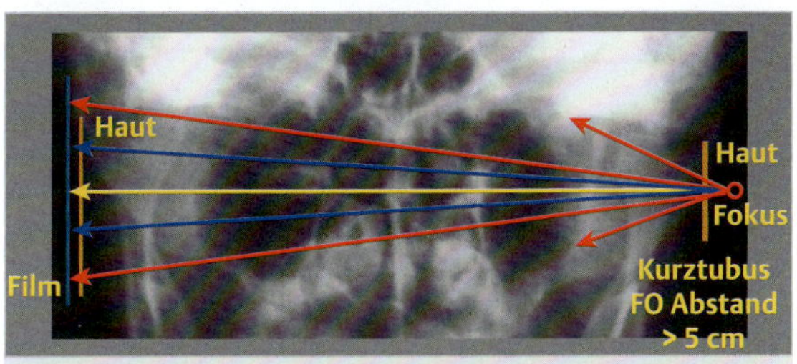

Abb. 9.56 Nahaufnahme des Kiefergelenks nach dem Parma-Schema.

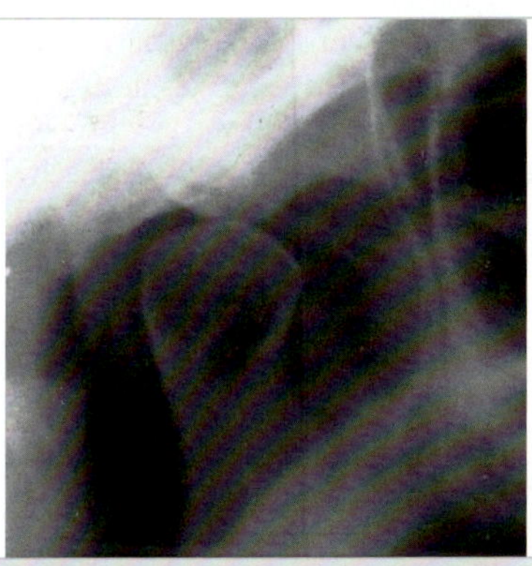

Abb. 9.57 Beispiel einer Nahaufnahme des Kiefergelenks.

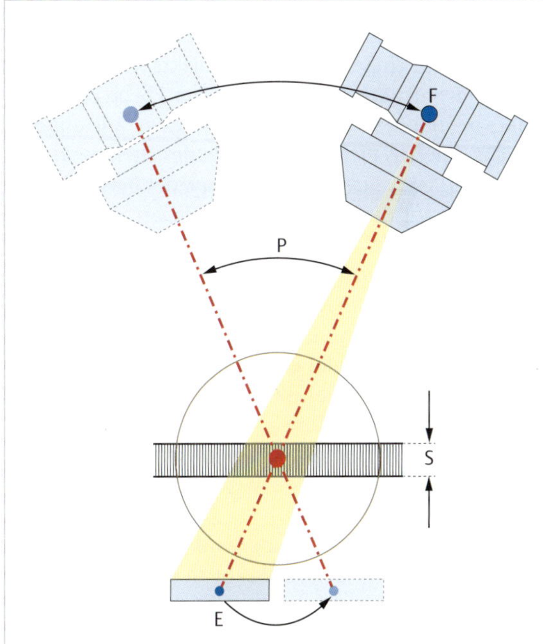

Abb. 9.58 Schema: Funktionsweise eines Tomografiegeräts; scharfe Abbildung der Objekte in der Schichtebene S und Verwischung anderer Objekte. Der Strahler bewegt sich synchron mit dem Bildempfänger. Im Bereich des Drehpunkts I ist die Verwischung am geringsten. Hier befindet sich die scharf abgebildete Schicht. Je größer der Schichtwinkel φ ist, desto dünner wird die Schicht.

9

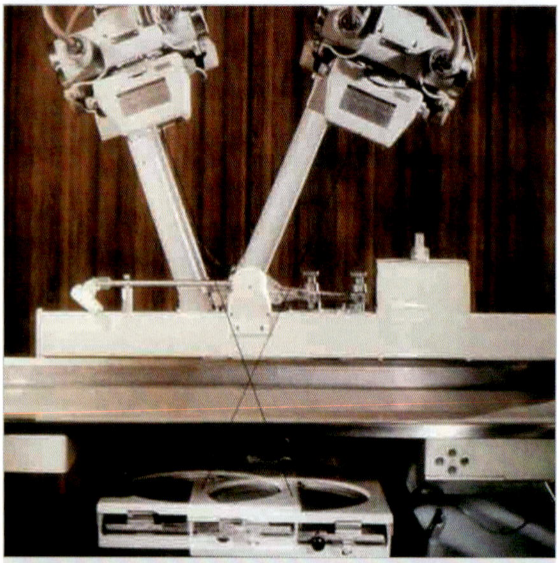

Abb. 9.59 Polytome in Bewegung.

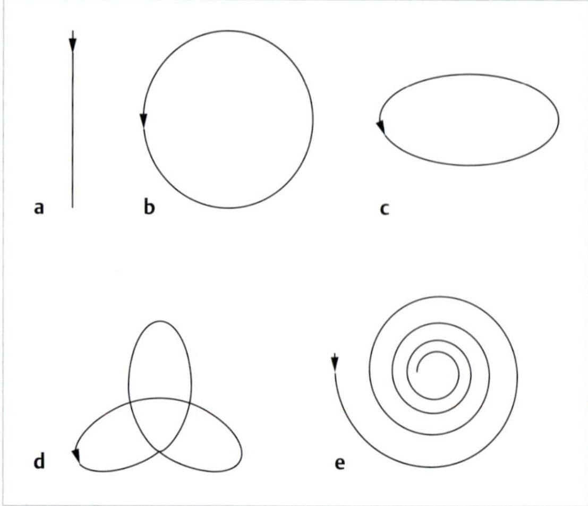

Abb. 9.60 Verwischungsfiguren der konventionellen Tomografie, linear (a), kreisförmig (b), elliptisch (c), hypozykloidal (d), spiralförmig (e).

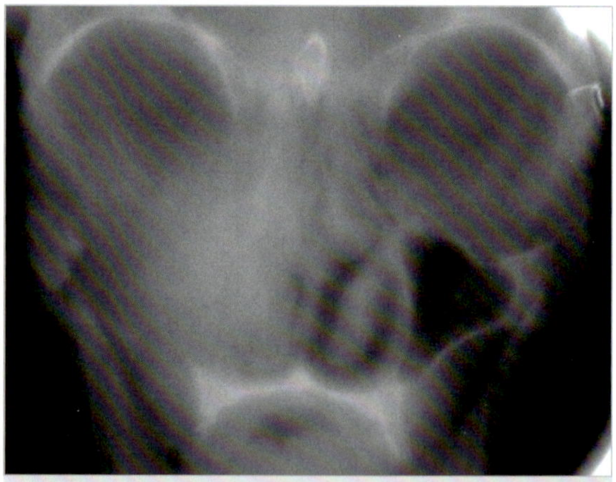

Abb. 9.61 Schichtbild der Kieferhöhlen.

Das Prinzip der klassischen **Schichtaufnahme** besteht darin, dass von den 3 Komponenten – Röntgenröhre, darzustellendes Objekt und Bildempfänger – 2 bewegt werden. In der Regel sind dies der Strahler und der Bildempfänger, während der Patient in Ruhe bleibt und sich nicht bewegt (▶ Abb. 9.58).

Durch die synchrone Bewegung von Röhre und Bildempfänger (▶ Abb. 9.59) um einen Drehpunkt wird erreicht, dass ein großer Bereich des Objekts verwischt wird und nur die Strukturen, die sich in der Ebene des Drehpunkts befinden, scharf abgebildet werden. Alle anderen Bereiche, die sich nicht in der Ebene des Drehpunkts befinden, werden während und aufgrund der Bewegung der Röhre nicht auf denselben Punkt projiziert, sondern auf den gesamten Film verteilt. Das hat zur Folge, dass diese Objekte durch **Verwischung** unscharf abgebildet werden.

Alle Objekte, die in der Ebene des Drehpunkts, also in der Schichtebene liegen, werden während der ganzen Aufnahme immer wieder exakt auf dieselbe Stelle projiziert. Dadurch erscheinen sie scharf abgebildet und sind nicht verwischt (▶ Abb. 9.58).

Um ein tomografisches System einordnen zu können, muss man die Größe der Verwischung und die Art der Verwischung kennen.

Die **Größe der Verwischung** wird durch den Pendelwinkel bestimmt. Dieser Winkel (φ in ▶ Abb. 9.58). wird bestimmt durch den Ausgangspunkt und den Endpunkt der Röhrenbewegung. Je größer dieser Winkel ist, desto größer wird die Verwischung sein, mit dem Resultat einer dünneren abgebildeten Schicht.

Die **Art der Verwischung** wird durch die Form der Röhrenbewegung bestimmt. Ziel der Bewegung und der daraus resultierenden Verwischung ist es ja, die Strukturen, die nicht in der Schichtebene liegen, so zur Unkenntlichkeit zu verwischen, dass sie nicht mehr als Strukturen, sondern nur als eine homogene Schwärzung auf dem Film liegen. Nur so kann sichergestellt werden, dass sogenannte Verwischungsfiguren nicht zu Fehldeutungen führen.

Wir kennen 1-dimensionale (lineare) und mehrdimensionale oder flächenhafte (kreisförmige, spiralförmige und hypozykloidale) **Verwischungsbewegungen** (▶ Abb. 9.60. Grundsätzlich kann man sagen, dass die mehrdimensionalen Bewegungen besser verwischen, also auch besser für die Knochendiagnostik des Gesichtsschädels (▶ Abb. 9.61) geeignet sind. Die lineare Verwischung erzeugt in der Regel Wischschatten, die sich von pathologischen Prozessen oft nicht abgrenzen lassen.

Die klassischen großen Tomografiegeräte hatten einen Verwischungswinkel von fast 50° und eine spiralförmige oder aber hypozykloidale Verwischungsbewegung. Das Ergebnis waren Bilder etwa 1 mm dicker Schichten ohne Störschatten. Einziger Nachteil dieser Bilder war ein geringerer Kontrast.

9.3 Panoramaschicht-aufnahmetechnik

Das Panoramaschichtverfahren hatte einen völlig anderen Ursprung und Entwicklungsverlauf als das klassische Tomografieverfahren nach Bocage.

Der Zahnbogen und der gesamte Gesichtsschädel sind aufgrund ihrer Anatomie röntgenologisch schwer darzustellen. Die meisten Strukturen sind rund, oval oder gebogen, kaum eine knöcherne Begrenzung steht im rechten Winkel zu einer anderen. Um die Zähne diagnostisch verwertbar darstellen zu können, mussten sie mit intraoralen Aufnahmen einzeln abgebildet werden. Genauso ist die Diagnostik des gesamten Gesichtsschädels – bedingt durch die runden Formen und die enge Anordnung von vielen, relativ kleinen und oft doppelt angelegten Strukturen – mit den konventionellen Schädelaufnahmen, wie z.B. der Nasennebenhöhlenaufnahme, erschwert (▶ Abb. 9.62).

9.3.1 Panoramaaufnahme unter Verwendung einer Schlitzblende

Aus diesen Gründen machten sich mehrere zahnärztliche Wissenschaftler unabhängig voneinander Gedanken darüber, wie man eine Röntgenaufnahme zustande bringen könnte, die eine Gesamtübersicht der Zähne oder sogar des gesamten Gesichtsschädels ermöglicht. Die Grundidee bestand darin, mit einer Panoramaaufnahme, also einer Gesamtübersicht, die die rund-ovalen Strukturen des Gesichtsschädels berücksichtigt, die gleichzeitige und vollständige Wiedergabe der Zähne, der Kiefer mit den Kiefergelenken und den basalen Anteilen der Kieferhöhlen zu ermöglichen.

Den ersten Hinweis auf eine Panoramaaufnahme, zunächst für den Zahnbereich, finden wir in einem amerikanischen Patent von A. F. Zulauf aus dem Jahre 1922.

Zur Anfertigung eines Panoramabilds wird ein langer Film, ähnlich dem Zahnfilm, in den Mund platziert und Ober- oder Unterkiefer getrennt aufgenommen. Voraussetzung für das Gelingen ist der Einsatz einer sehr schmalen vertikalen Blende. Mit dieser Schlitzblende (▶ Abb. 9.63) gelingt es dann, in einem Scandurchlauf die Zähne des Ober- und Unterkiefers in 2 getrennten Aufnahmevorgängen abzubilden.

Während Zulauf 1922 lediglich ein Patent auf diese neue Aufnahmeart anmeldete, konnten Numata 1933 und Paatero 1946 Panoramabilder erzeugen, die mit dem Einsatz einer Schlitzblende zustande kamen (▶ Abb. 1.6).

Abb. 9.63 Schlitzblende.

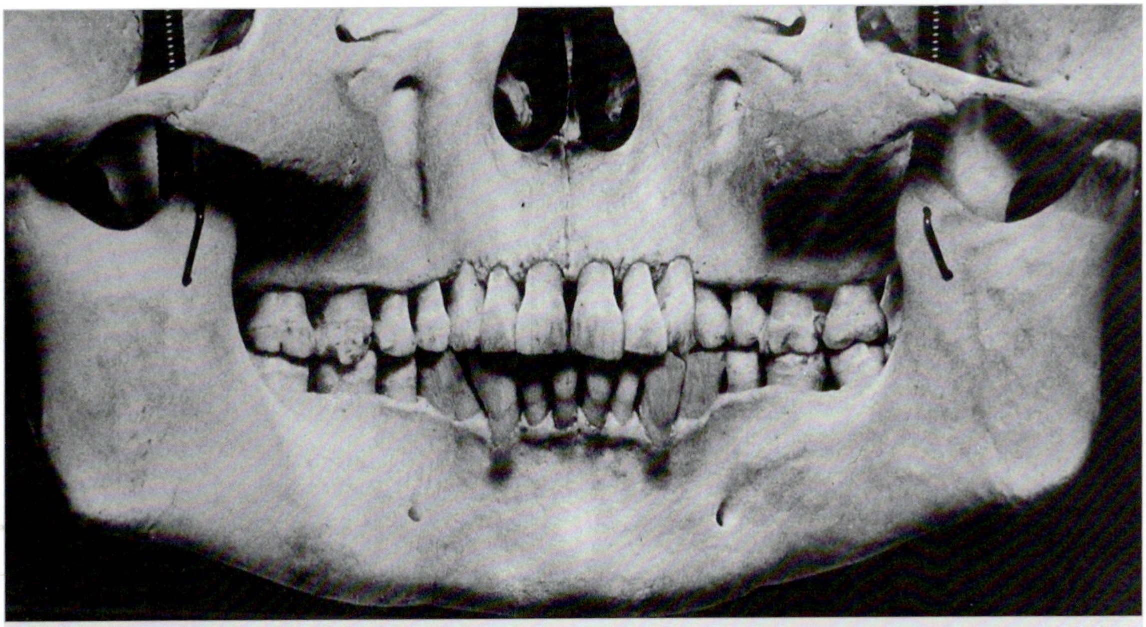

Abb. 9.62 Orthopantomogramm-Fotomontage nach Pasler.

Während Zulauf, Numata und Paatero sich auf die Panoramadarstellung der Zähne konzentrierten, stellte der Radiologe Heckmann 1939 ein Verfahren vor, mit dem er die oberflächlichen Strukturen des gesamten Gesichtsschädels panoramaartig mit einem **extraoral** liegenden Film darstellen konnte.

9.3.2 Panoramavergrößerungsaufnahme

Mit der Idee, die Anode in die Mundhöhle einzuführen und von intraoral nach außen zu strahlen, entstand ein weiteres Verfahren, um die Zähne panoramaartig abzubilden. Dieses Verfahren, das heute nicht mehr eingesetzt werden darf, arbeitete mit einer speziellen stabförmigen Röhre, die in den Mund eingeführt wurde (▶ Abb. 1.8, ▶ Abb. 9.64).

Der Film, der sich in einer flexiblen Kassette befand, wurde auf den Ober- oder den Unterkiefer gelegt, sodass, je nach Ausrichtung der Anode, Ober- und Unterkiefer getrennt aufgenommen werden konnten.

Der Franzose Bouchacourt schlug dieses Verfahren, mit einer intraoral liegenden Spezialröntgenröhre die Kiefer aufzunehmen, schon 1898 vor. Erst 1943 begann die technische Umsetzung durch Patente von Koch und Sterzel und danach, 1951, durch den Schweizer Ott.

1961 wurde das Panoramavergrößerungsverfahren in der Praxis eingesetzt. Bei richtiger Anwendung entstanden Panoramabilder der Ober- oder der Unterkieferzähne. Zum Seitenzahnbereich hin stellten sich die Zähne vergrößert dar, sodass die beste Diagnostik im Frontzahnbereich möglich war (s. ▶ Abb. 1.9).

Diese Aufnahmetechnik wird schon längere Zeit nicht mehr angewandt, da durch den sehr kleinen Fokus-Objekt-Abstand die Schleimhaut einer nicht mehr vertretbaren Strahlenexposition ausgesetzt wurde. Aus diesem Grund wurde der Einsatz jetzt endgültig durch die Röntgenverordnung verboten.

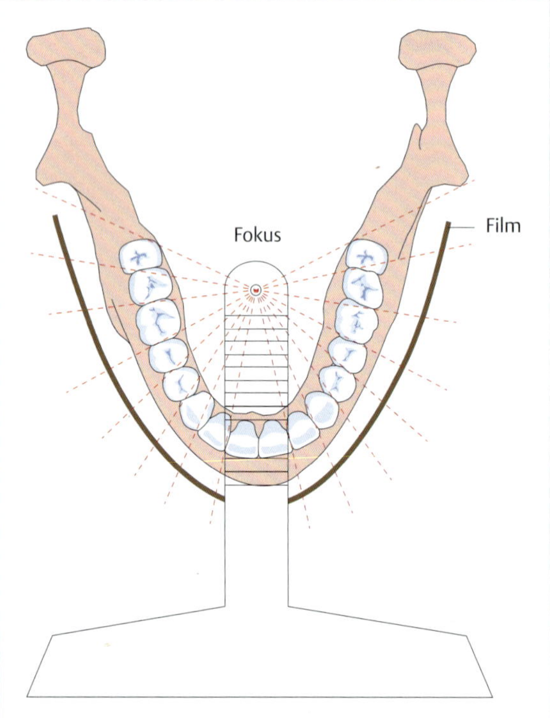

Abb. 9.64 Skizze zur Platzierung der Röhre bei der Panoramavergrößerungsaufnahme.

9.3.3 Panoramaschichtaufnahme

Die Idee der Panoramaaufnahme war ein entscheidender Schritt in der zahnärztlichen Radiologie, wenn man bedenkt, dass ohne diese Technik nur intraorale Zahnaufnahmen und extraorale Teilaufnahmen des Unterkiefers zur Verfügung standen. Aber erst mit der Entwicklung der Panoramaschichtaufnahme gelang es, diagnostisch hochwertige Aufnahmen des Ober- und Unterkiefers mit ihren Nachbarregionen herzustellen.

Paatero entwickelte die Grundidee der intraoralen Panoramaaufnahme 1948 weiter. Da sich der lange Film intraoral als sehr unpraktisch erwies, machte er Versuche mit einem extraoralen Film. Er konnte damit Panoramaaufnahmen der oberflächlichen Schichten des Mittelgesichts herstellen, die denen von Heckmann sehr ähnlich waren (▶ Abb. 9.65).

Der nächste entscheidende Schritt zu einer Schichtaufnahme gelang Paatero dann dadurch, dass er den Patienten **und** den Film gleichzeitig und synchron um einen Drehpunkt rotieren ließ, bei feststehender Röntgenröhre, die mit einer vertikalen Schlitzblende (▶ Abb. 9.63) ausgestattet war.

Der schmale Strahl ging durch die Dreh- und Mittelpunkte des Objekts und des Films, der auf einem runden Filmhalter befestigt war. Wenn sich jetzt 2 Punkte auf demselben Radius mit derselben Geschwindigkeit bewegen, dann sind beide relativ immer in Ruhe zueinander. Ist der eine Punkt ein Teil des Objekts und der andere

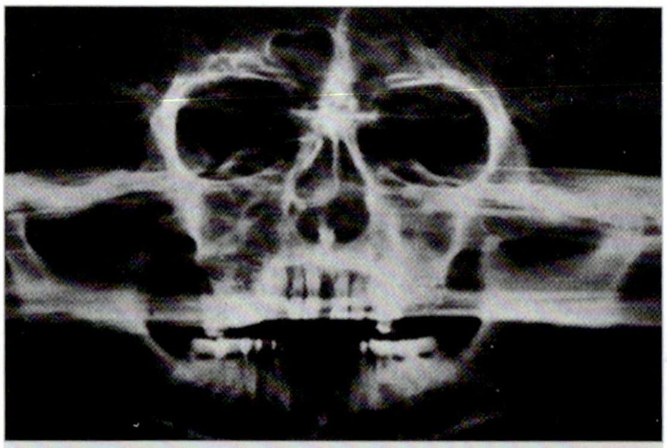

Abb. 9.65 Panoramaaufnahme des Gesichtsschädels ohne Schichteffekt.

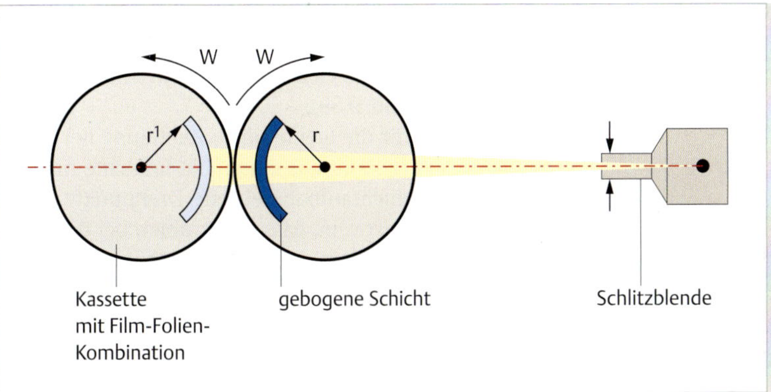

Abb. 9.66 Theoretisches Modell der Panoramaschichttechnik. Erläuterung siehe Text.

ein Teil des Films, so wird dieser Teil des Objekts immer scharf auf dem Film abgebildet werden.

Die Technik wurde verbessert und schon 1955 wurde ein in Helsinki gebauter Pantomograf in London in Betrieb genommen.

Aufnahmeprinzip

Das Prinzip der Panoramaschichtaufnahme (PSA) beruht auf 2 sich drehenden Kreisen mit demselben Radius r (▸ Abb. 9.66).

Beide Kreise bewegen sich gegensinnig, mit derselben Winkelgeschwindigkeit ω. Auf dem einen Kreis bewegt sich auf dem Radius r das abzubildende Objekt (in diesem Falle die Zähne). Auf dem anderen Kreis befindet sich der Film, auf dem Radius r' (wobei r' = r). Bedingt durch die gleichen Radien bewegen sich das abzubildende Objekt und der Film mit derselben Geschwindigkeit auf ihren Kreisen. Wird jetzt das abzubildende Objekt durch ein sehr schmales Strahlenbündel – dank der 1 mm breiten Schlitzblende – durchstrahlt, dann wird es auf dem Film scharf abgebildet. Dies ist deshalb möglich, da beide Radien gleich groß sind und bei gleicher Geschwindigkeit der beiden Kreise Objekt und Filmebene zueinander in Ruhe sind.

Wenn es gelingt, während der gesamten Aufnahme Objektradius und Filmradius in Einklang zu bringen, dann lassen sich beliebig geformte abzubildende Objekte, wie z.B. der Zahnbogen, auf dem Film oder jedem anderen Bildempfänger abbilden.

Anpassung der Schicht an den Zahnbogen

Wenn der Zahnbogen kreisförmig wäre, dann könnten die Zähne ohne große Probleme in der Schichtebene scharf abgebildet werden. Da aber beide Zahnbögen anatomisch nicht kreisrund, sondern eher oval oder hufeisenförmig sind, verändern sich während der Aufnahme die Radien der aufzunehmenden Strukturen, sodass die kreisförmige Bewegung des Bildempfängers nicht geeignet ist, Ober- und Unterkiefer in einer kreisförmigen Schicht scharf abzubilden.

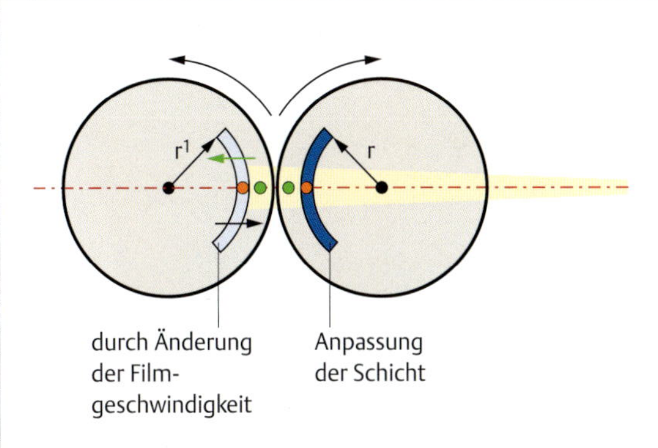

Abb. 9.67 Skizze zur Anpassung der Schicht an den Zahnbogen.

Es muss also die Lage des Films dem Zahnbogen angepasst werden.

Da der Radius des Films mechanisch nicht so einfach veränderbar ist, passt man die Schicht dem Zahnbogen dadurch an, indem man die Geschwindigkeit während der Aufnahme laufend verändert. So gelingt es, jede Kieferform exakt in der Schicht abzubilden (▸ Abb. 9.67 und ▸ Abb. 9.68).

Bei den modernen Geräten hat sich die Anordnung Röhre-Patient-Bildempfänger dahin gehend verändert, dass der Patient in Ruhe bleibt und sich Röhre und Bildempfänger synchron um den Kopf des Patienten herum bewegen.

Orthopantomografie: orthoradiale Abbildung der Zähne

Der erste Schritt zu einer sachdienlichen Aufnahmetechnik war getan, als man die Zähne exakt in die Schichtebene bringen konnte. Da das Panoramasystem am Anfang aber nur 1 Drehkreis besaß, konnten auch nicht alle Zähne orthoradial getroffen werden. Lediglich der Frontzahnbereich war im Kronenbereich überlagerungsfrei dargestellt.

Die nächste Aufgabe bestand also darin, alle Zähne – auch im Seitenzahnbereich – so orthoradial wie möglich abzubilden. Um dieses Ziel zu erreichen, mussten weitere Drehkreise geschaffen werden.

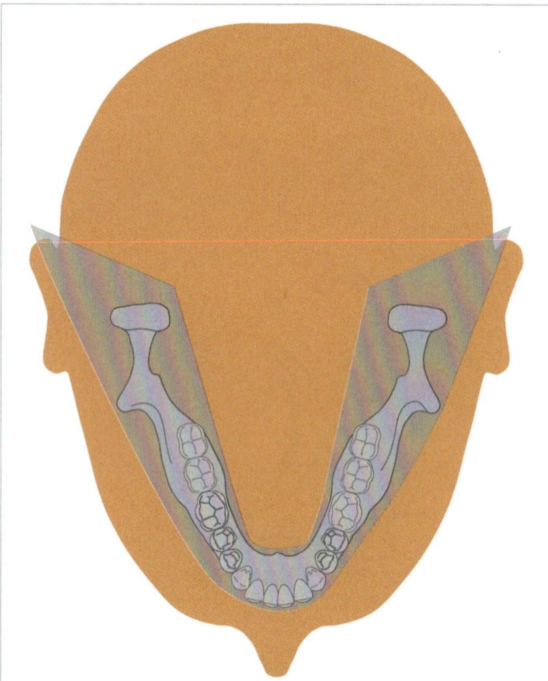

Abb. 9.68 An den Zahnbogen angepasste Schicht.

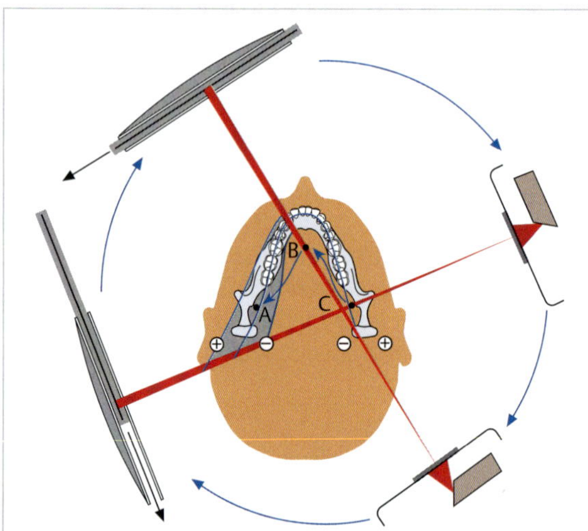

Abb. 9.69 Schema (Umlaufbahn bei der Orthopantomografie) zum Thema Einstrahlrichtung. Röntgenröhre und Bildempfänger rotieren im Uhrzeigersinn um die Drehpunkte A, B und C um den Kopf des Patienten. Die Einstrahlrichtung sollte immer orthoradial sein. Deshalb sind bei der Aufnahme für jeden Kieferbereich individuelle Drehpunkte des schmalen Strahlenbündels notwendig. Aus: Aus: Pasler FA, Visser H. Farbatlanten Zahnmedizin, 5. Band, Zahnmedizinische Radiologie. 2. Aufl. Stuttgart: Thieme; 2000.

Genauso wie für intraorale Aufnahmen, muss auch bei der Panoramaschichttechnik für eine überlagerungsfreie Abbildung die jeweils **richtige Einstrahlrichtung** gefunden werden (▶ Abb. 9.69).

Und da man für die orthoradiale Abbildung der Molaren nicht von der Front aus einstrahlt, brauchte man für die Panoramaschichtaufnahme neue Drehpunkte. Diese müssen so platziert sein, dass die Strahlen bei dem Umlauf der Röhre im Seitenzahnbereich orthoradial eintreffen können. Erst mit der Einführung von 2 weiteren Drehpunkten für den Seitenzahnbereich, gelang es, auch die Prämolaren und Molaren orthoradial darzustellen. Dies erreichte Paatero 1957: In diesem Jahr stellte er einen kleinen Prototyp eines Orthopantomografen vor.

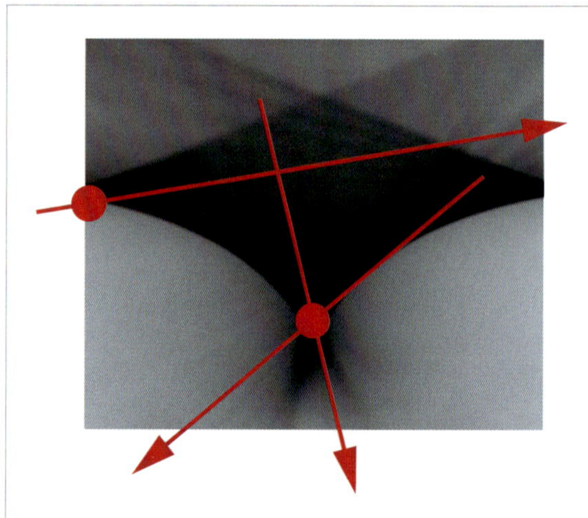

Abb. 9.70 Mit mindestens 3 Drehpunkten, die sich idealerweise während der Umlaufzeit laufend verändern, trifft das schmale Strahlenbündel auf die Kassette mit dem Bildempfänger; so wird damit der gesamte Kieferbereich orthoradial aufgenommen.

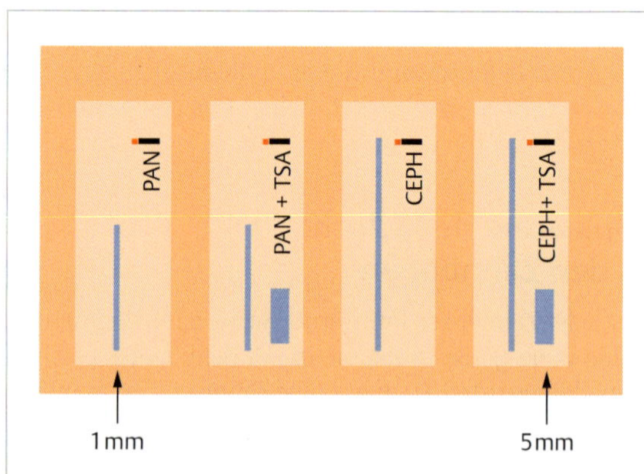

Abb. 9.71 Skizze zur Breite der möglichen Schlitzblenden bei den Einstellungen PAN (Panorama), PAN + TSA (TSA: transversale Schichtaufnahme), CEPH (Fern[röntgen]aufnahme) und CEPH + TSA.

Um zu dem Ziel, alle Zähne orthoradial abbilden zu können, zu kommen, wurde die Pantomografie mit 1 Drehkreis weiterentwickelt zu einem System mit 3 Drehkreisen (► Abb. 9.70).

Das Ergebnis dieser Entwicklung war die **Orthopantomografie**, die 1957 als Prototyp vorgestellt und 1959 fertiggestellt wurde. Der Orthopantomograf konnte dann ab 1961 in der Praxis kommerziell eingesetzt werden.

Schichtdicke und Verwischungsform

Im Gegensatz zur konventionellen Tomografie existiert bei der Panoramaschichttechnik kein Schichtwinkel. Die Funktion des Schichtwinkels übernimmt die Schlitzblende. Im Allgemeinen ist die Schlitzblende 1 mm breit. Für spezielle Ablaufbahnen kann dann auch eine breitere Schlitzblende von 5 mm zum Einsatz kommen.

Proportional zum Schichtwinkel bedeutet eine schmale Schlitzblende einen kleinen Schichtwinkel und damit auch eine geringe Verwischung. Die Schicht beim Panoramaschichtverfahren ist daher mit 10–25 mm auch relativ dick. Vergleicht man die Schlitzblende mit dem Schichtwinkel, dann entspricht die 1 mm breite Schlitzblende ungefähr einem Schichtwinkel von 10°.

Tomografien mit einem kleinen Winkel von 10° werden als **Zonografie** bezeichnet.

Die breitere Schlitzblende von 5 mm hat einen ähnlichen Effekt wie Schichtwinkel von 15–20° und Schichtdicken – bei günstigen anatomischen Verhältnissen – von 1–2 mm (► Abb. 9.71).

Der 2. Faktor, der die Schichtdicke beeinflusst, ist der Radius, also der Abstand vom Drehpunkt bis zur Schichtebene. Da der Drehpunkt während der Aufnahme – wegen der sich notwendigerweise ändernden orthoradialen Einstrahlung – nicht stationär ist, sondern auf einer vorgegebenen Bahn vom Molarenbereich zur Front und zurück gleitet, verändern sich auch die Schichtdicken (► Abb. 9.72):

- In der Front ist – aufgrund des kleinen Radius – die Schicht nur 10 mm und
- im Seitenzahnbereich, aufgrund des größeren Radius, 20–30 mm dick.

Besonderheiten der Abbildungsgeometrie

Beim Panoramaschichtverfahren gibt es 2 verschieden ausgerichtete Projektionen: Die eine geht in die vertikale und die andere in die horizontale Ebene.

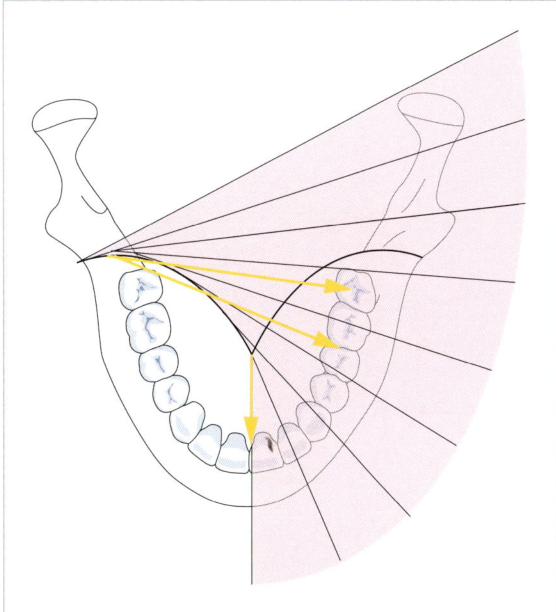

Abb. 9.72 Die Schichtdicke bei der Panoramaschichtaufnahme wird – im Gegensatz zur Situation bei der konventionellen Tomografie – nicht vom Schichtwinkel bestimmt, sondern durch die Breite der Schlitzblende (s. ► Abb. 9.71) und durch den Radius. Der Radius (Pfeile) ist der Abstand vom Drehpunkt (= Pseudofokus) zur Schichtebene.

Vertikale Projektion der Strahlen

Die Röhre dreht sich, mit einer vertikalen Schlitzblende versehen, mit einer linearen Bewegung um einen unsichtbaren Drehpunkt, der sich intraoral befindet und während des Umlaufs seinen Standort laufend verändert.

Dieses vertikale enge Strahlenbündel wirkt wie die konventionelle Zentralprojektion, die wir von den intraoralen Aufnahmen her kennen. Der Einstrahlwinkel ist nicht streng horizontal, sondern verläuft kaudokranial schräg, mit einem Winkel zwischen –4° bis –7° (► Abb. 9.73).

Horizontale Projektion der Strahlen

Alle Röntgenstrahlen gehen während der gesamten Aufnahme immer durch die jeweiligen Drehpunkte (► Abb. 9.70). Es ist daher so, als ob die Drehpunkte Ursprung der Strahlen wären. Dadurch erhalten die Drehpunkte die Funktion eines Fokus (► Abb. 9.74).

Durch die Drehung der Röhre um den Kopf des Patienten wirken diese Strahlen aus den Drehpunkten nicht in die vertikale, sondern in die horizontale Richtung. Jeder Drehpunkt wird zu einem Pseudofokus, der auf dem Bild sich nicht in die vertikale, sondern in die horizontale Richtung auswirkt. Dieser Pseudofokus hat einen sehr großen, in der Regel negativen Einfluss auf die Bildentstehung. Bei falscher Positionierung können durch geometrische Unschärfen Verzerrungen in den horizontalen

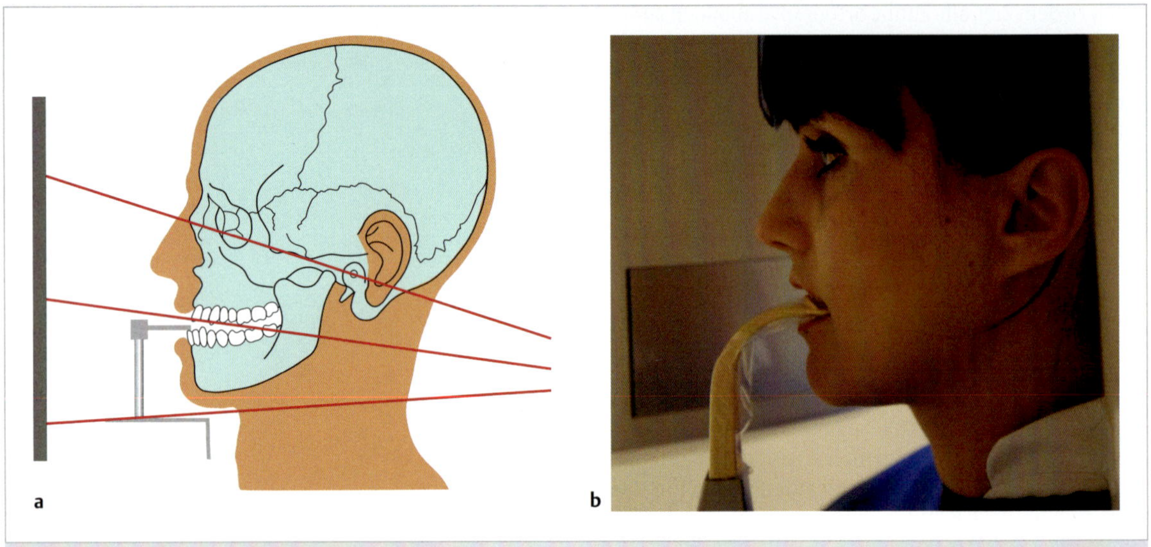

Abb. 9.73 Schräge Einstrahlrichtung von 7° kaudokranial.

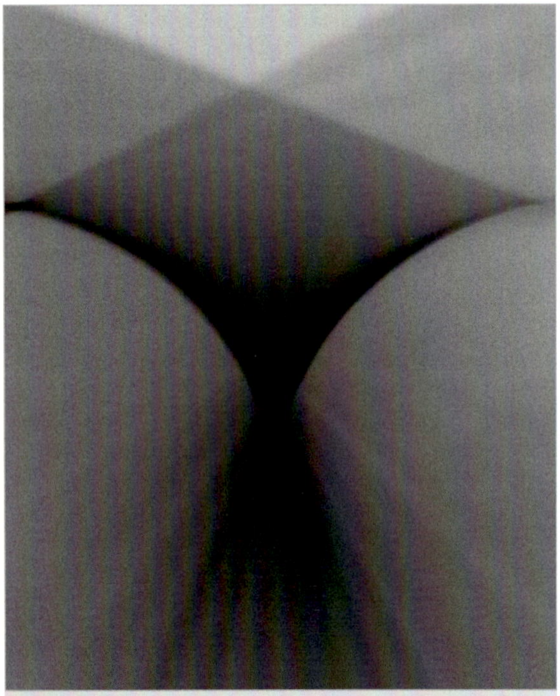

Abb. 9.74 Die Drehpunkte werden zu Pseudofokussen.

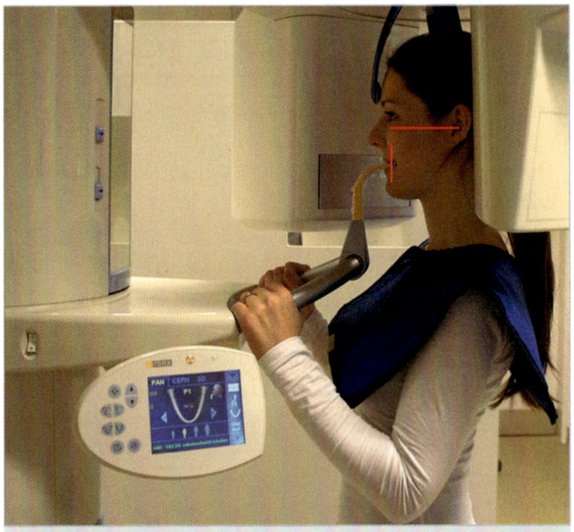

Abb. 9.75 Der Patient ist, mit Einstellhilfen, korrekt positioniert.

Richtungen im gesamten Kieferbereich entstehen. Herbeigeführt wird dies durch den sehr kleinen Abstand zwischen Pseudofokus und Kiefer.

Das **Panoramaschichtprinzip funktioniert also nur dann,** wenn

- die Schichtform dem Zahnbogen optimal entspricht,
- die Drehpunkte so individuell wie möglich eingerichtet sind und
- der Patient optimal in diesem System positioniert wird (▸ Abb. 9.75).

Weiterentwicklungen der Panoramaschichttechnik

Mit der Entwicklung der **Orthopantomografie** wurde ein Aufnahmeverfahren entwickelt, dass in der Funktion als Übersichtsaufnahme die wichtigste Röntgenaufnahme in der Zahn-, Mund- und Kieferheilkunde geworden ist.

Aus einem Orthopantomogramm (OPG) leiten sich weitergehende Untersuchungen ab, sei es die intraorale Einzelaufnahme für einfache Fragestellungen oder die dentale Volumentomografie für komplizierte Befunde.

Nachdem man erkannt hatte, welche Möglichkeiten in der Panoramaschichttechnik liegen, begann man von 1975 an den Orthopantomografen mit weiteren Ablaufbahnen auszustatten. Im Zuge dieser Entwicklung kamen

Geräte auf den Markt, die neben Ober- und Unterkiefer auch viele weitere Teilregionen des Gesichtsschädels darstellen konnten (▸ Abb. 9.76, ▸ Abb. 1.10).

Sehr eindrucksvolle Bilder konnten auch mit dem Schichtgerät Scanora erstellt werden. Bei dieser Röntgeneinheit kommt eine Kombination aus Panoramaschichttechnik und klassischer konventioneller Tomografie mit spiralförmiger Verwischung zum Einsatz.

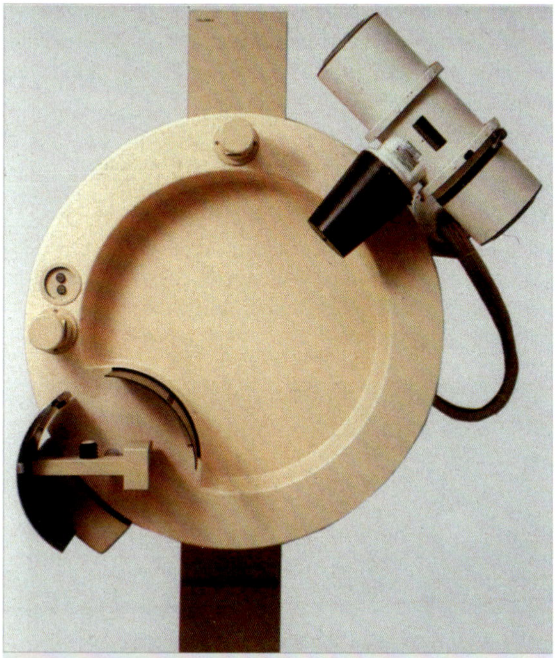

Abb. 9.76 Panoramaschichtgerät Zonarc mit mehreren zusätzlichen Ablaufbahnen, für liegende Patienten.

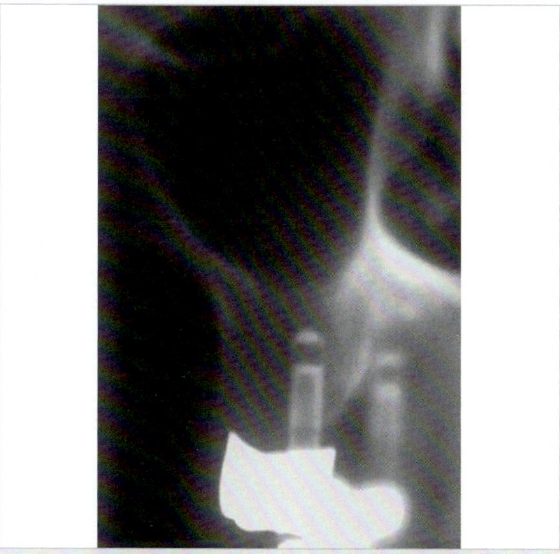

Abb. 9.77 Transversale Schichtaufnahme mit einem scharf abgebildeten Implantat.

Mit diesem Gerät konnten zum ersten Mal transversale Schichtaufnahmen hergestellt werden (▸ Abb. 9.77). Damit gelang ein entscheidender Schritt in Richtung zur 3-dimensionalen Bildgebung, so wie wir sie jetzt mit der dentalen Volumentomografie als Nachfolger der konventionellen Tomografie im zahnärztlichen Röntgen besitzen.

Diese vielfältigen Möglichkeiten finden sich jetzt in den modernen Panoramaschichtgeräten, abhängig von der technischen Ausstattung.

Spezialablaufbahnen

Bei den Teilprojektionen mit individuellen Ablaufbahnen mit einem Drehkreis oder eingeblendeten Aufnahmen mit der normalen OPG-Ablaufbahn ist von besonderem praktischem Interesse die Darstellung

- einzelner Kieferabschnitte,
- der Kiefergelenke,
- des Frontzahnbereichs,
- des Mittelgesichts und
- des Alveolarkamms und der approximalen Kronenränder.

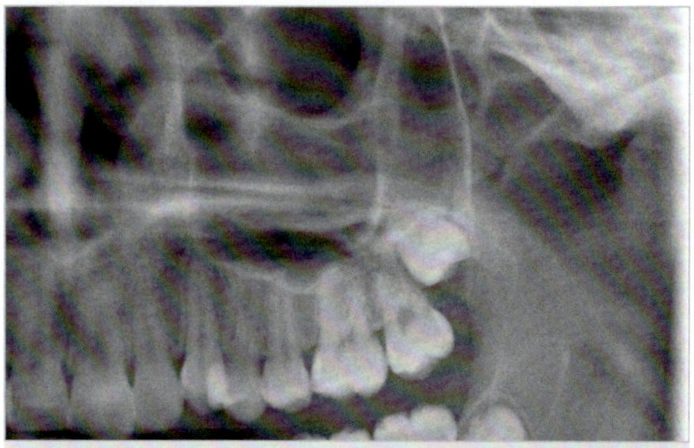

Abb. 9.78 Teilansicht des linken Oberkiefers.

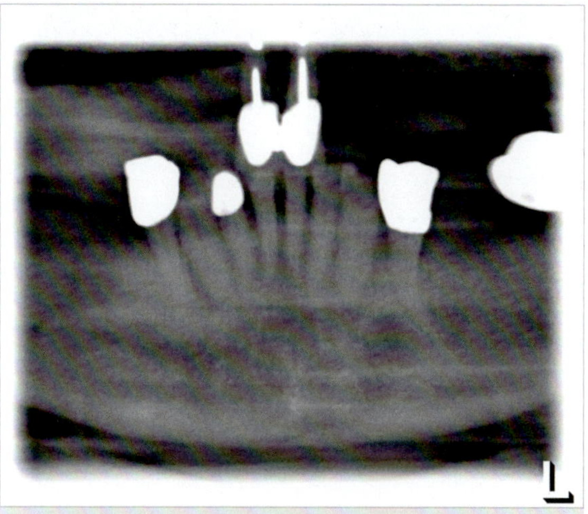

Abb. 9.79 Teilansicht des linken Unterkiefers.

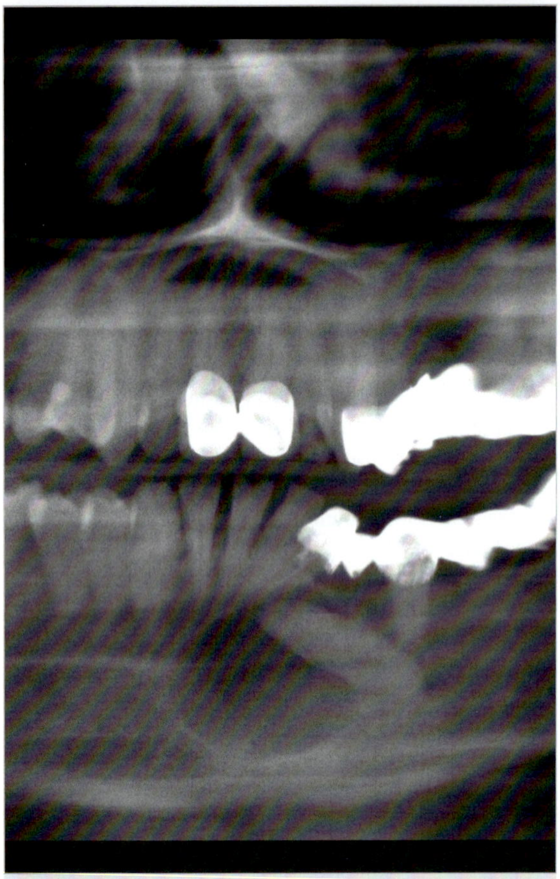

Abb. 9.80 Durch einen größeren Radius und eine angepasste Ablaufbahn wird mit dem Frontprogramm die Frontregion mit deutlich geringerer geometrischer Unschärfe aufgenommen.

Abbildung einzelner Kieferabschnitte

Es erscheint durchaus sinnvoll, bei gezielten Fragestellungen nicht immer ein gesamtes OPG anzufertigen, sondern nur den Bereich darzustellen, der von aktuellem Interesse ist. Im Vergleich zum gesamten OPG wird Dosis eingespart und im Vergleich zum Zahnfilm wird ein größerer Bereich dargestellt (▶ Abb. 9.78 und ▶ Abb. 9.79).

Eine Besonderheit stellt die Frontzahnregion dar. Hier kann eine Verbesserung der diagnostischen Bildqualität durch eine angepasste Ablaufbahn und die Wahl einer dickeren Schicht erreicht werden. Es werden der Überlagerungsschatten der Wirbelsäule und die geometrischen Unschärfen durch den nahe gelegenen Pseudofokus in der Front deutlich reduziert (▶ Abb. 9.80).

Abbildung des Alveolarkamms und der approximalen Kronenränder

Auch Bereiche, die bisher den intraoralen Einzelaufnahmen vorbehalten waren, können mit Spezialablaufbahnen des PSA-Geräts, ermöglicht durch die digitale Technik, abgebildet werden.

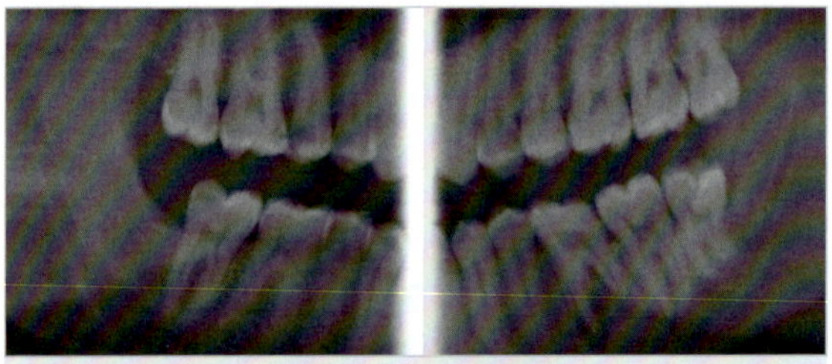

Abb. 9.81 Panoramaschichtaufnahme: Bissflügelprogramm.

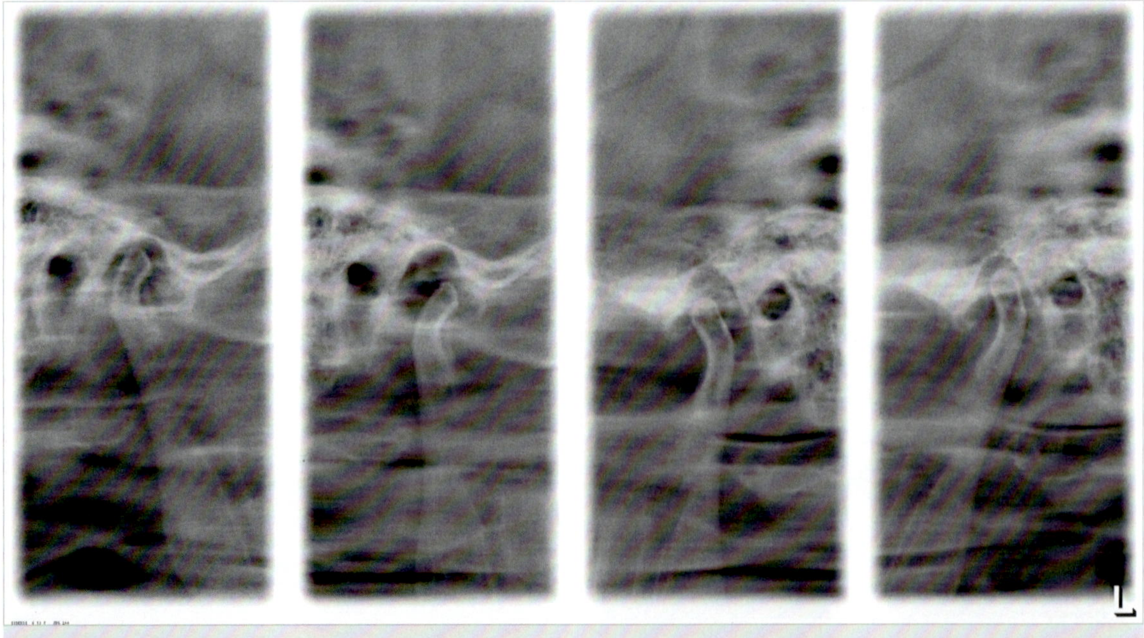

Abb. 9.82 Outhophos XG PSA Gelenkprogramm offen und geschlossen.

Durch die gleichmäßige Einstrahlrichtung lässt sich der Alveolarkamm mit der PSA-Technik gleichmäßig und objektgetreu darstellen. Ebenso gelingt es, die Approximalbereiche der Kronen immer besser überlagerungsfrei abzubilden (▶ Abb. 9.81).

Abbildung der Kiefergelenke

Die Beschwerden der Kiefergelenke sind meist funktioneller Art. Es ist also zunächst von Interesse, wie der Gelenkkopf in der Pfanne steht und wie weit die Mundöffnung möglich ist. Die weitere Funktionsdiagnostik wird dann in der Regel mit der Kernspintomografie fortgesetzt. In der Praxis lässt sich aber mit einem Kiefergelenkprogramm der Zustand bei geschlossenem und bei maximal geöffnetem Mund auf einfache Weise mit dem Panoramaschichtgerät darstellen (▶ Abb. 9.82 und ▶ Abb. 9.83).

Aber auch für die Darstellung von knöchernen Veränderungen gibt es besondere PSA-Kiefergelenkablaufbahnen. Bei speziellen Fragestellungen zu Knochen ist allerdings eine Untersuchung mit digitaler Volumentomografie (DVT; s.u.) vorzuziehen.

Abbildung des Mittelgesichts

Die Aufnahmen des Mittelgesichts mit dem PSA-Gerät waren zu der Zeit, als es noch keine DVT gab, eine einfache und aussagekräftige Möglichkeit, die Strukturen oberhalb des Oberkiefers diagnostisch verwertbar abzubilden (▶ Abb. 9.84).

Auch diese Aufnahme ist durch die DVT abgelöst worden, da im Mittelgesicht eine sichere Diagnostik nur mit dünnen Schichtaufnahmen in mehreren Ebenen zum diagnostischen Erfolg führt.

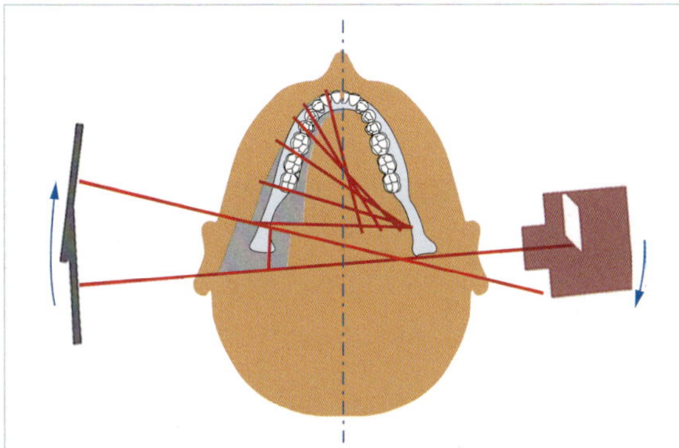

Abb. 9.83 Schema der Ablaufbahn bei einer Kiefergelenk-Panoramaschichtaufnahme. Aus: Pasler FA, Visser H. Farbatlanten Zahnmedizin, 5. Band, Zahnmedizinische Radiologie. 2. Aufl. Stuttgart: Thieme; 2000.

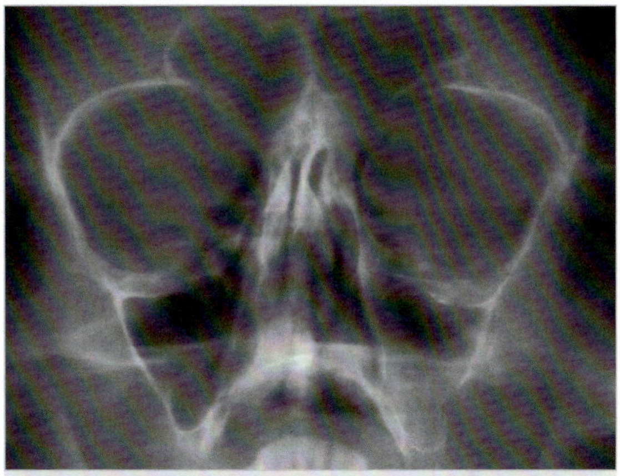

Abb. 9.84 Panoramaschichtaufnahme des Mittelgesichts.

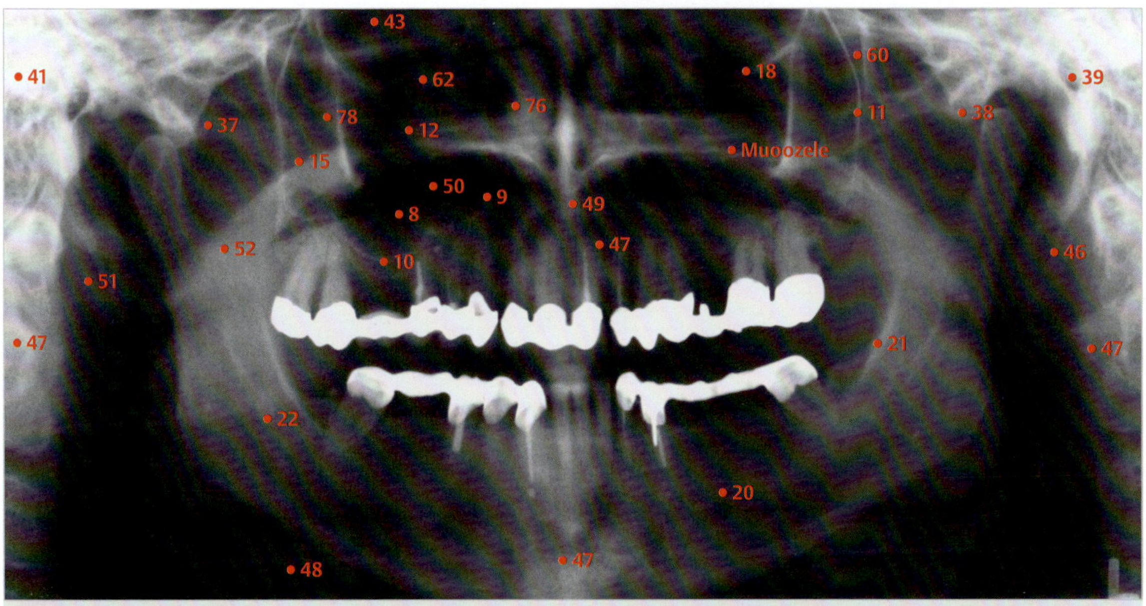

Abb. 9.85 Panoramaansicht von Ober- und Unterkiefer auf dem Orthopantomogramm. Legende s. ▶ Tab. 9.1.

9

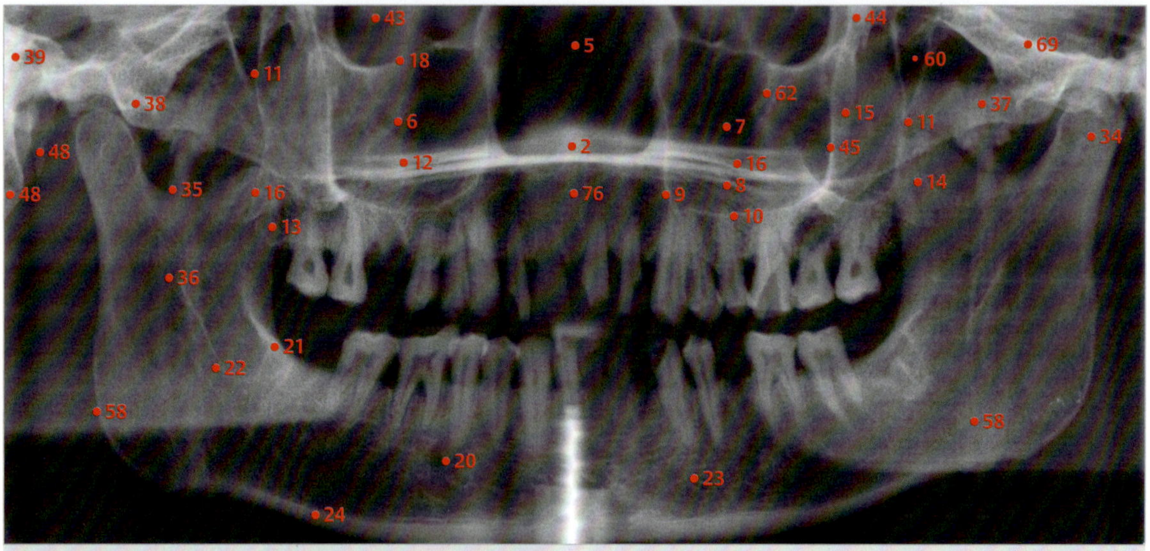

Abb. 9.86 Anatomische Strukturen auf einem Orthopantomogramm (Phantom). Legende s. ▸ Tab. 9.1.

Tab. 9.1 Anatomische Strukturen auf einem Orthopantomogramm.

Ziffer	Struktur
2	Spina nasalis anterior
3	Foramen incisivum
4	Apertura piriformis
5	Septum nasi
6	Cavum nasi
7	Kieferhöhle
8	Kieferhöhle, Recessus alveolaris
9	Kieferhöhle, medioventrale Begrenzung
10	Kieferhöhle, kaudale Begrenzung
11	Kieferhöhle, dorsale Begrenzung
12	harter Gaumen
13	Tuber maxillae
14	Processus pterygoideus
15	Jochbein
16	Muskelfortsatz
18	Infraorbitalrand
20	Foramen mentale
21	Linea obliqua externa
22	Canalis mandibulae
23	Spongiosa
24	Corticalis
28	Dentin
30	Wurzelkanal
31	Periodontalspalt
32	Lamina dura
33	Gelenkfortsatz
34	Gelenkkopf
36	Foramen mandibulae
37	Jochbogen
38	Tuberculum articulare
39	Porus acusticus externus
41	Felsenbein
43	Orbita
44	Orbita, laterale Begrenzung
45	Jochbein, hinterer Rand
46	Zungenbein
47	Wirbelsäule
48	Processus styloideus
49	Nasenschatten
50	Luft zwischen Zunge und hartem Gaumen
51	Ohrläppchen
52	weicher Gaumen und Uvula
53	Pharynx
55	Nasenboden
58	Unterkiefer, Gegenseite
59	Processus mastoideus
60	Fossa pterygopalatina
62	Foramen infraorbitale
64	Keilbeinhöhle
78	Concha nasalis

Röntgenanatomie der Panoramaschichtaufnahmen unter besonderer Berücksichtigung des Orthopantomogramms

Die Kenntnis der anatomischen Strukturen ist die entscheidende Grundlage für jede Röntgenbildinterpretation. Ohne das Wissen, wie der Bereich, den man betrachtet, im gesunden Zustand aussieht, ist es unmöglich, pathologische Veränderungen zu erkennen. Schon die Normvarianten der Anatomie des Gesichtsschädels, von denen es sehr viele gibt, bergen viele Gefahren, einen Befund fehlzudeuten.

Wie schon im allgemeinen Teil beschrieben, ist die Zentralprojektion – mit der für uns ungewohnten Bildentstehung – der Hauptgrund für das häufig schwierige Erkennen pathologischer Veränderungen. Durch die gebogene Panoramaansicht wird die Interpretation der einzelnen Strukturen erschwert, aber auch weil die Blickweise neu und ungewohnt ist. Eine Fotomontage von Pasler zeigt sehr eindrucksvoll die Panoramaansicht des Ober- und Unterkiefers mit den basalen Anteilen der Kieferhöhle (▶ Abb. 9.85). Im Vergleich dazu das Orthopantomogramm eines Phantomschädels mit den eingezeichneten wichtigsten anatomischen Strukturen (▶ Abb. 9.86).

Praktische Durchführung eine Orthopantomografie und Vermeidung von Fehlern

Der Gesichtsschädel setzt sich aus einer Vielfalt von anatomischen Strukturen zusammen, die in den meisten Fällen eine knöcherne Konsistenz haben. Wir finden aber auch viele Weichteilfiguren, die sich im Bild bemerkbar machen. Und nicht zuletzt gibt es im Mund- und Nasopharynxbereich sehr viele lufthaltige Räume, die sich ebenfalls auf dem Panoramaschichtbild widerspiegeln. Alle diese Strukturen zusammen machen das Orthopantomogramm zu einem Röntgenbild, dass nicht leicht zu interpretieren und zu deuten ist. Es kommt deshalb darauf an, dass die Positionierung des Patienten äußerst korrekt sein muss, damit die vielen verschiedenartigen Strukturen richtig interpretiert werden können.

Positionierung und Positionierungsfehler

Jedes Panoramaschichtgerät besitzt Schichtbereiche, die der Form des Kieferbogens angepasst sind. Diese Schichtformen können mit Messdaten, die aus Normkiefern gewonnen wurden, programmiert werden. Digitale Systeme machen es möglich, aus den Daten, die während der Aufnahme gewonnen werden, den optimalen individuellen Schichtverlauf festzulegen. Eine weitere Möglichkeit besteht darin, mit technischen Messhilfen am Gerät, wie z.B. der Kopfstütze, angepasste Schichtverläufe für die einzelnen individuellen Kieferformen einzustellen (▶ Abb. 9.75).

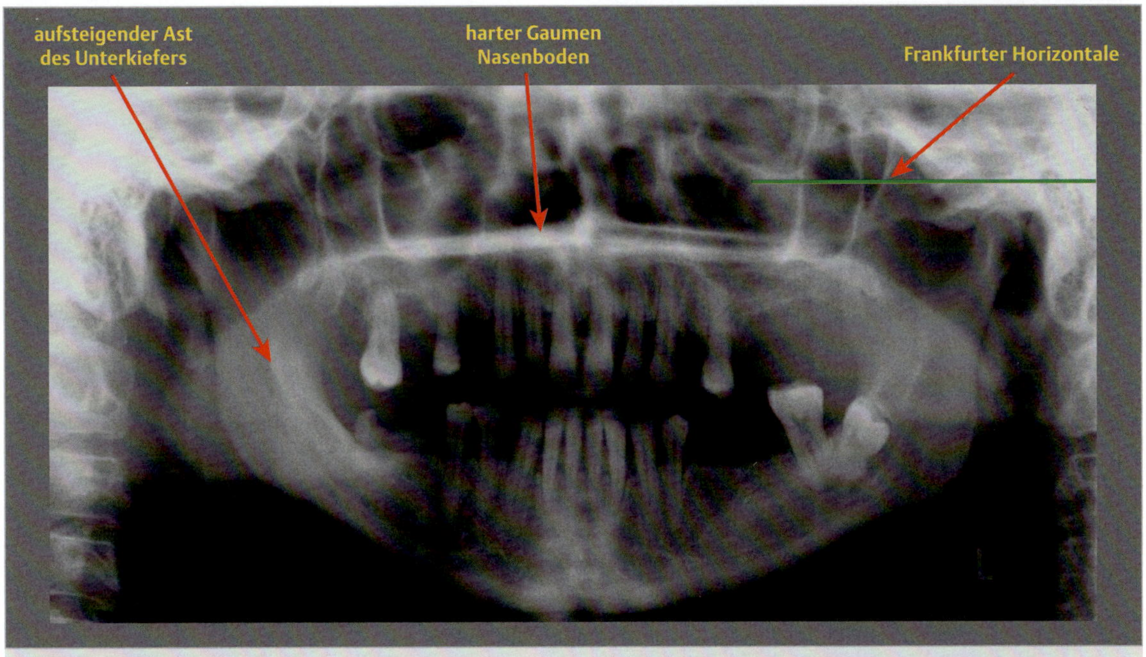

Abb. 9.87 Korrekte Einstellung des Kopfs, erkennbar am horizontal verlaufenen harten Gaumen, der in der Regel parallel zur Frankfurter Horizontalen verläuft.

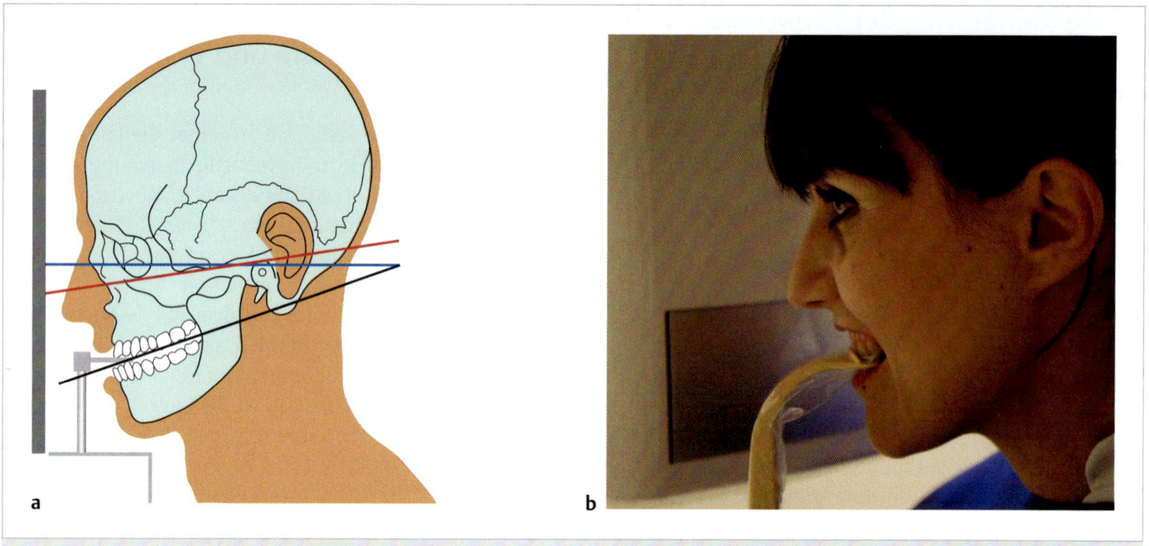

Abb. 9.88 Kippung des Kopfs nach ventral. Abb 9.88a aus: Pasler FA, Visser H. Farbatlanten Zahnmedizin, 5. Band, Zahnmedizinische Radiologie. 2. Aufl. Stuttgart: Thieme; 2000.

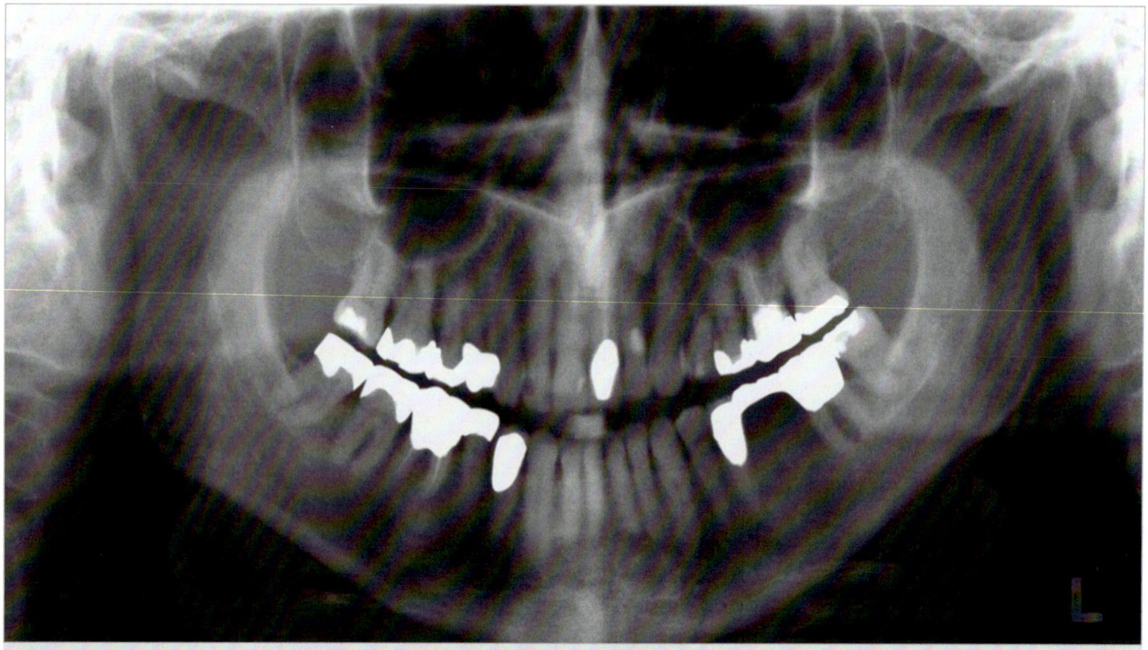

Abb. 9.89 Orthopantomogramm mit Kippung des Kopfs nach ventral.

Unabhängig davon, wie die Schichtform ermittelt wurde, muss der Patient exakt in diese vorgegebene, mehr oder weniger individuell angepasste Schicht positioniert werden. Nur dann ist gewährleistet, dass jeder Zahn so orthoradial wie möglich getroffen wird und die Bilder durch geometrische Unschärfe, hervorgerufen durch die Pseudofokusse, nicht verzerrt werden.

Die **Fehlermöglichkeiten** bei der Positionierung (die Fehleinstellungen) lassen sich in 2 Gruppen einteilen:

- Kippungen des Kopfs und
- Verschiebungen und Drehungen des Kopfs

Jede Veränderung der Kopfhaltung bringt mit sich, dass sich der Kopf nicht mehr exakt in der Schicht befindet. Die Folge sind ungewünschte Überlagerungen und horizontal wirkende Verzerrungen. Überlagerungen entstehen hauptsächlich durch Kippungen des Kopfs und Verzerrungen durch Verschiebungen aus der Schicht, wobei die Verzerrungen durch den Pseudofokus in Form von geometrischer Unschärfe hervorgerufen werden.

Kippungen des Kopfs

Ob eine Kippung ventral oder dorsal vorliegt, erkennt man an folgenden Strukturen:

- Der harte Gaumen und Nasenboden stellen sich, bei korrekter Positionierung, horizontal verlaufend, gerade und parallel zum kaudalen Bildrand dar.
- Überprüft werden kann die richtige Kopfhaltung auch anhand der sog. **Frankfurter Horizontalen:** Für diese Bezugsebene sucht man den Porus acusticus und den Infraorbitalrand auf und verbindet diese beiden anatomischen Punkte (▸ Abb. 9.87).

▸ **Kippung des Kopfs.**

- Wird der Kopf **zu weit ventral** gekippt, klappen im Bild die beiden dorsalen Enden des harten Gaumens kranial, sodass ein flaches oder auch spitzeres V entsteht (▸ Abb. 9.88 und ▸ Abb. 9.89).
- Wird der Kopf **zu stark nach hinten** geneigt, erscheint der harte Gaumen im Bild als ein umgekehrtes flaches V. Es besteht leicht die Gefahr, dass der Nasenboden und der harte Gaumen die Apices der Oberkieferzähne überlagert. Insgesamt wird das Bild sehr breit und es kann passieren, dass die Gelenkköpfe im Bild abgeschnitten werden (▸ Abb. 9.90 und ▸ Abb. 9.91).

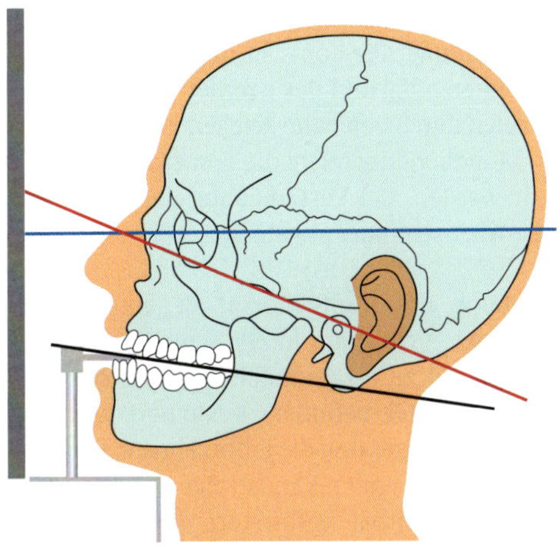
a

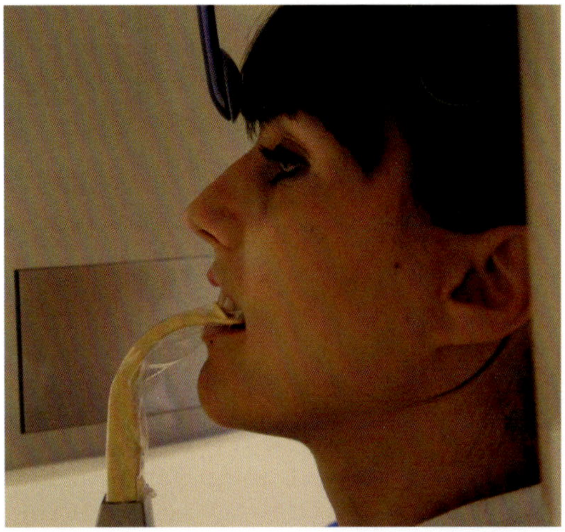
b

Abb. 9.90 Kippung des Kopfs nach dorsal. Abb 9.90a aus: Pasler FA, Visser H. Farbatlanten Zahnmedizin, 5. Band, Zahnmedizinische Radiologie. 2. Aufl. Stuttgart: Thieme; 2000.

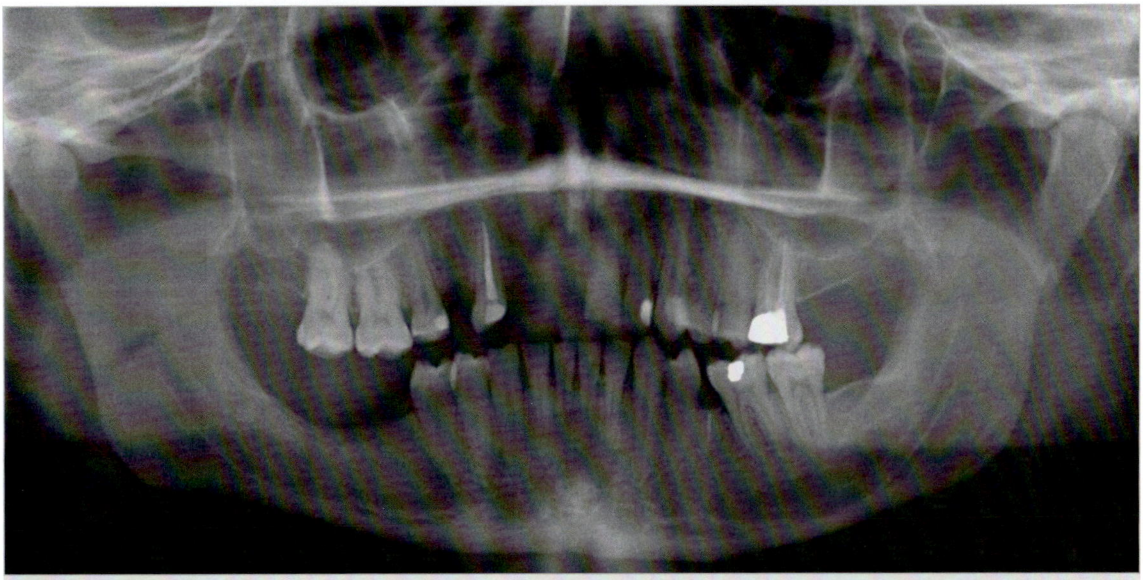

Abb. 9.91 Orthopantomogramm mit Kippung des Kopfs nach dorsal.

9

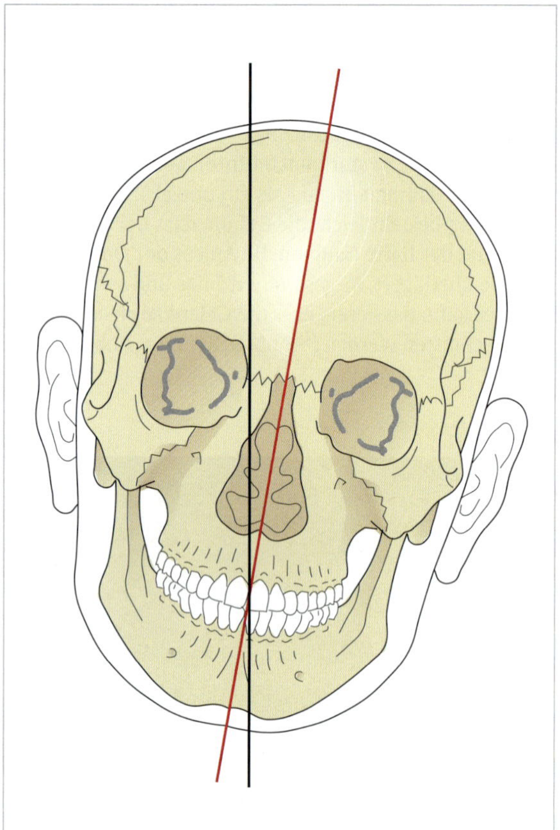

Abb. 9.92 Kippung des Kopf nach lateral. Aus: Pasler FA, Visser H. Taschenatlas der Zahnärztlichen Radiologie. 1. Aufl. Stuttgart: Thieme: 2003.

- Die **laterale Kippung** wirkt sich nicht so stark auf die Bildqualität aus wie die ventrale und dorsale Kippung. Das Bild ist trotzdem schlechter zu beurteilen, da ein Vergleich mit Voraufnahmen erschwert wird ▶ Abb. 9.92 und ▶ Abb. 9.93.

Verschiebung und Drehung des Kopfs aus dem Schichtbereich

Bei Kippungen bleiben Ober- und Unterkiefer weitgehend in der Schicht. Lediglich in der Front sieht man bei starken Kippungen Veränderungen in der Breite der Zähne. Bei Verschiebungen und Drehungen des Kopfs jedoch verändern sich die Abstände zu den Pseudofokussen in den Drehpunkten – mit dem Ergebnis, dass die geometrische Unschärfe größer wird und sich im Bild als Verbreiterung oder Verschmälerung der Kiefer bemerkbar machen.

Bei Verschiebung des Kopfs in der Front (dorsal oder ventral) können aufgrund der geometrischen Unschärfe, hervorgerufen durch den nahe gelegenen Pseudofokus im vorderen Mundbodenbereich, die Frontzähne verbreitert dargestellt werden. Bei Verschiebung des Kopfs ventral werden sie aber schmaler abgebildet.

▶ **Verschiebung des Kopfs dorsal.** Bedeutet, dass die Frontzähne sich nicht mehr in der Schicht befinden und dass der Abstand zum Pseudofokus, der sich im Drehpunkt dicht dahinter befindet, verkleinert wird. Durch diese Verschiebung geraten die Frontzähne in den Bereich der stärker divergierenden Randstrahlen und werden dadurch deutlich sichtbar verbreitert dargestellt (▶ Abb. 9.94 und ▶ Abb. 9.95).

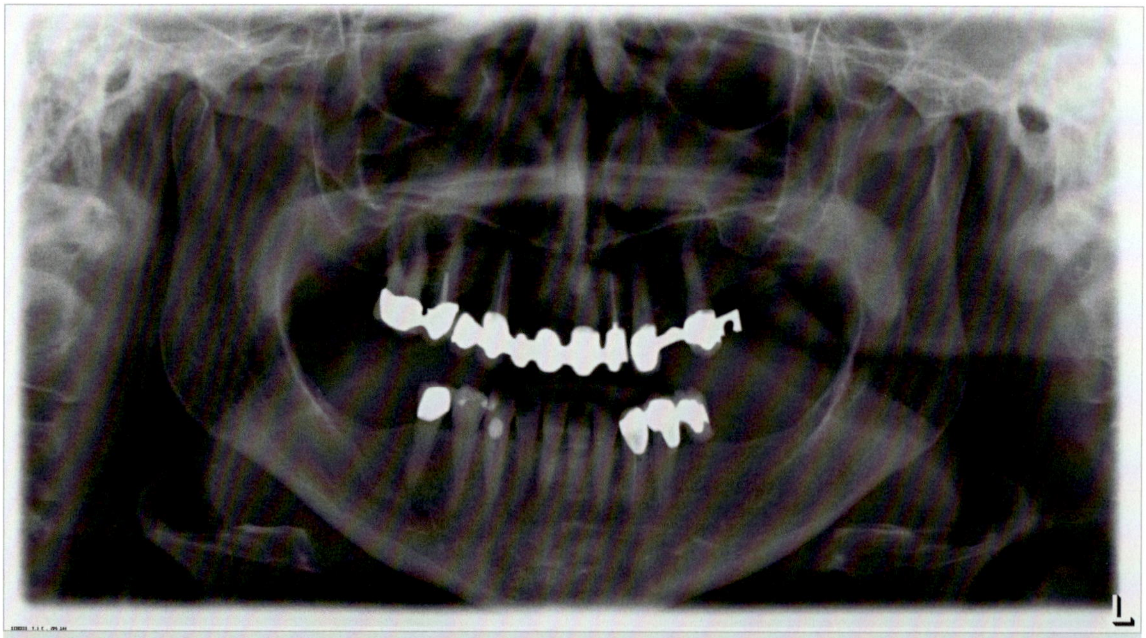

Abb. 9.93 Orthopantomogramm mit Kippung des Kopfs nach lateral.

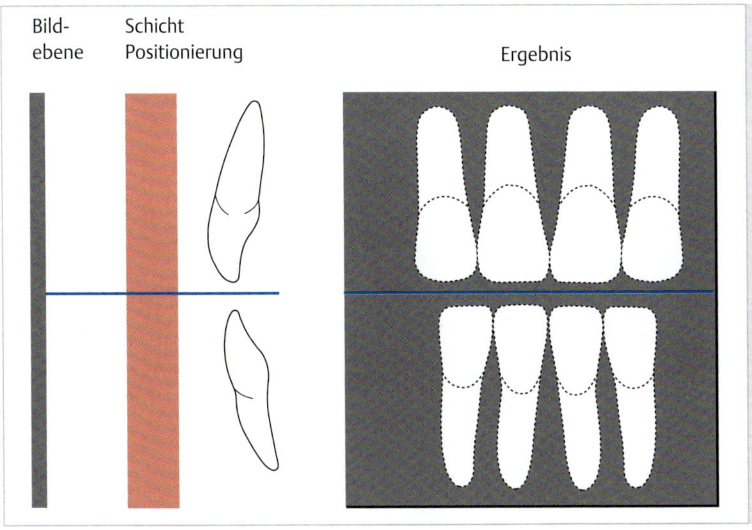

Abb. 9.94 Schema zur Dorsalverschiebung mit dadurch verbreitert dargestellten Zähnen. Die Zähne liegen hinter der Schicht. Aus: Pasler FA, Visser H. Farbatlanten Zahnmedizin, 5. Band, Zahnmedizinische Radiologie. 2. Aufl. Stuttgart: Thieme; 2000.

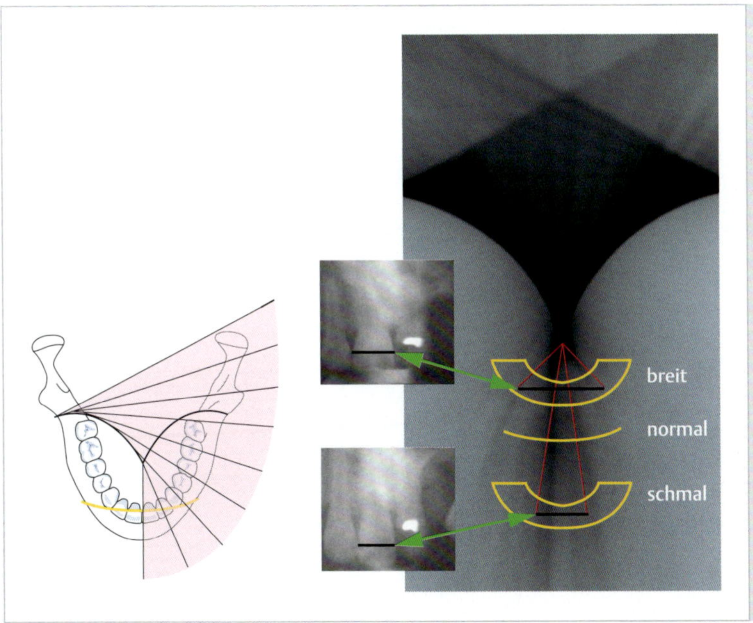

Abb. 9.95 Je weiter die Frontzähne dorsal liegen, desto breiter werden sie dargestellt.

9

Praxistipp

Um solche Fehleinstellungen zu vermeiden, muss sehr genau auf die **Fronteinstellung** geachtet werden.

- Bei **bezahnten** Patienten muss immer der Aufbiss benutzt werden. Auch sollten die Korrekturmöglichkeiten, die das Panoramaschichtgerät bietet, benutzt werden.
  Patienten, die **zahnlos** sind, benötigen eine besondere Sorgfalt bei der Einstellung. Bei dem Fall in ▸ Abb. 9.96 wurde kein Aufbissblock benutzt, weil der Zahn 21 fehlte. Das Ergebnis ist eine Fehleinstellung der Front, mit deutlich verbreitert dargestellten Frontzähnen im Ober- und Unterkiefer. Die Bildqualität nimmt dadurch in der Front deutlich ab. Es ist auch deutlich zu erkennen, dass kein Aufbissblock benutzt wurde. Die Wiederholung ergab eine in der Front korrekt eingestellte Aufnahme (▸ Abb. 9.97): Auf der Wiederholungsaufnahme stehen die Frontzähne exakt in der Schichtebene. Die verbesserte diagnostische Bildqualität ist deutlich zu erkennen.

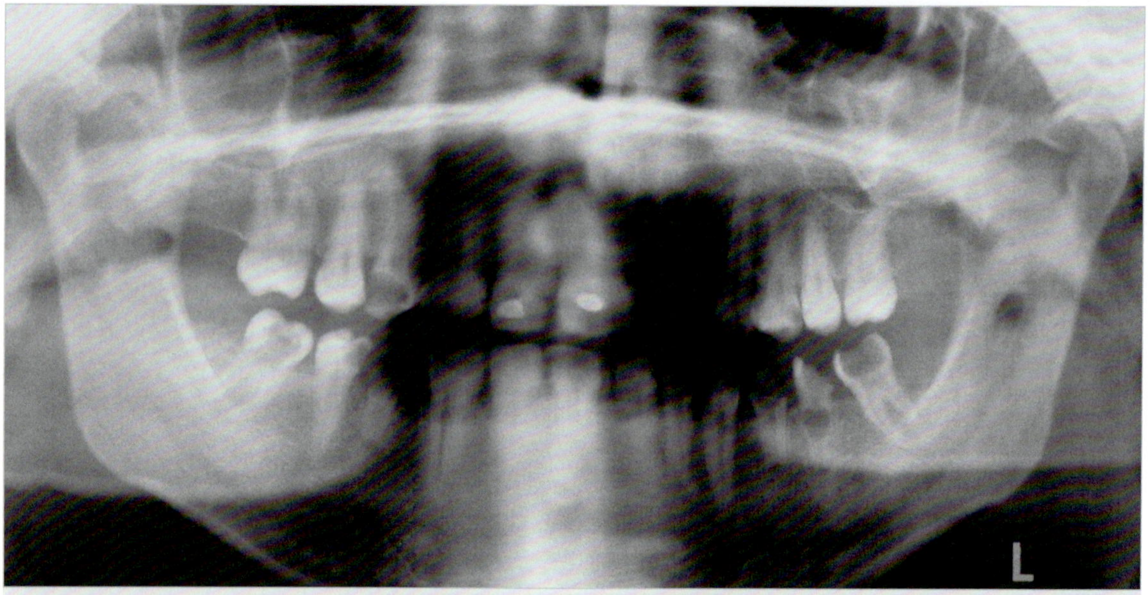

Abb. 9.96 Aufnahme bei Dorsalverschiebung des Patientenkopfs, mit dadurch verbreitert dargestellten Frontzähnen.

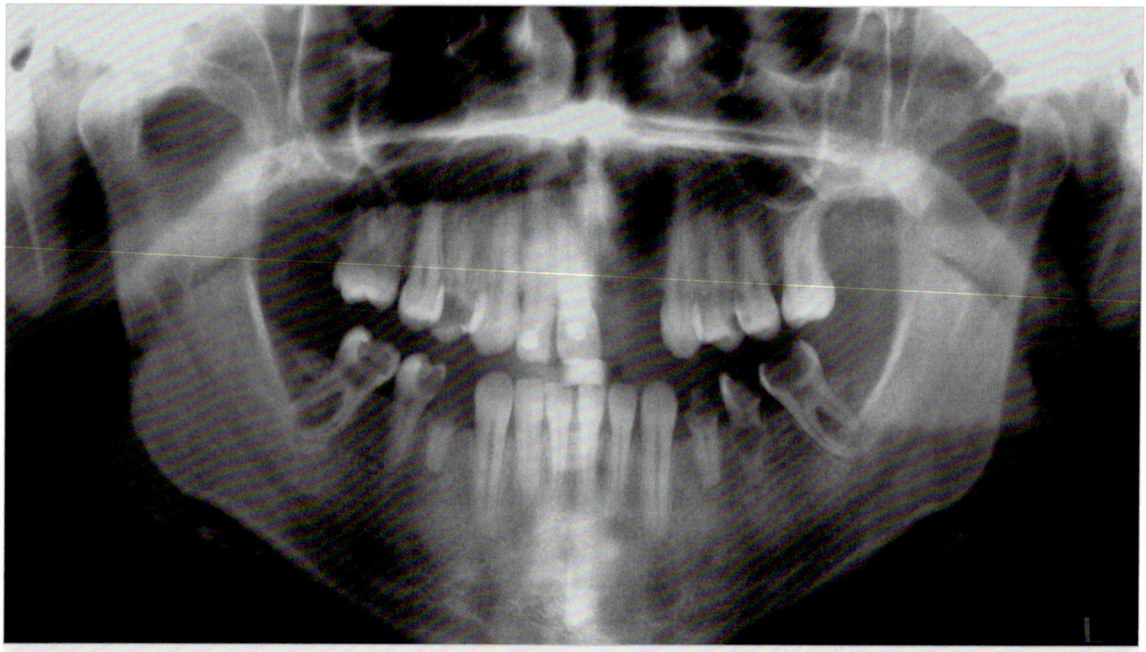

Abb. 9.97 Korrekt eingestellte Wiederholungsaufnahme zu ▶ Abb. 9.96: korrekte Darstellung der Zahnbreite in der Front.

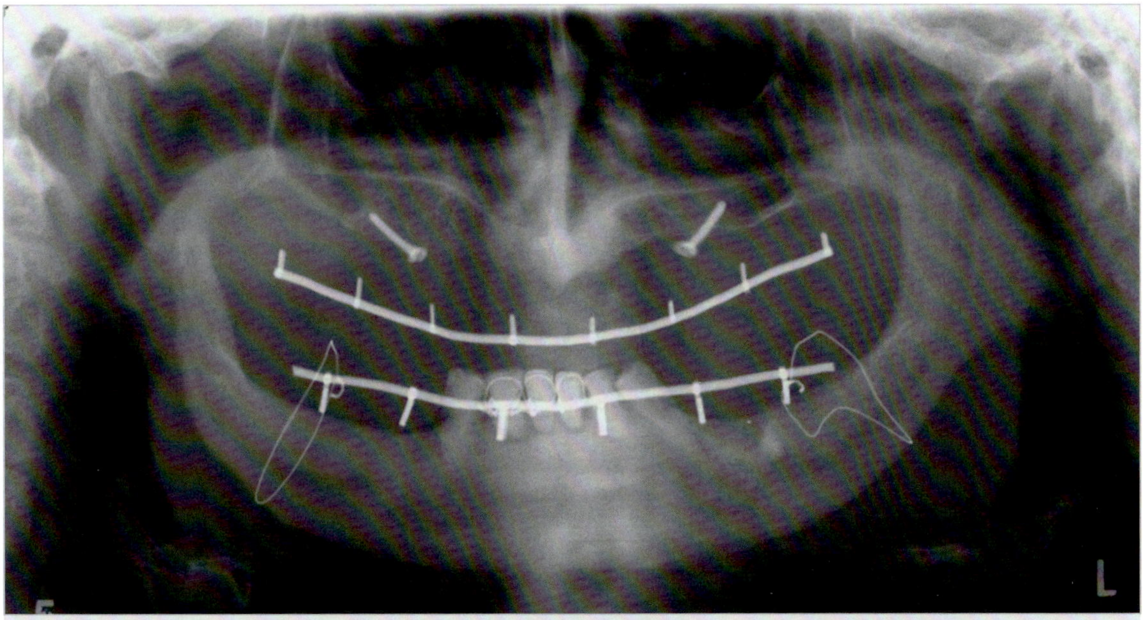

Abb. 9.98 Aufnahme eines in der Front unbezahnten Ober- und Unterkiefers, mit deutlicher Verbreiterung der Front.

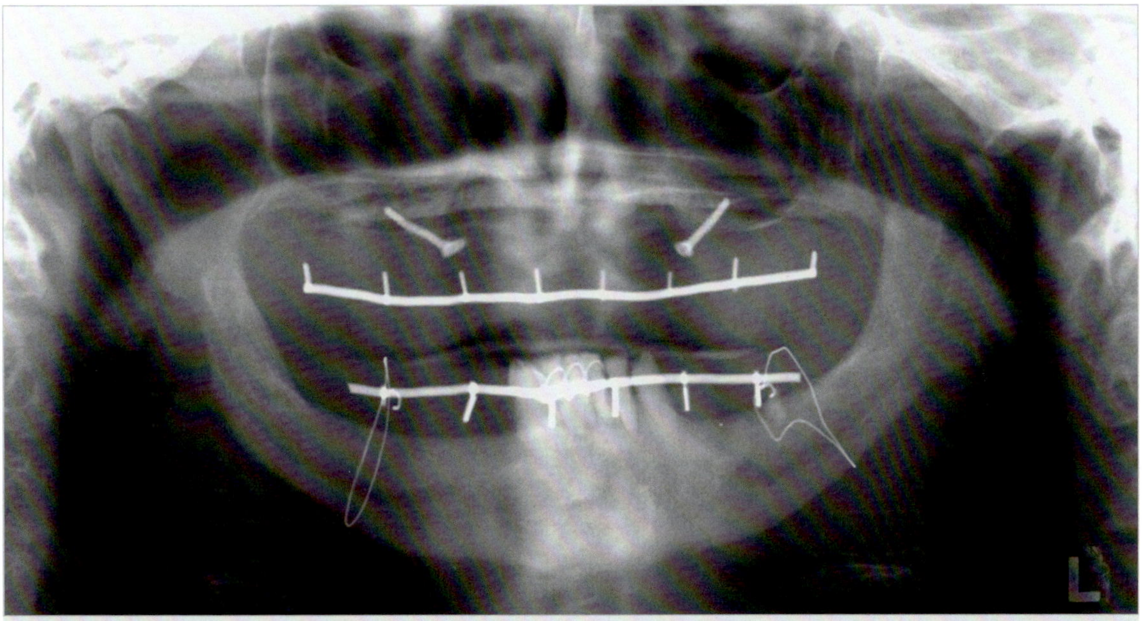

Abb. 9.99 Spätere Aufnahme desselben Patienten: weniger breite Front.

Bei **teil- und unbezahnten Patienten** ist die Gefahr besonders groß, dass die Frontschicht nicht korrekt eingestellt wird. Grund ist eine nicht optimal mögliche Fixierung des Patienten in der Schicht, wegen fehlender geeigneter Positionierungshilfen (▸ Abb. 9.98 und ▸ Abb. 9.99).

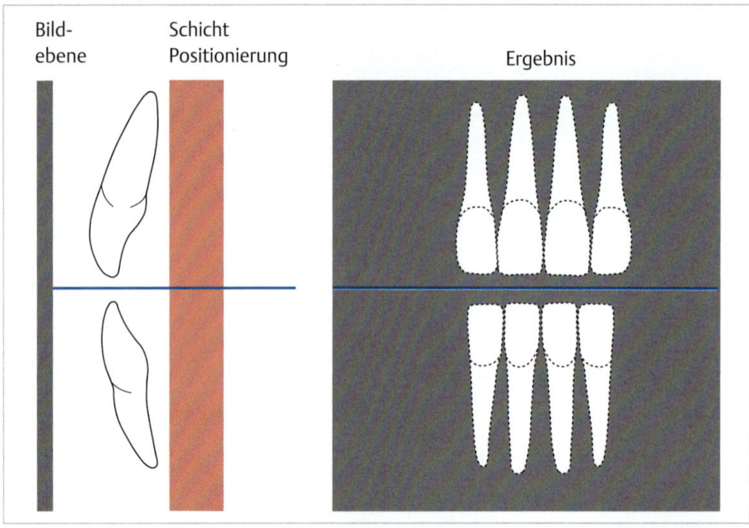

Abb. 9.100 Schema zur Verschiebung des Kopfs nach ventral. Die Zähne liegen vor der Schicht. Aus: Pasler FA, Visser H. Farbatlanten Zahnmedizin, 5. Band, Zahnmedizinische Radiologie. 2. Aufl. Stuttgart: Thieme; 2000.

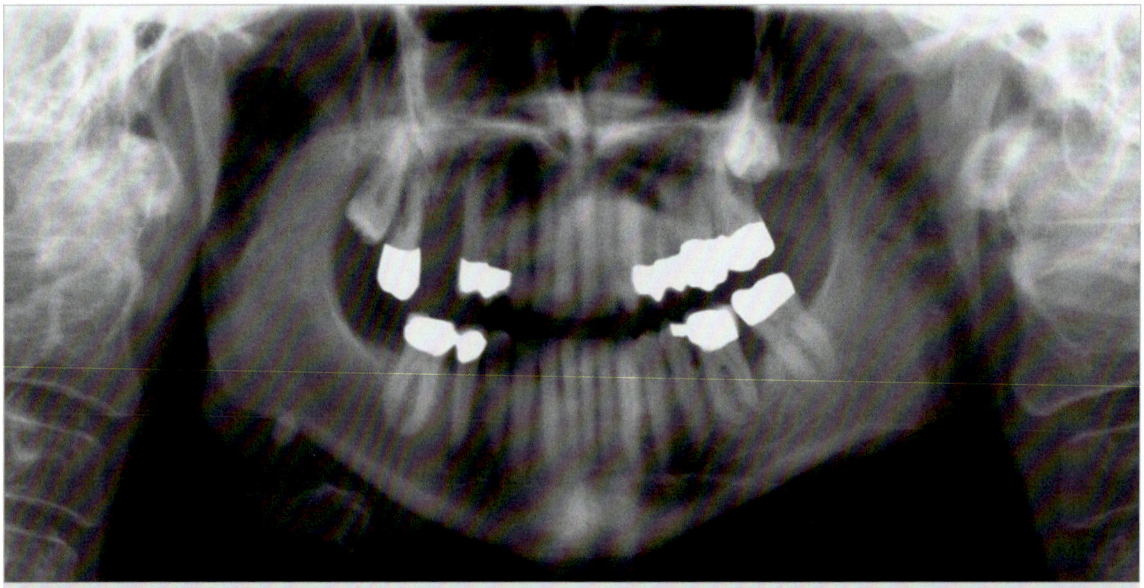

Abb. 9.101 Aufnahme bei Verschiebung des Kopfs nach ventral, mit dadurch schmal dargestellten Frontzähnen.

▸ **Verschiebung des Kopfs ventral.** Befinden sich die Frontzähne zu weit ventral, also vor der Schicht, dann werden sie, wie in der Verwischungstomografie üblich, nicht mehr vollständig, sondern nur partiell abgebildet, was sich im Bild in den schmalen Zähnen ausdrückt (▸ Abb. 9.100 und ▸ Abb. 9.101).

► **Drehung des Kopfs aus der Medianebene.** Wird der Kopf etwas zur Seite gedreht, dann wird, hervorgerufen durch die Pseudofokusse im Seitenzahnbereich, eine Seite verbreitert und verzerrt. Dies ist deutlich erkennbar, abhängig von der Drehung des Kopfs (► Abb. 9.102 und ► Abb. 9.103).

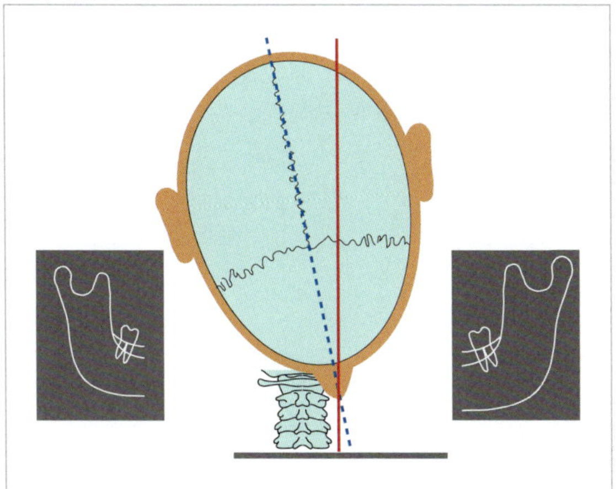

Abb. 9.102 Schema zur Drehung des Kopfs aus der Medianebene. Aus: Pasler FA, Visser H. Farbatlanten Zahnmedizin, 5. Band, Zahnmedizinische Radiologie. 2. Aufl. Stuttgart: Thieme; 2000.

Weitere die Bildqualität und Diagnostik beeinflussende Bildphänomene

Zusätzlich zu den Positionierungsfehlern müssen bei der Bildinterpretation und Befunderhebung auch diejenigen Phänomene beachtet werden, die das Panoramaschichtbild zum Teil sehr stark beeinflussen. Dazu gehören Projektionen von Strukturen in andere Bereiche auf der Gegenseite, Ghost Images und Weichteilschatten.

Im Einzelnen handelt sich dabei um:

- 3-fache Abbildung der Wirbelsäule
- Projektionen von Strukturen der einen Seite auf die Gegenseite
- Projektionen, hervorgerufen durch den Pseudofokus
- Überlagerungen durch Weichteile
- Überlagerungen von knöchernen Strukturen durch Luftareale aus der Mund- und der Nasenhöhle sowie des Pharynxbereichs

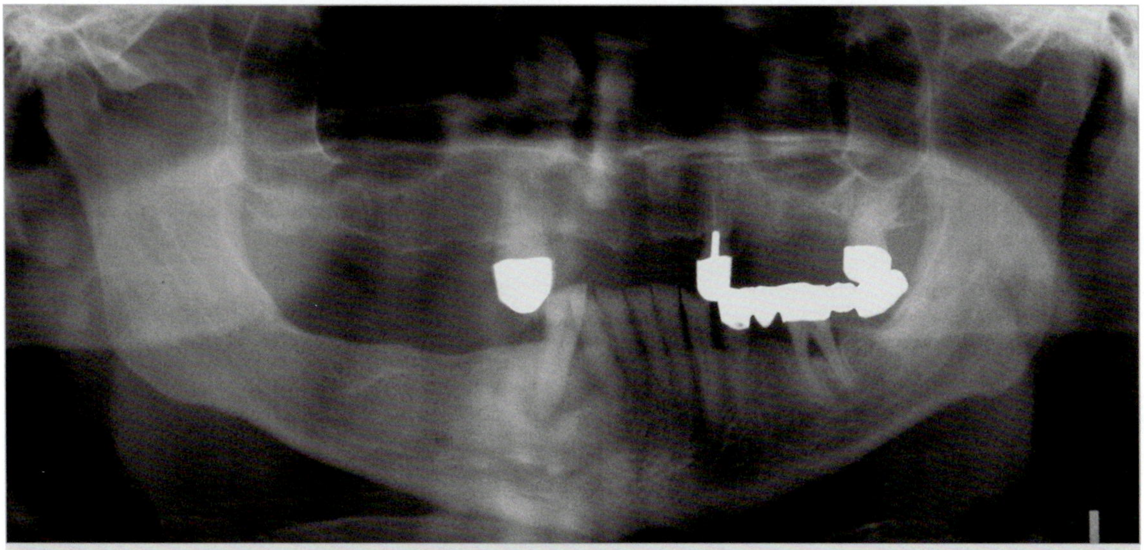

Abb. 9.103 Orthopantomogramm bei Kopfdrehung, mit deutlich verbreitert dargestellter linker Seite.

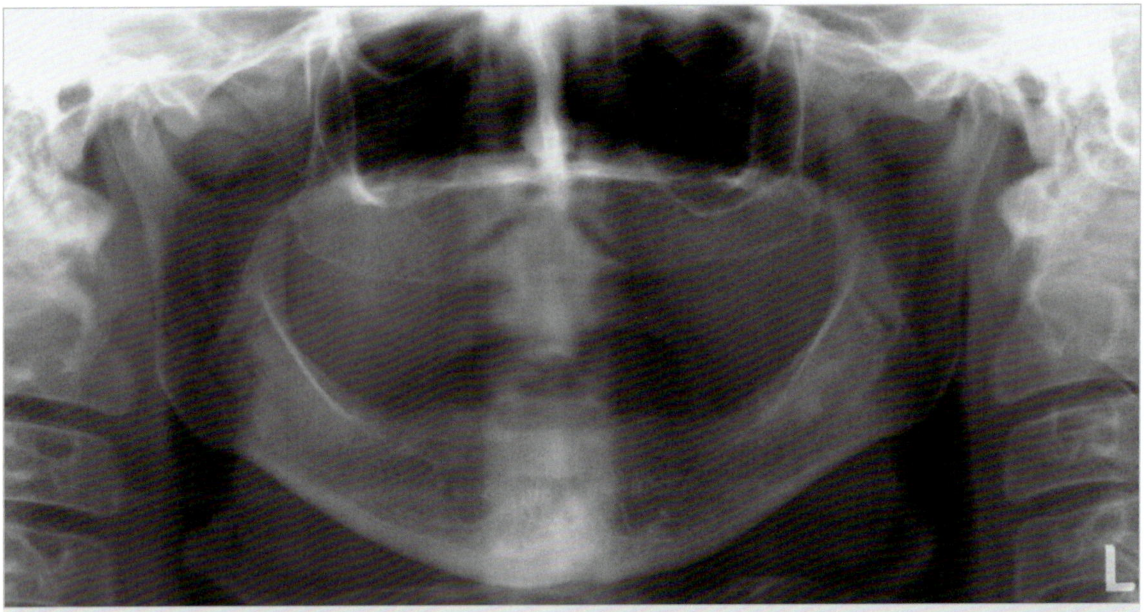

Abb. 9.104 Orthopantomogramm mit 3-facher Darstellung der Wirbelsäule.

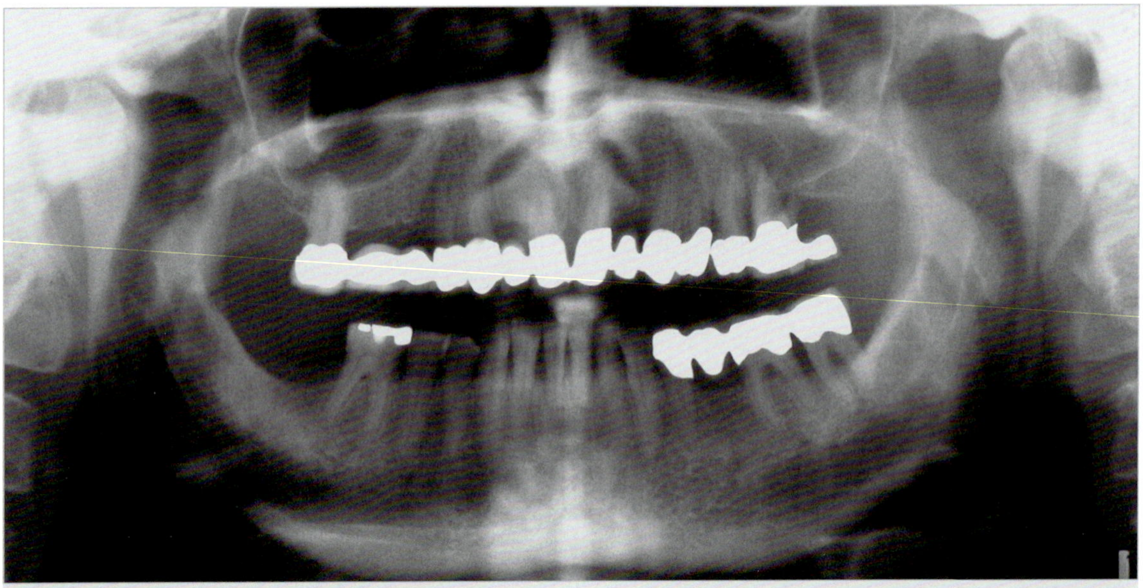

Abb. 9.105 Die 2 schrägen Aufhellungslinien in Apexhöhe der Zähne 12 und 22 stammen von der Wirbelsäule.

Dreifache Abbildung der Wirbelsäule

Bedingt durch die Umlaufbahn und Einstrahlrichtung wird die Wirbelsäule 2 Mal am Rand abgebildet (am rechten und am linken) und 1 Mal in der Front. Während sich dies am Seitenrand in der Regel nicht störend auf das Bild auswirkt, finden wir in der Frontregion mehr oder weniger störende Verschattungen, die eine zufriedenstellende Diagnostik in der Front enorm erschweren – bzw. in früheren Zeiten erschwerten: Moderne Panoramaschichtgeräte kompensieren die dichten Strukturen der Wirbelsäule durch Änderung der Ablaufbahn (▸ Abb. 9.104).

Eine auffällige symmetrische Figur, deren Auftreten mit der Wirbelsäule zusammenhängt, sieht man auf vielen Aufnahmen (▸ Abb. 9.105).

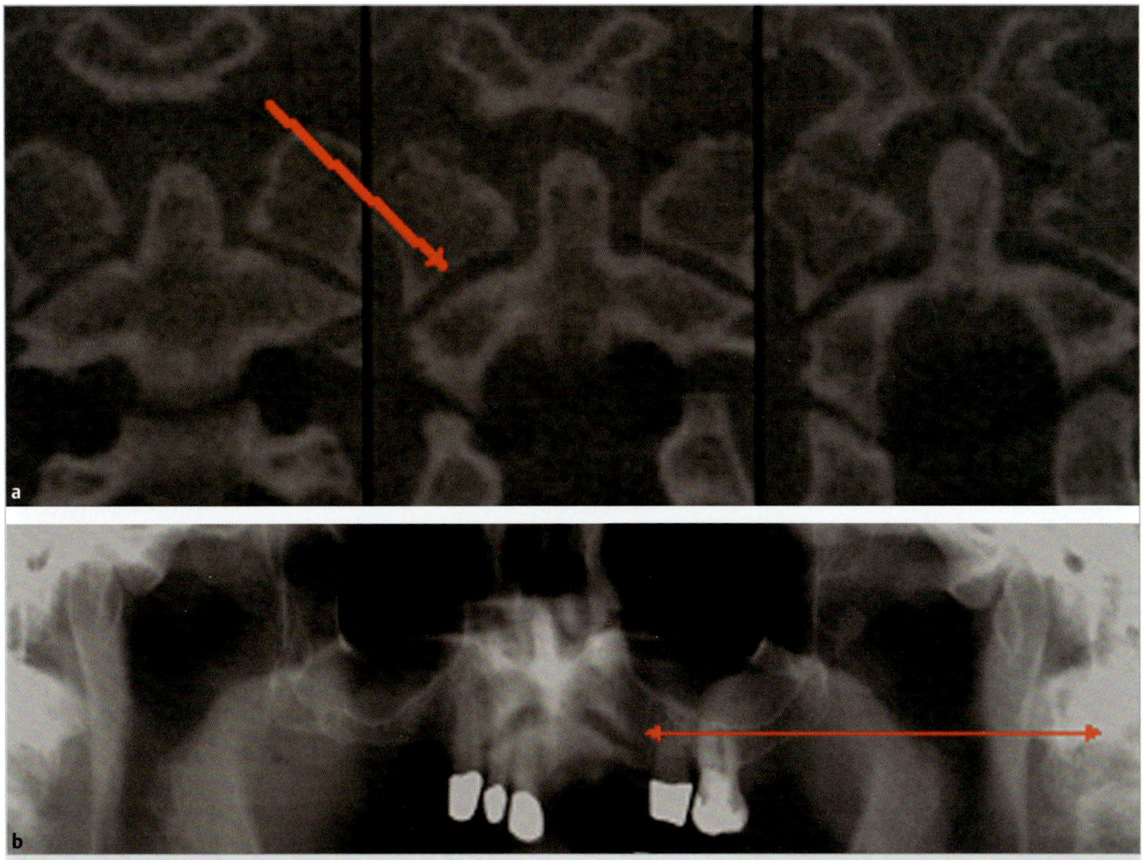

Abb. 9.106 Aufhellungslinien im Apexbereich der Frontzähne rühren vom Wirbelkörper des Atlas her.
a Gelenkspalt im 1. Wirbelkörper des Atlas.
b Entsprechende Aufhellungslinien im Orthopantomogramm.

Im Apexbereich der Frontzähne stellt sich symmetrisch eine kurze, schräg verlaufende Aufhellungslinie dar, die oft als periapikale Aufhellung im Frontzahnbereich diagnostiziert wird. Die Symmetrie deutet aber darauf hin, dass es sich hier eher um eine anatomische Figur handeln muss. Wie die Abbildung des Atlas-Wirbelkörpers auf der DVT-Aufnahme zeigt, entstehen die beiden Aufhellungslinien durch den Gelenkspalt am obersten Wirbelkörper (► Abb. 9.106).

Projektionen von meist metalldichten Strukturen aus dem Nackenbereich

Metalldichte Strukturen, die sich im Nacken und damit im Strahlengang befinden, müssen aus dem Strahlengang entfernt werden. Es handelt sich hierbei meistens um die nicht korrekt (zu hoch) angelegte Schürze und um Halsketten.

Eine im Nacken **zu hoch angelegte Schürze** verdeckt als metalldichte Verschattung große Teile der Unterkieferfront (► Abb. 9.107) und erfordert in vielen Fällen zusätzliche Aufnahmen mit unnötiger Strahlenexposition.

Ähnlich wie die Schürze projiziert sich auch der Teil einer **Halskette,** der im Nacken liegt, auf die Unterkieferfront (► Abb. 9.108).

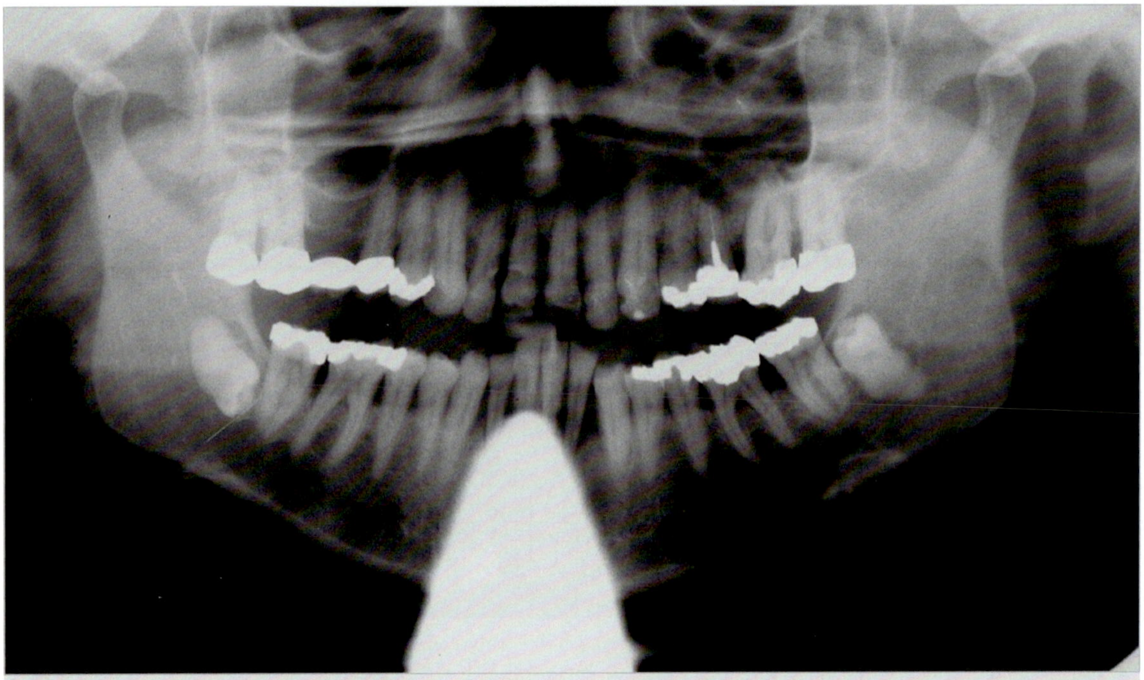

Abb. 9.107 Orthopantomogramm mit Schatten der Bleischürze in der Front.

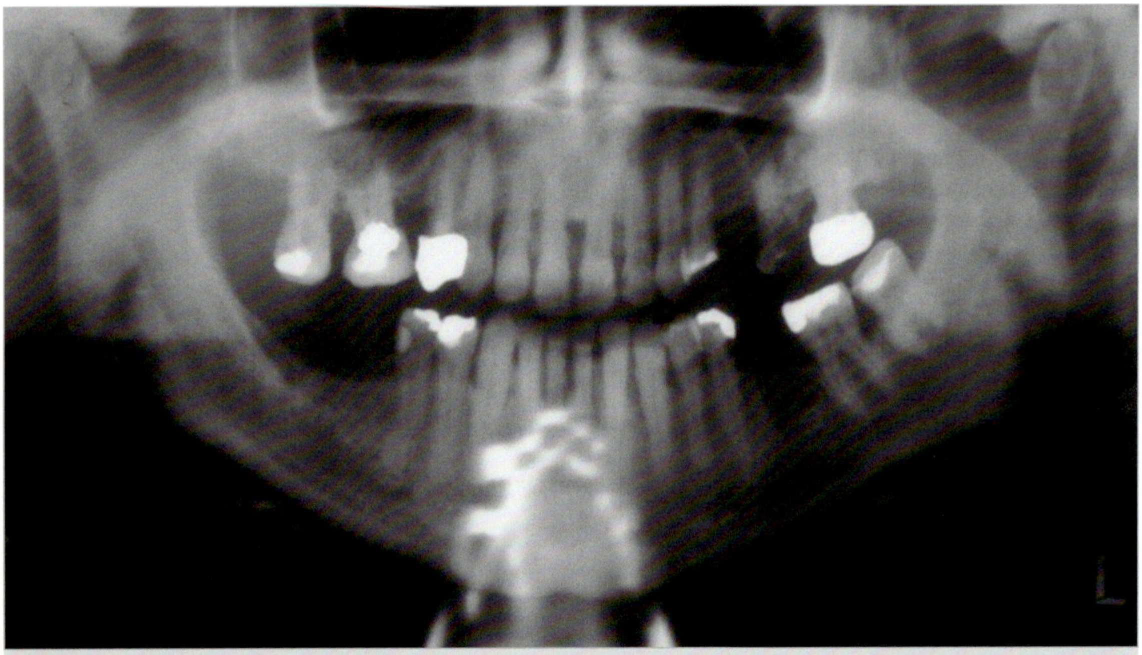

Abb. 9.108 Orthopantomogramm mit in die Front projizierter Halskette.

Prothesen im Unter- und Oberkiefer

Jegliches Metall in der Mundhöhle wird sich auf dem Bildempfänger darstellen. Dazu gehören in erster Linie die **Prothesen** im Ober- und Unterkiefer. Hier muss also vor einer Aufnahme beachtet werden, dass der Patient Ober- und Unterkieferprothese entfernt, auch wenn der Befund nur in 1 Kiefer zu sein scheint (▸ Abb. 9.109).

Totale Prothesen, die kein Metall enthalten, sind sehr gut geeignet, um den Patienten richtig im Gerät zu positionieren. Da dies aber nie sicher ist, kann nicht empfohlen werden, die totale Prothese für die OPG-Aufnahme im Mund zu belassen (▸ Abb. 9.110).

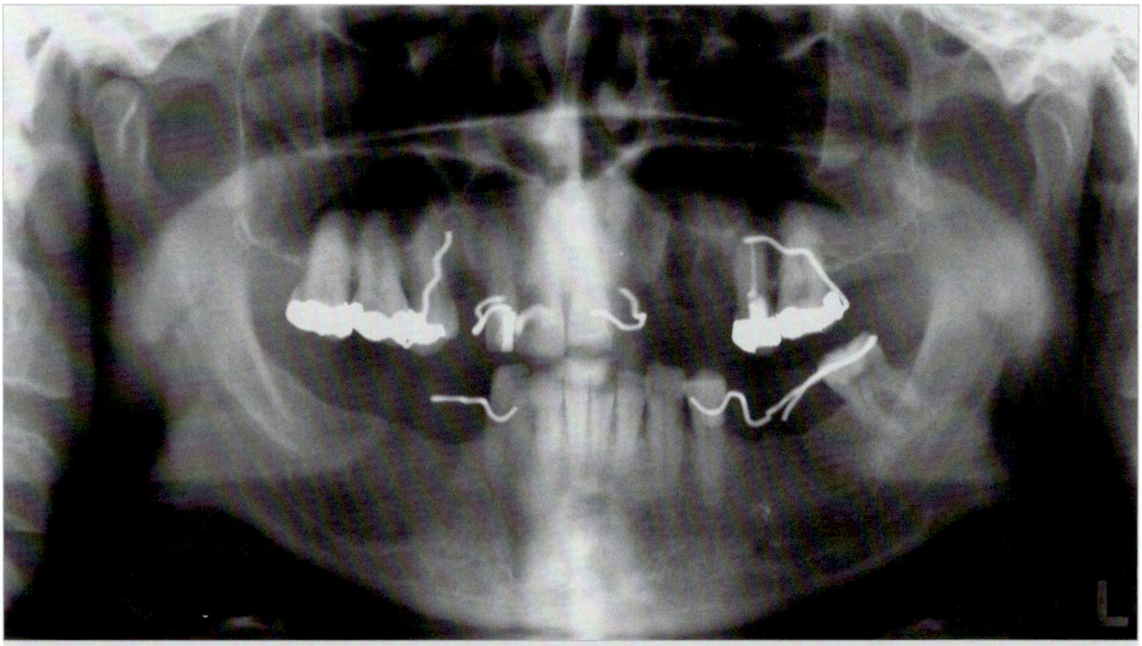

Abb. 9.109 Partielle Prothesen mit Klammern im Ober- und Unterkiefer.

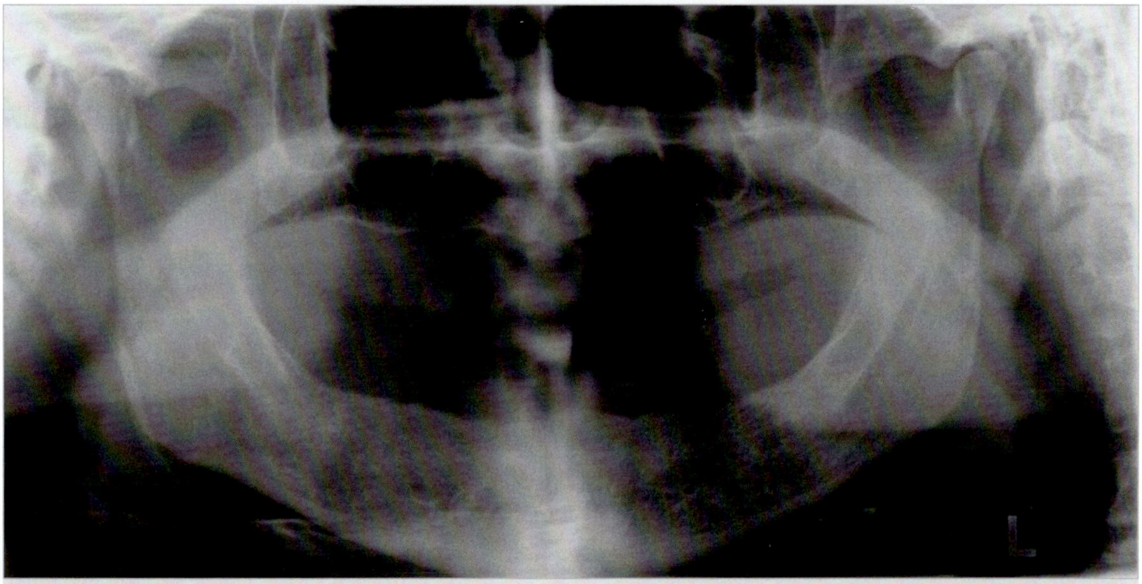

Abb. 9.110 Totale Prothese im Ober- und Unterkiefer.

Projektionen von Strukturen der einen Seite auf die Gegenseite

Strukturen aus dem Kieferwinkelbereich werden, bedingt durch die geringe Verwischung, von der einen auf die gegenüberliegende Seite projiziert.

Als anatomische Struktur erkennt man, je nach Kopfkippung, den dorsalen horizontalen Ast des Unterkiefers und Teile des aufsteigenden Asts als Verschattungsareal auf der Gegenseite wieder. Die kaudale Kompakta stellt sich in vielen Fällen sogar als abgegrenzte Verschattungslinie deutlich dar (► Abb. 9.111).

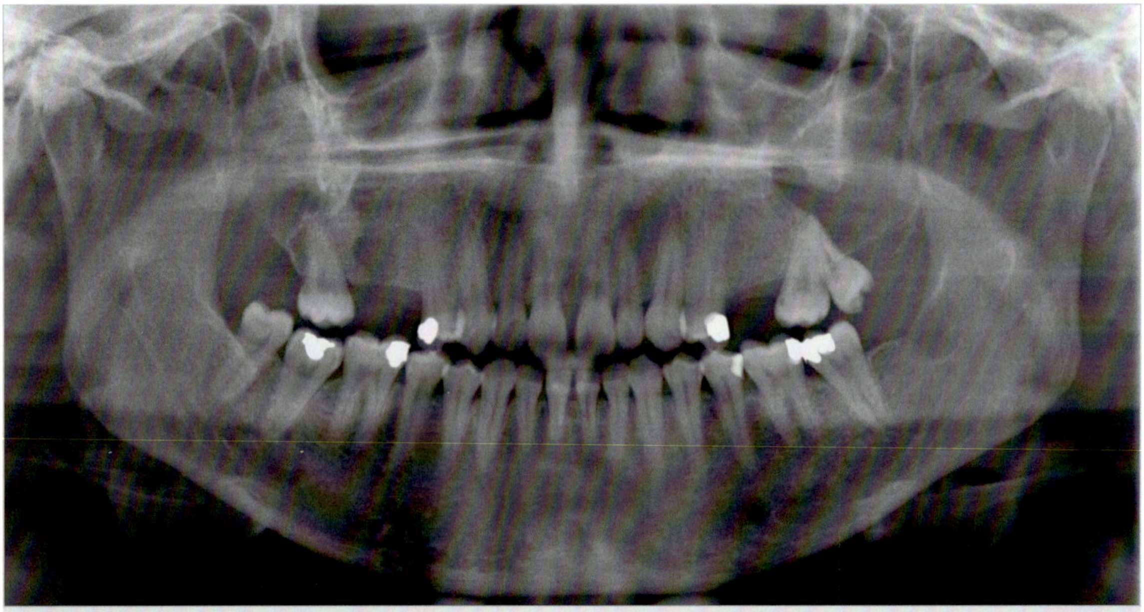

Abb. 9.111 Projektion des seitlichen Unterkiefers und Kieferwinkels auf die Gegenseite.

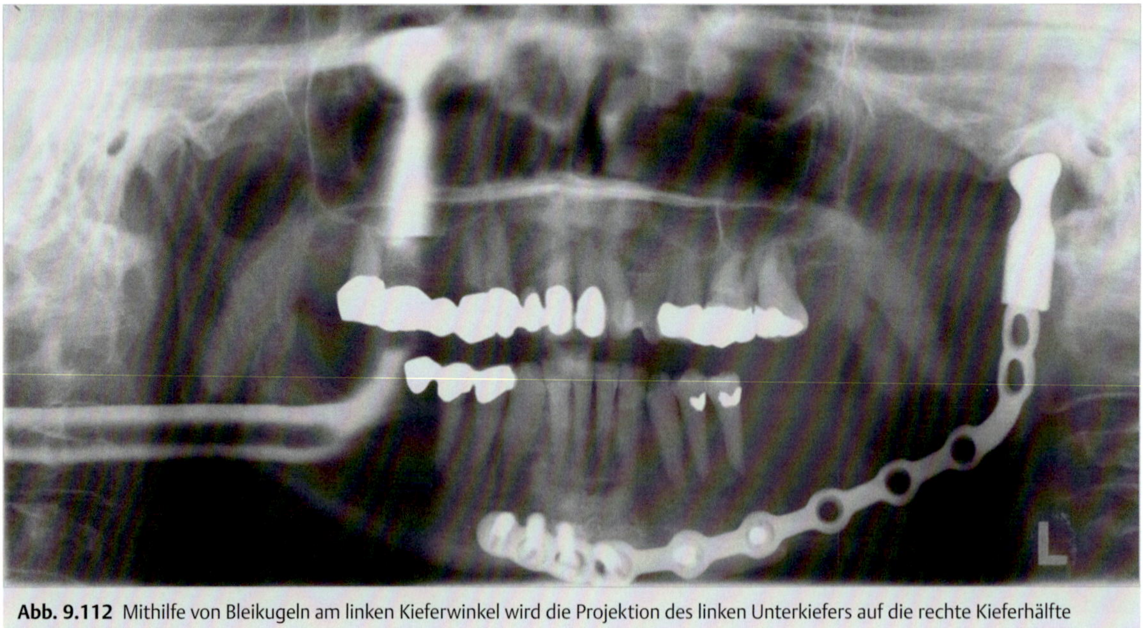

Abb. 9.112 Mithilfe von Bleikugeln am linken Kieferwinkel wird die Projektion des linken Unterkiefers auf die rechte Kieferhälfte demonstriert.

Auf der rechten Seite sieht man in Höhe des Zungenbeins eine horizontal verlaufende dichte Linie, die im Bereich vom Zahn 45 leicht gebogen kranial abbiegt. Auf der linken Seite befindet sich die Linie etwas weiter kranial, bedingt durch eine leichte Kopfkippung nach links. Darstellen lässt sich dieses Phänomen durch 3 Bleikugeln, die am Hinterrand des aufsteigenden Asts des Unterkiefers angebracht wurden (▶ Abb. 9.112).

Ohrringe und andere Schmuckstücke im Ohrmuschelbereich

Als bekannteste und häufigste Projektion von Strukturen auf die Gegenseite kennen wir die von Ohrringen und jeder anderen metalldichten Figur im Bereich des Ohrläppchens (▶ Abb. 9.113). Deutlich sind der kaudokraniale Strahlengang und die Vergrößerung durch die Projektion zu erkennen.

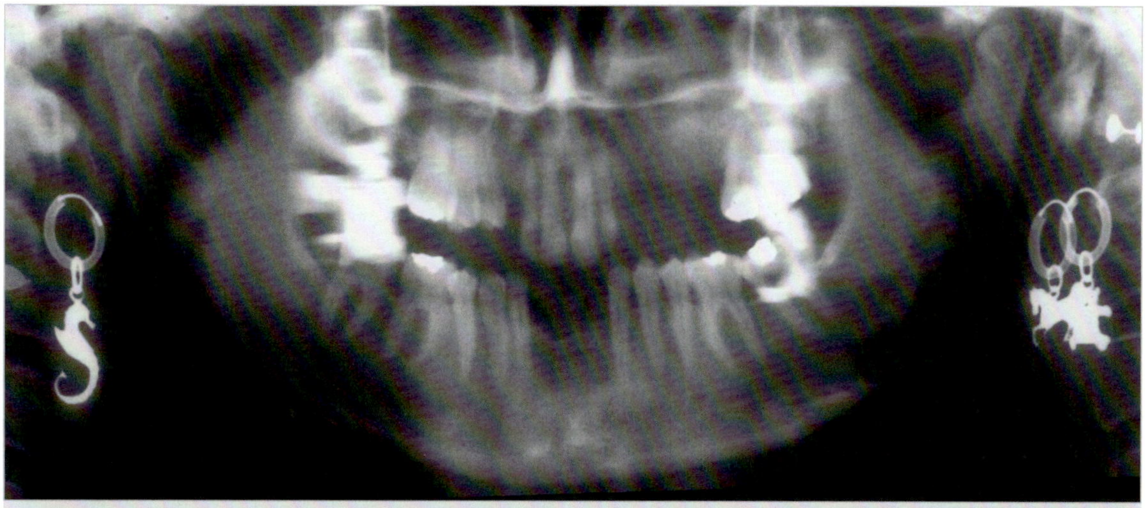

Abb. 9.113 Projektion des Ohrschmucks auf die jeweilige Gegenseite.

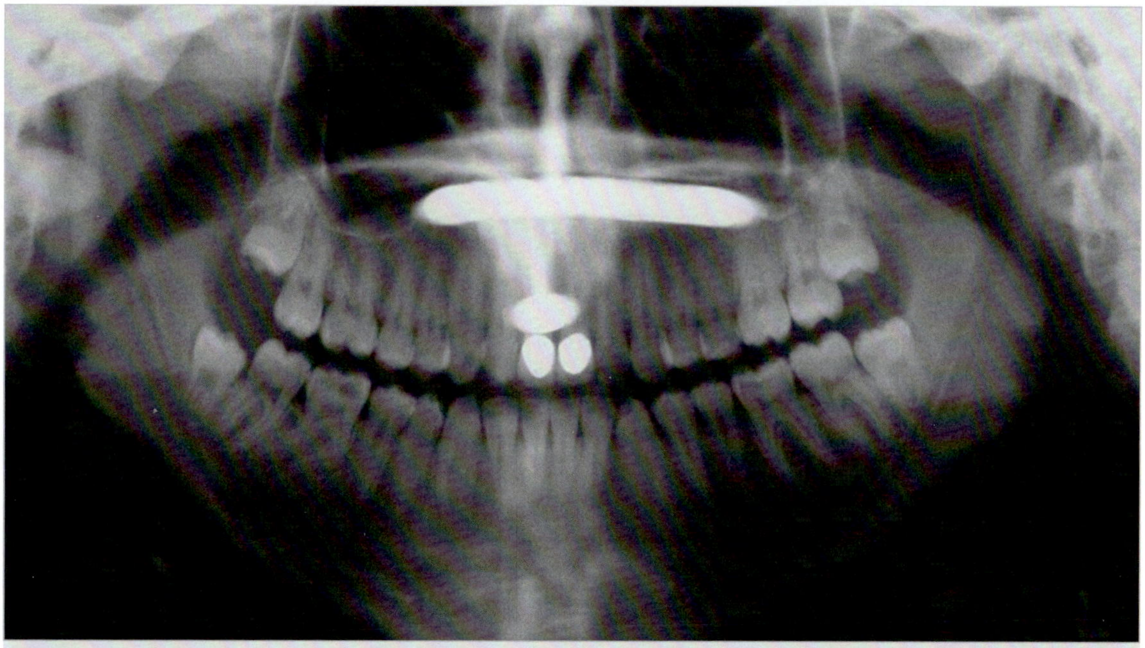

Abb. 9.114 Eine Piercingkugel liegt im Drehpunkt für die Frontzähne.

Wischschatten und Ghost Images, hervorgerufen durch die Pseudofokusse

Befindet sich eine Struktur direkt in einem Drehpunkt, also in einem Pseudofokus, dann wird diese Struktur auf dem Bildempfänger sichtbar. Und zwar solange, wie sie sich im Pseudofokus befindet.

Als Beispiel sei eine Piercingkugel gezeigt, die zusammen mit einer zweiten Kugel in der Zunge befestigt ist (▸ Abb. 9.114). Man sieht zunächst, dass sich beide Kugeln nicht rund, sondern verbreitert oval darstellen. Daran erkennt man, dass sie sich in der Mundhöhle dorsal von der Schichtebene befinden. Die obere Kugel stellt sich aber nicht nur oval, sondern als ein horizontal verlaufender Verschattungsstreifen dar. Die einzige Erklärung für dieses Phänomen ist, dass sich diese Kugel im Drehpunkt befindet und durch die Wirkung des Pseudofokus während der gesamten Aufnahmezeit abgebildet wird. Die Zunge wurde bei dieser Aufnahme sehr gut an den Gaumen gedrückt, sodass die obere Piercingkugel sich dicht unterhalb des Nasenbodens und des harten Gaumens projiziert und sich durch ihre Lage im Drehpunkt als langes Verschattungsband von Zahn 15 bis 25 darstellt.

Das Schema (rechts in ▸ Abb. 9.115) verdeutlicht und erklärt, warum die obere Kugel durch den Pseudofokus als Verschattungsband abgebildet wird.

Praxistipp

Schmuck, Piercings und Prothesen sind vor einer OPG-Aufnahme zu entfernen.

In bestimmten Fällen, wenn eine Fehlpositionierung in Form einer Verschiebung des Kopfs nach dorsal vorliegt (erkennbar an den breiten Frontzähnen), können auch Kronen des Seitenzahnbereichs in den Pseudofokus gelangen und sich dann in den Apexbereich der Gegenseite projizieren (▸ Abb. 9.116).

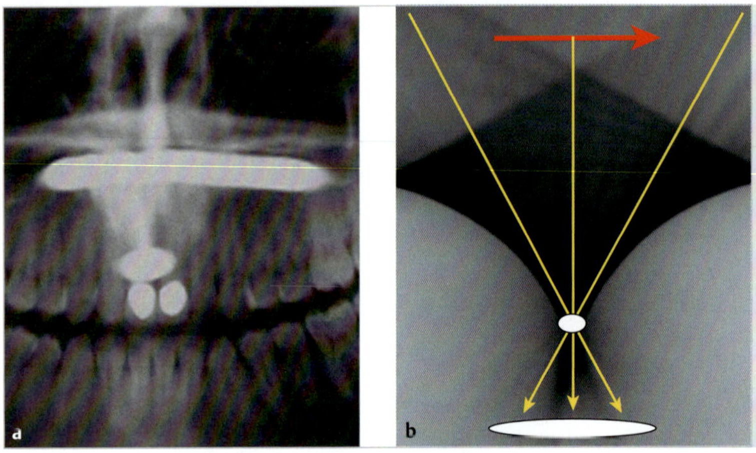

Abb. 9.115 Erläuterung zur Abbildung der Piercingkugel im Orthopantomogramm.
a Piercingkugel im OPG (s. ▸ Abb. 9.114).
b Schema (mit Pseudofukus) zur Darstellung einer Piercingkugel im OPG.

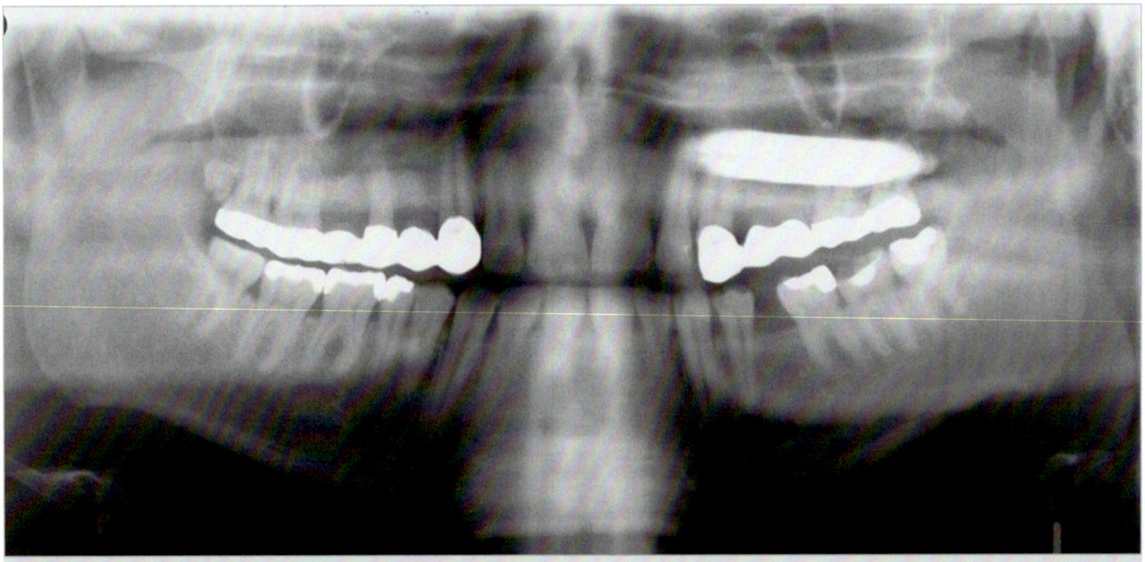

Abb. 9.116 Kronen des rechten Oberkiefers liegen im Drehpunkt.

Überlagerungen durch Weichteile

Viele Weichteile des Gesichtsschädels stellen sich auf dem Orthopantomogramm dar und führen in nicht seltenen Fällen zu Unsicherheiten und Fehldeutungen.

Während die Ohrläppchen in der Regel zweifelsfrei erkannt werden und, durch ihre Lage bedingt, in der Regel auch nicht stören, können die Nasenmuscheln, der weiche Gaumen und auch der Weichteilschatten der Nase zu Irritationen führen (▶ Abb. 9.117).

▶ **Conchae nasales (Nasenmuscheln).** Das Orthopantomogramm (OPG) ist eine Schichtaufnahme mit einer relativ dicken Schicht (in einem Bereich von 10–25 mm). Sie eignet sich deshalb besonders für Bereiche, in denen keine Strukturen sind, die eng nebeneinander liegen. Zu diesen Bereichen gehören die Unterkieferäste, aber auch der Oberkiefer. Kritisch wird es aber im Oberkieferbereich oberhalb des harten Gaumens und des Nasenbodens. Hier liegt in unmittelbarer Nachbarschaft zur Kieferhöhle die Nasenhöhle. Beide Bereiche lassen sich mit dem OPG nicht isoliert darstellen, weil die Schicht nicht dünn ge-

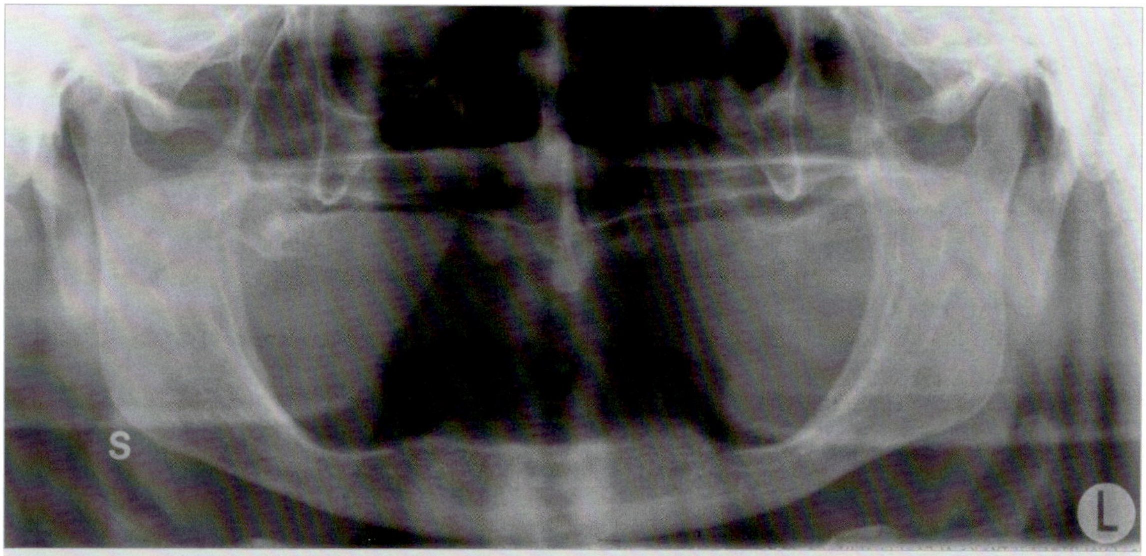

Abb. 9.117 Orthopantomogramm mit Weichteilschatten der Nase und der Ohrläppchen.

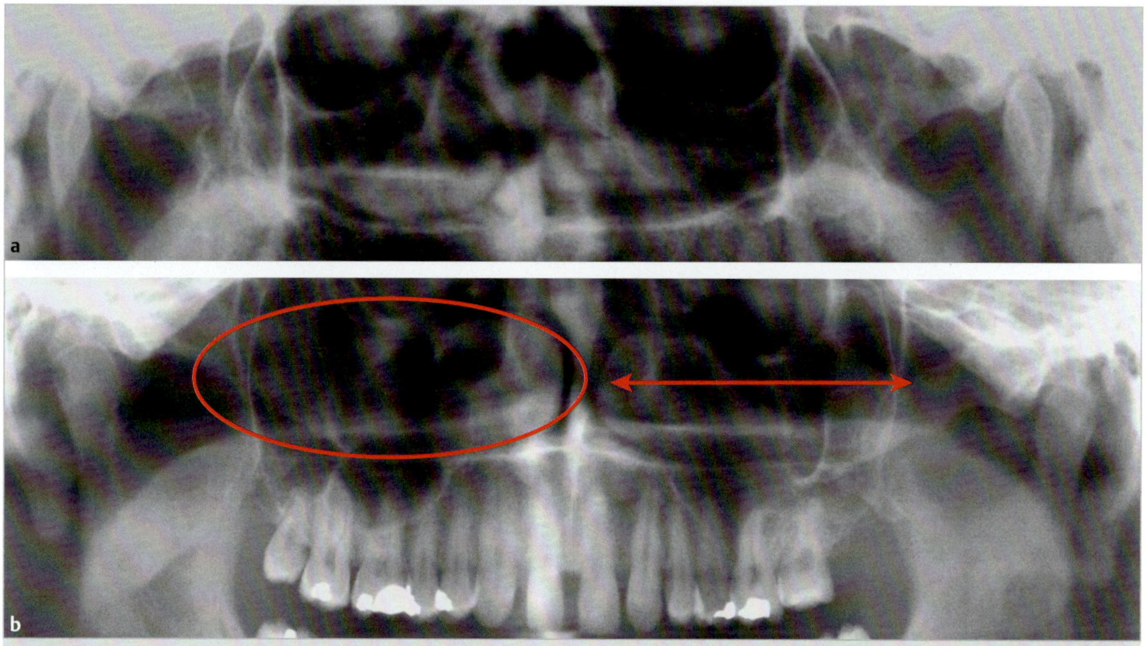

Abb. 9.118 Nasenmuscheln, die sich im Orthopantomogramm oberhalb des Nasenbodens darstellen.

nug ist. Aus diesem Grund ist eine umfassende Kieferhöhlendiagnostik mit dem OPG nicht möglich, ja gefährlich.

Basale Verschattungen der Kieferhöhle, die eine klar erkennbare Form haben, wie z.B. die Mukozele oder odontogene zystische Veränderungen, die am Kieferhöhlenboden lokalisiert sind, lassen sich mit großer Wahrscheinlichkeit diagnostizieren. Kranial davon liegende Veränderungen sind aber nicht mit Sicherheit erkennbar und zu deuten (▸ Abb. 9.118).

Mithilfe der Kernspintomografieaufnahmen, auf der Nasenhöhle und Kieferhöhle getrennt darstellbar sind, kann man die Überlagerungen auf dem OPG mit seiner dicken Schicht gut nachvollziehen (▸ Abb. 9.119).

▸ **Weichteilschatten der Nase.** Wenn die Schicht in der Front etwas weiter ventral liegt, aber auch anatomisch bedingt, sieht man in der Oberkieferfront oft eine weichteildichte Verschattung, die nicht sofort sicher zu deuten ist (▸ Abb. 9.120).

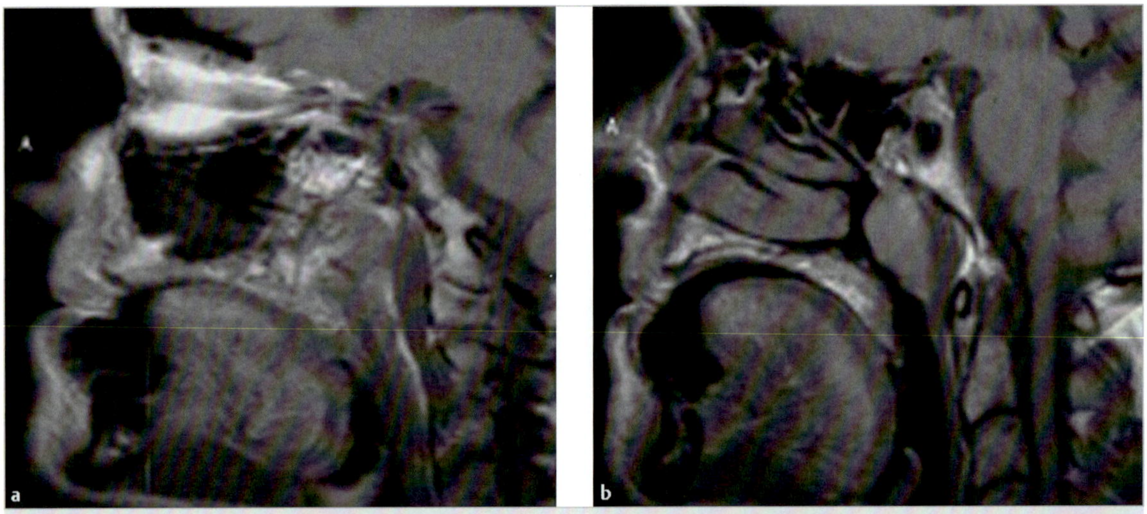

Abb. 9.119 Nasenmuscheln und Kieferhöhlen.
a Kieferhöhle.
b Nasenmuscheln.

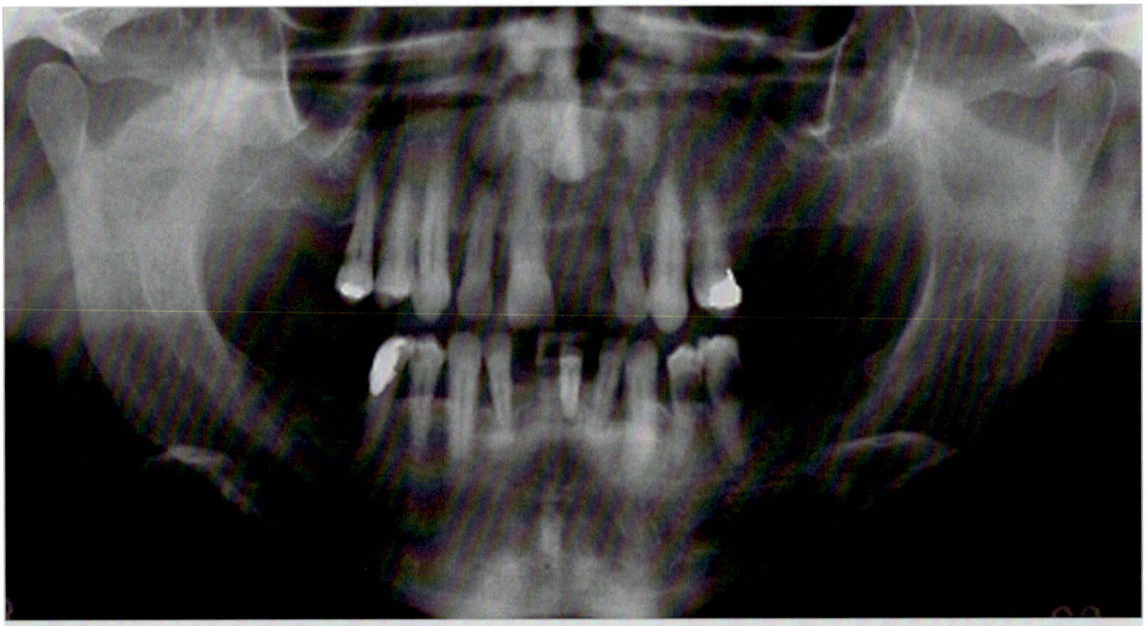

Abb. 9.120 Orthopantomogramm mit dem Weichteilschatten der Nase in der Oberkieferfront.

9

▸ **Weicher Gaumen.** Der weiche Gaumen stellt sich auf dem OPG nicht einheitlich dar. Überhaupt erkennbar ist er nur dadurch, dass er von der Luft aus dem Nasopharynx und der Luft aus der Mundhöhle begrenzt wird. Er stellt sich dann in der Regel leicht kaudal hängend als weichteildichte längliche Verschattungsfigur dar. Durch Zungen- und Schluckbewegungen kann der weiche Gaumen vielfältige Formen annehmen oder aber auch völlig verschwinden (▸ Abb. 9.121).

▸ **„Zungenschatten".** Normalerweise befindet sich die Zunge im kaudalen Mundhöhlenbereich. Zwischen Zungenrücken und Nasenboden und hartem Gaumen befindet sich deshalb ein lufthaltiger Raum, der sich auf dem OPG als störenden schwarzes Feld darstellt, das sich vom weichen Gaumen der rechten bis zur linken Seite erstreckt.

Dadurch werden die Wurzeln der Oberkieferzähne im Bild vollständig verdeckt. Besonders bei digitalen Systemen können die Wurzeln dann nicht mehr sichtbar gemacht werden.

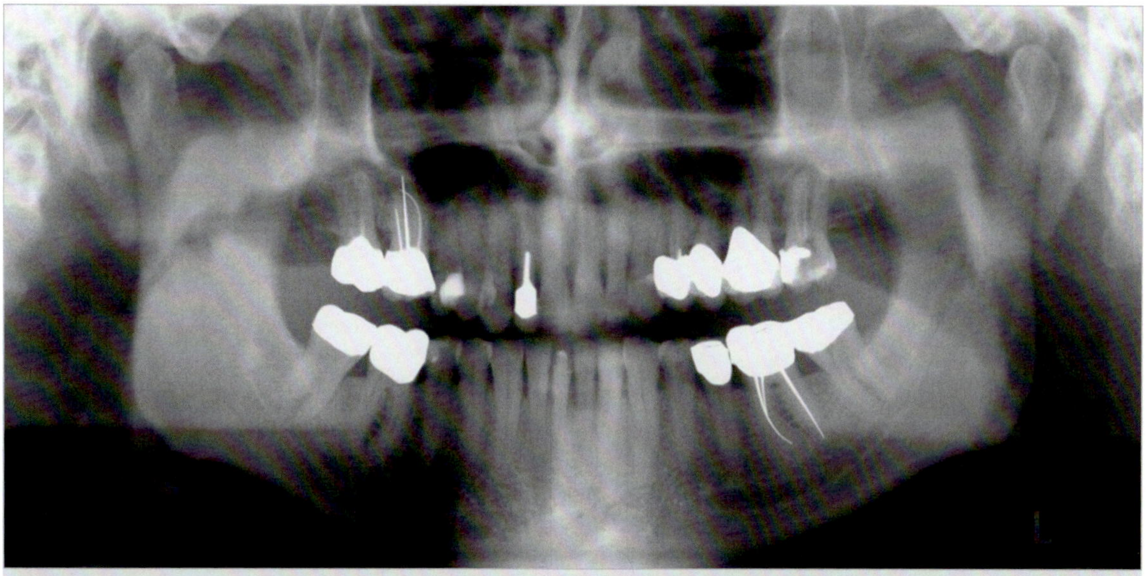

Abb. 9.121 Weicher Gaumen als rechteckige Verschattung links und wurstförmige Verschattung rechts.

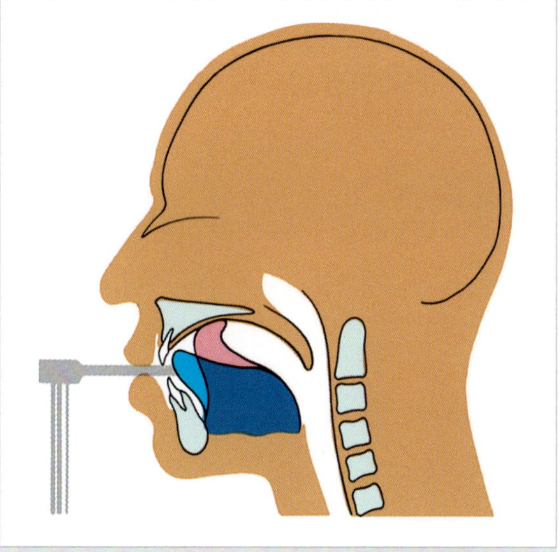

Abb. 9.122 Schema zur Zungenlage bei der Orthopantomogramm-Aufnahme. Korrekt ist es, während der Aufnahme die Zunge an den Gaumen anzupressen. Aus: Pasler FA, Visser H. Farbatlanten Zahnmedizin, 5. Band, Zahnmedizinische Radiologie. 2. Aufl. Stuttgart: Thieme; 2000.

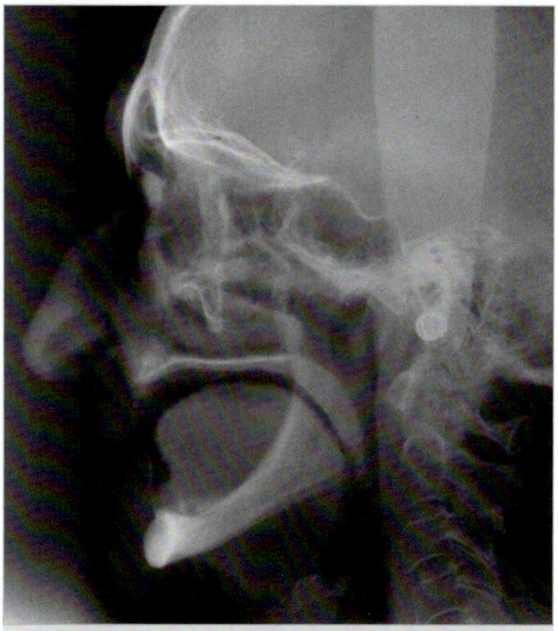

Abb. 9.123 Fernröntgenseitenbild (FRS) mit deutlicher Darstellung der Zunge.

Praxistipp

Es ist deshalb von größter Wichtigkeit, dass der Patient während der Aufnahme die Zunge an den Nasenboden und harten Gaumen drückt, so gut er kann. Die Zunge wirkt dann mit ihrer Muskelmasse als Filter und die Strahlung wird mehr absorbiert (▶ Abb. 9.122 und ▶ Abb. 9.123).

Im Vergleich stellt sich der Oberkieferohne angepresste Zunge und mit normal liegender Zunge mit einem Aufhellungsbereich dar, der die Diagnostik erschwert oder unmöglich macht (▶ Abb. 9.124).

Die Wiederholungsaufnahme zeigt einen gut erkennbaren Oberkiefer, weil die Zunge fest an den Gaumen angelegt war (▶ Abb. 9.125).

Wenn der Patient zu Beginn der Aufnahme das Pressen der Zunge vergisst, dann sieht man deutlich Luft als schwarze Zone im linken Oberkiefer. Während der Aufnahme auf der rechten Seite hat der Patient in ▶ Abb. 9.126 dann die Zunge an den Gaumen gedrückt.

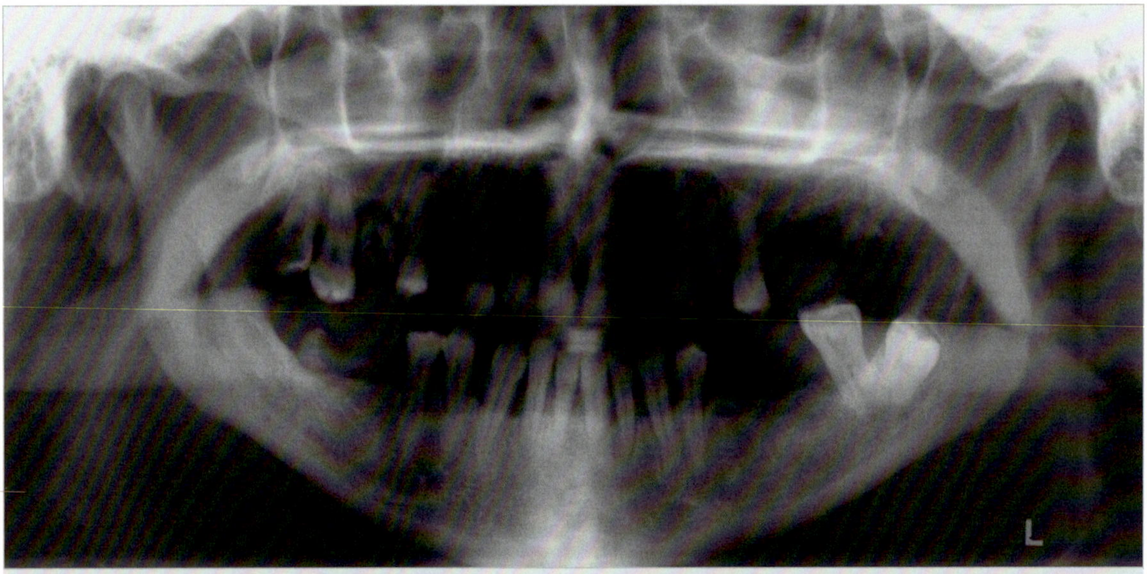

Abb. 9.124 Die Zunge wurde nicht an den harten Gaumen gedrückt: Das Orthopantomogramm zeigt einen Zungenschatten.

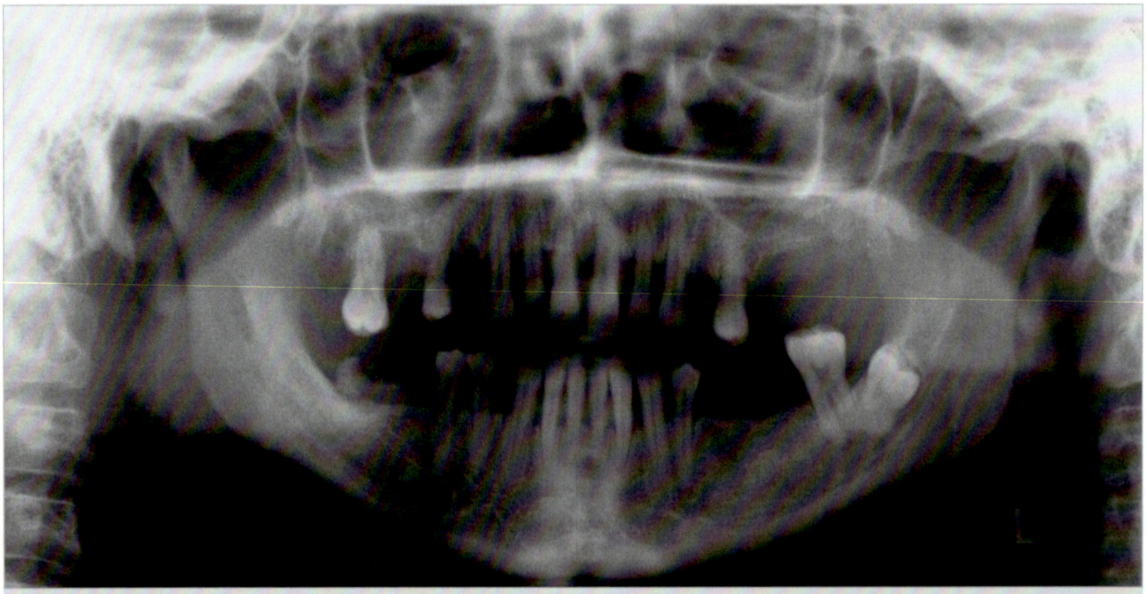

Abb. 9.125 Die Zunge wurde sehr gut an den Gaumen gedrückt: ein Orthopantomogramm ohne Zungenschatten.

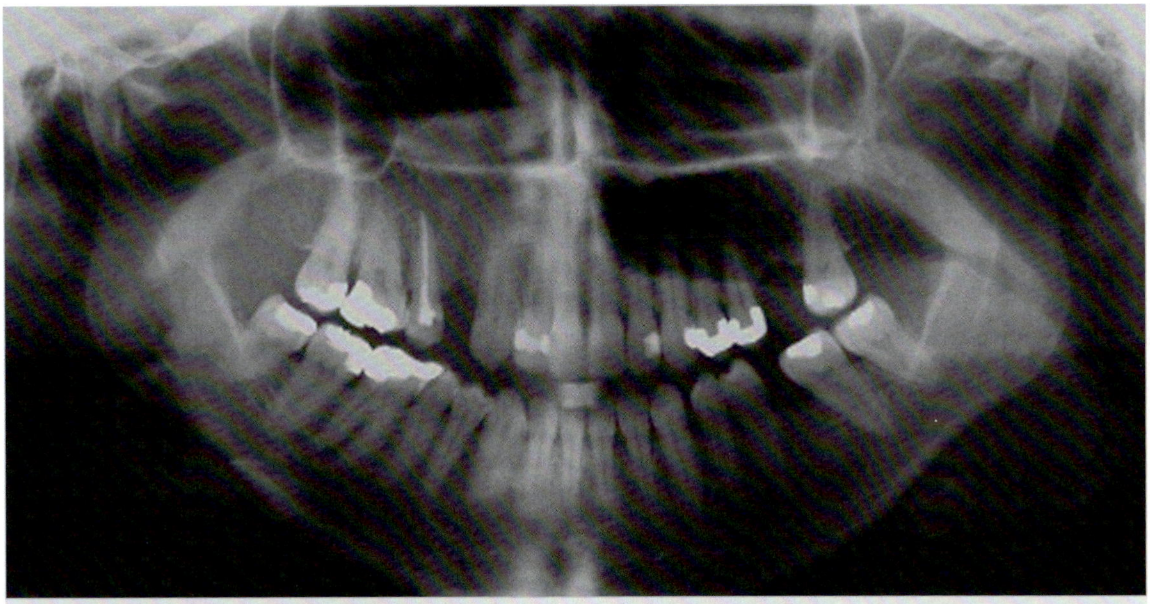

Abb. 9.126 Die Zunge lag zu Beginn der Aufnahme dem Gaumen nicht an, der linke Oberkiefer hat im Orthopantomogramm einen schwarzen Streifen. Im weiteren Verlauf (rechter Oberkiefer) wurde die Zunge dann gut an den Gaumen gepresst.

Praxistipp

Um die Zunge richtig an den Gaumen pressen zu können, muss der Patient vor jeder Aufnahme eingehend instruiert werden. Um Fehlaufnahmen und unnötige Strahlenbelastungen zu vermeiden, sollte die richtige Zungenhaltung schon vor der Positionierung des Patienten im Gerät geübt werden. Dies kostet zwar etwas Zeit, trägt aber mit Sicherheit zur Verbesserung der diagnostischen Bildqualität bei.

9.4 Digitale Volumentomografie

Mit der digitalen Volumentomografie (DVT) erhält die Zahn-, Mund- und Kieferheilkunde zum ersten Mal ein eigenständiges vollwertiges Schichtbildverfahren, das die knöchernen Strukturen des Gesichtsschädels optimal darstellen kann. Die DVT-Technik kann als direkter Nachfolger der klassischen Verwischungstomografie gesehen werden. Im Gegensatz zur Tomografie ist aber die DVT für die Zahn-, Mund- und Kieferheilkunde jederzeit verfügbar und besitzt durch seine moderne Technik ein weitaus größeres Aufnahmespektrum als die Verwischungstomografie.

Ende der 1990er-Jahre steht mit dem Newtom-Volumentomografen das erste Gerät für den Praxisbetrieb zur Verfügung. Äußerlich stellt man an diesem Gerät große Ähnlichkeiten mit einem Computertomografen fest, bei genauerer Betrachtung aber findet man im technischen Bereich grundsätzliche Unterschiede.

9.4.1 Technik und Bildentstehung bei der digitalen Volumentomografie

Technische Entwicklung von der Computertomografie bis zur digitalen Volumentomografie

Die Computertomografie, die von Godfrey N. Hounsfield und parallel dazu von Allan McCormack 1972 vorgestellt wurde, ist ein Schichtverfahren, das nach einem völlig anderen Prinzip als die konventionelle Verwischungstomografie Schichtbilder ermöglicht.

Bei dieser Technik bewegen sich die Röhre und ein digitaler Bildempfänger kreisförmig um den Patienten herum. Die modernen Computertomografen (CT) der 3. und 4. Generation verwenden einen wesentlich vergrößerten Fächerstrahl. Durch diese Blendenvergrößerung wird eine bessere Ausnutzung der Röntgenstrahlen bewirkt. Trotzdem wird immer noch nur ein kleiner Bereich des Patienten durchstrahlt, sodass immer mehrere Umläufe notwendig sind, um ein bestimmtes Volumen aufnehmen zu können. Durch diese größere Blendenöffnung kann die Röhre kontinuierlich ohne lineare Verschiebungen bewegt werden. Die Rotationszeiten werden dadurch entscheidend verkürzt.

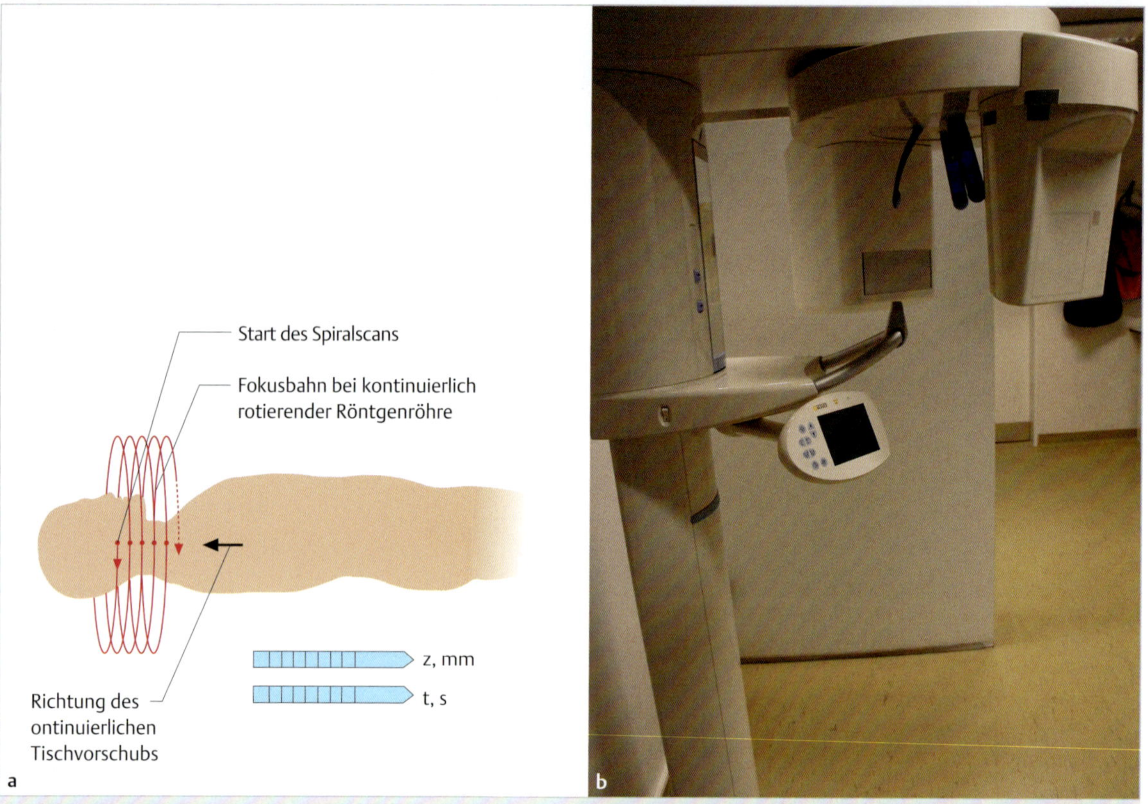

Abb. 9.127 Spiraltomograf
a Schema aus: Pasler FA, Visser H. Farbatlanten Zahnmedizin, 5. Band, Zahnmedizinische Radiologie. 2. Aufl. Stuttgart: Thieme; 2000.
b Digitaler Volumentomograf und Panoramaschicht Kombinationsgerät XG3D

Eine entscheidende Weiterentwicklung ist die Einführung des Spiral-CT 1989 durch Willi Kalender. Durch diese technische Entwicklung ist es möglich, dass der Tisch, auf dem der Patient liegt, während der Untersuchung kontinuierlich verschoben wird. Dadurch wird der Bereich des Patienten, der dargestellt werden soll, zwar weiterhin mit mehreren Umdrehungen, aber ohne Zwischenräume vollständig erfasst (▶ Abb. 9.127a).

Der nächste Entwicklungsschritt ist eine weitere Öffnung der Blende und die Nutzung des gesamten Strahlenbündels für eine vollständige Datenerfassung. Diese Geräte mit einem kegelförmigen Strahlenbündel und flächenförmigen Bildempfängern stellen im Grunde eine weitere neue Generation der Computertomografie dar. Durch ihr großes Durchstrahlungsvolumen wird die komplette volumetrische Darstellung eines Organs mit nur 1 Umlauf möglich.

Geeignet zur Darstellung mit dieser Technik sind aber zurzeit nur anatomische Bereiche von kleinerer Größe. Dies liegt an der begrenzten Größe der Geräte und den sehr komplizierten Abbildungsgeometrien. Der Gesichtsschädel, als der diagnostische Bereich der Zahn-, Mund- und Kieferheilkunde, eignet sich mit seinen Ausmaßen in besonderem Maße für den Einsatz dieser speziellen computertomografischen Technik.

Im Jahr 1998 wurde von Mozzo und Mitarbeitern ein neues Volumen-CT-Gerät, basierend auf der Kegelstrahltechnik, für den Einsatz in der Zahnmedizin vorgestellt. Hiermit begann die Entwicklung der digitalen Volumentomografie (▶ Abb. 9.127b) und ihr Einsatz in der Dento- und maxillofazialen Radiologie.

Datenrekonstruktion und Bildentstehung

Wenn Röntgenstrahlen das Gewebe durchdringen, tragen alle auf dem Weg liegenden Objekte zur Schwärzung auf dem Bildempfänger bei. Die entstandene Schwärzung ist also die Summe aller durchstrahlten Gebilde. Man kann aber anhand einer einzigen Aufnahme keine Aussage darüber machen, wo genau die verschiedenen Absorptionen stattgefunden haben. Eine Aussage über die räumliche Verteilung wird erst dann möglich, wenn genügend viele Aufnahmen aus sehr vielen Winkeln vorliegen. Es werden deshalb mindestens 200 Aufnahmen während des Umlaufs um den Kopf des Patienten gemacht. Die Strahlung ist also in der Regel gepulst, kann aber auch bei kleinen Volumen zur Verbesserung der Bildqualität und für eine kürzere Umlaufzeit ohne Unterbrechung eingesetzt werden.

Man erhält dann für jeden Strahlengang Absorptionswerte, die mathematisch in die zu berechnende Schicht zurückgerechnet werden können. Somit gelingt es, jede Absorption im durchstrahlten Gewebe exakt der Stelle zuzuordnen, an der sie entstanden ist.

Bei der Computertomografie wird ein 2-dimensionaler Datensatz in Form von axialen Schichtbildern erzeugt. Aus diesen 2-dimensionalen axialen Schichten, die idealer Weise keine Lücken ohne Daten aufweisen, wird dann durch den Computer ein 3-D-Datensatz gebildet. Bei der Spiraltomografie gehen die einzelnen Schichten lückenlos ineinander über, sodass hierbei ein Volumendatensatz gewonnen werden kann.

Die digitale Volumentomografie erzeugt mit ihrem kegelförmigen Strahlenbündel auf direkte Weise ein 3-D-Volumen. In den meisten Fällen werden Flachbilddetektoren verwendet, es kommen aber auch Bildverstärker zum Einsatz. Die Detektoren bestehen aus CCD- oder CMOS-Sensoren. Als Verstärkungsmedium werden Leuchtstoffe wie Cäsiumjodid verwendet.

Hinsichtlich der Bildentstehung werden die Primär- von den Sekundärrekonstruktionen unterschieden.

Primärrekonstruktion

Die Rohdaten ergeben noch kein Röntgenbild. Vielmehr müssen aus den entstandenen Grauwerten die Stellen im Gewebe ermittelt werden, wo die vielen jeweiligen einzelnen Absorptionen stattgefunden haben. Das Wissen um die genaue räumliche Verteilung der Schwächungskoeffizienten ist für die Diagnostik von entscheidender Bedeutung.

Die mathematischen Grundlagen stammen von dem böhmischen Mathematiker Johann Radon. Dieser hatte 1917 die Möglichkeiten beschrieben, wie man aus den gewonnenen Absorptionswerten den Ursprung jeder einzelnen Schwächung im Gewebe eindeutig zuordnen kann. Man nennt dieses mathematische Verfahren eine **gefilterte Rückprojektion,** die ihre Anwendung mit verschiedenen Varianten in der Computertomografie findet.

Diese Rückprojektion findet auch bei der digitalen Volumentomografie Anwendung. Bei der DVT ist die Rückprojektion, im Gegensatz zur fächerförmigen, weniger volumenreichen Abbildung der Computertomografie, mathematisch aber sehr viel aufwendiger. Hier kann die Radon'sche Gleichung nicht allein benutzt werden. In der DVT-Technik hat sich daher der sogenannte Feldkamp-Algorithmus aus dem Jahre 1984 bewährt.

Der Volumendatensatz besteht aus würfelförmigen Volumenelementen, die als Voxel die 3-dimensionale Variante der Pixel darstellen. Jedes Voxel repräsentiert einen errechneten Grauwert. Durch die Rückprojektion gelingt es, jedem Ort des Objekts einen exakten 3-dimensionalen Grauwert zuzuordnen. Aus der Gesamtheit der Voxel einer durchstrahlten Region lassen sich dann durch Sekundärrekonstruktionen Bilder erstellen, die die anatomischen und pathologischen Verhältnisse in einem hohen Maße gut wiedergeben (▸ Abb. 9.128).

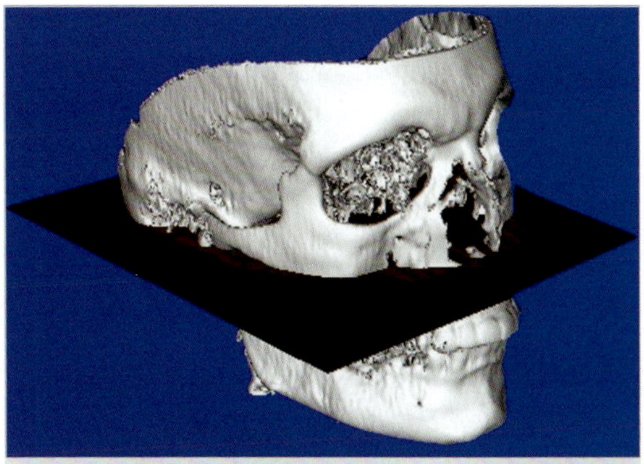

Abb. 9.128 Ergebnis einer Rekonstruktion mit der DVT-Technik. Nach der Primärrekonstruktion sind beliebige Sekundärrekonstruktionen möglich, wie z.B. axiale, sagittale und covonale Schnitte.

Sekundärrekonstruktionen

Aus dem berechneten Volumendatensatz können beliebige Schnittbilder errechnet werden. Neben sagittalen, koronalen und axialen typischen Ansichten, bekannt aus der Schädeldiagnostik, können auch Schnittbilder rekonstruiert werden, die den besonderen Fragestellungen aus der Zahn-, Mund- und Kieferheilkunde angepasst sind (▸ Abb. 9.129, ▸ Abb. 9.130 und ▸ Abb. 9.131).

Diese vielfältigen Möglichkeiten, aus dem Volumendatensatz letztlich jede Schichtebene generieren zu können, macht die DVT für die Zahn-, Mund- und Kieferheilkunde besonders interessant.

Die Anatomie des Gesichtsschädels ist sehr kompliziert. Dies gilt für die knöchernen Strukturen, aber in einem genauso großen Maße für die Zähne und die angrenzenden Knochenstrukturen des Ober- und der Unterkiefers. Es hat sich herausgestellt, dass für die Darstellung der kleinen individuellen anatomischen Strukturen im Zahnbereich vorgeformte standardisierte Schichten nicht ausreichen. Die DVT muss die Möglichkeit bieten, für jeden Bereich eine individuelle Schicht zu erstellen.

Im Gegensatz zur intraoralen Aufnahme und zum Orthopantomogramm, wo ein fertiges, in seiner Projektion nicht veränderbares Röntgenbild vorliegt, muss das DVT-Bild für die jeweilige Fragestellung vom Behandler individuell eingestellt werden. Hier liegen die Schwierigkeiten und die vielfältigen diagnostischen Möglichkeiten dicht beieinander (▸ Abb. 9.132 und ▸ Abb. 9.133).

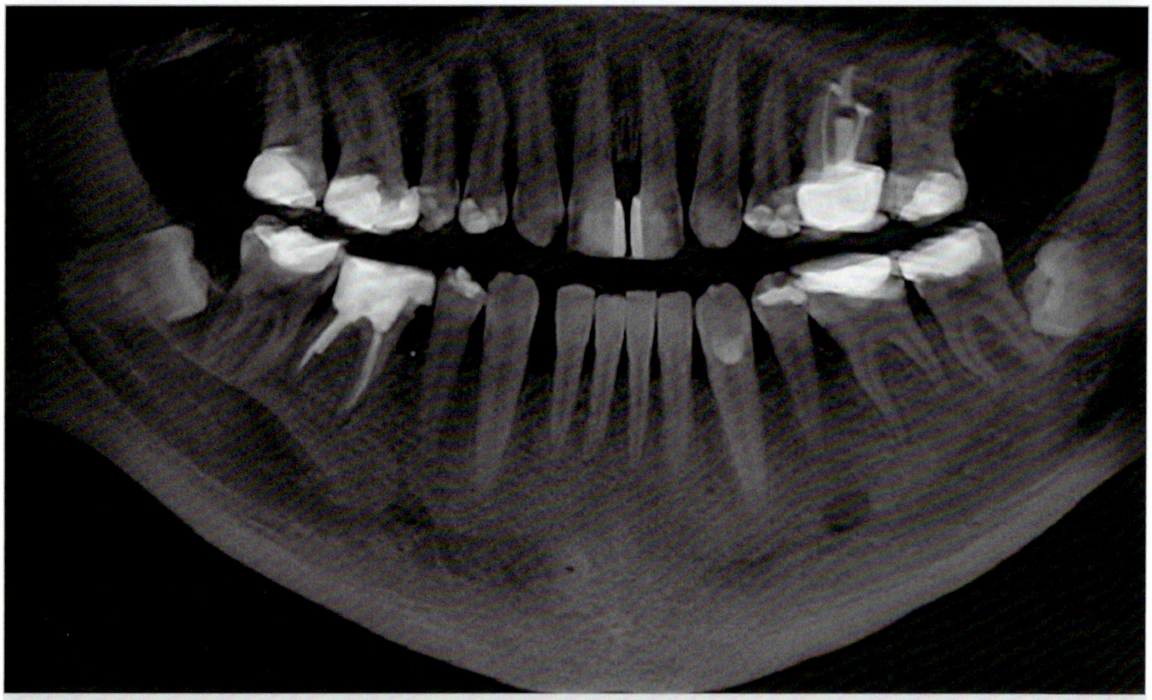

Abb. 9.129 Auf dem OPG stellen sich unklare Aufhellungen im seitlichen Unterkiefer dar.

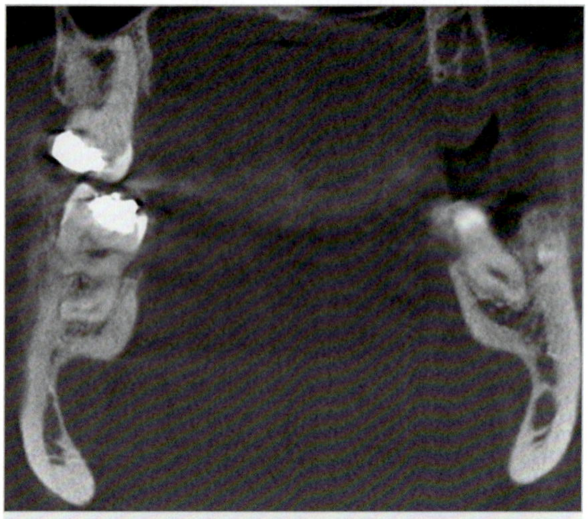

Abb. 9.130 Die koronale Sekundärrekonstruktion zeigt eine anatomische Normvariante des Unterkiefers. Durch die geringe Dicke erscheinen auf der seitlichen Aufnahme hypodense Bezirke.

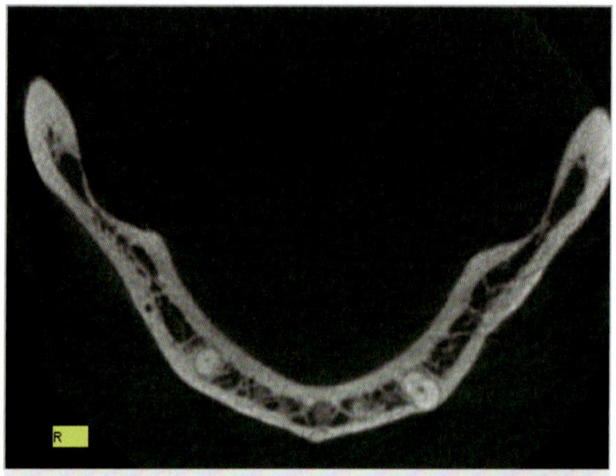

Abb. 9.131 Deutlich erkennbar wird diese Normvariante (vgl. ► Abb. 9.130) in der axialen Ansicht.

9.4.2 Einschränkungen in der Computertomografie und der digitalen Volumentomografie

Die Computertomografie ist für die meisten Fragestellungen im gesamten medizinischen Bereich das Standardverfahren in der Radiologie. Mit ihr ist eine 3-dimensionale Darstellung möglich, mit sehr guter Bildqualität. Als Nachteile können die relativ hohe **Strahlenexposition** und die **Artefaktbildung,** bedingt durch die gefilterte Rückprojektion, gelten.

Artefakte

Zu den deutlichsten Artefakten gehören die **Metallartefakte.** Diese entstehen durch die starke Absorption, die dann in der Rückprojektion nicht mehr kompensiert werden kann. Eine weitere Artefaktform, auf die geachtet werden muss, ist die der **partiellen Volumenartefakte.**

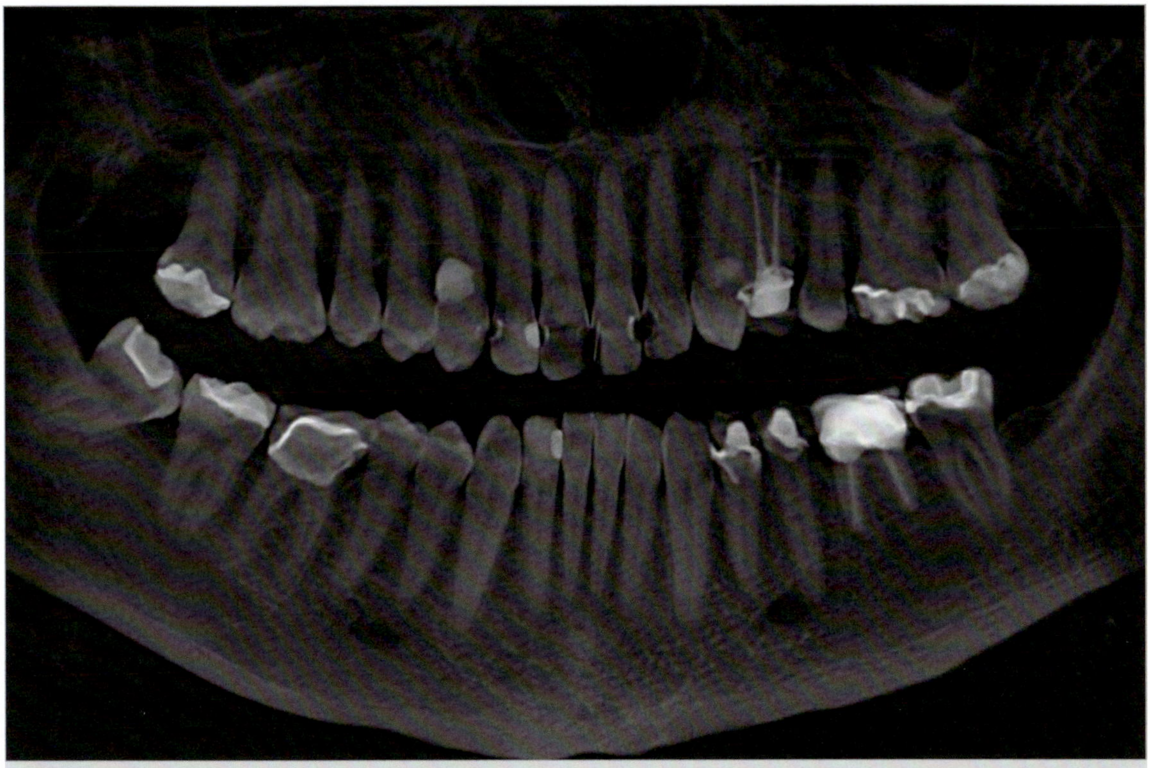

Abb. 9.132 Sekundärrekonstruktion, die einem Orthopantomogramm entspricht.

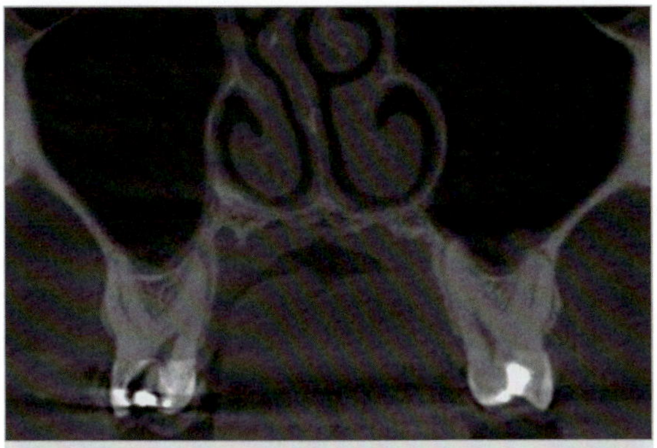

Abb. 9.133 Aus dem Datensatz – im Gegensatz zur Situation bei der klassischen OPG – auch Ansichten der Kieferhöhle rekonstruiert werden.

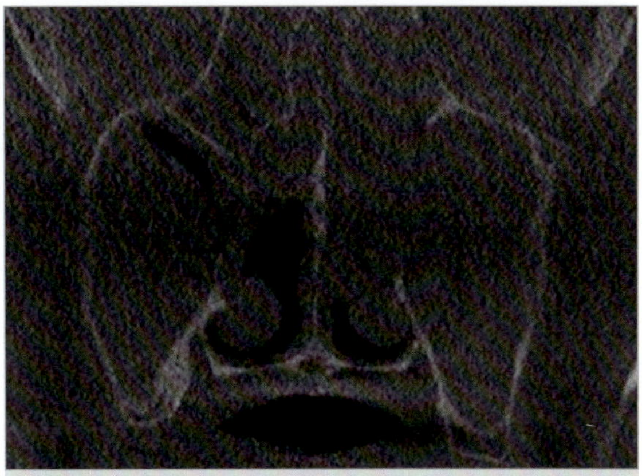

Abb. 9.134 DVT-Aufnahme mit Bewegungsunschärfe.

Diese machen sich – bei Objekten mit großen Kontrastunterschieden zu den Nachbarregionen – durch Auslöschungsphänomene bemerkbar. **Bewegungsartefakte** spielen in der Computertomografie eine geringere Rolle, bekommen aber mit Vergrößerung des durchstrahlten Volumens eine Bedeutung.

Die **digitale** Volumentomografie kennt die Metallartefakte auch, allerdings in einem deutlich geringeren Maße. Auch die Volumenartefakte können bei der DVT beobachtet werden. Als ein größerer Nachteil sind bei der DVT die Bewegungsartefakte anzusehen (► Abb. 9.134).

Strahlenexposition

Ein sehr großer Vorteil der DVT besteht darin, dass die Strahlenexposition deutlich niedriger als bei der konventionellen Computertomografie ist. Die Hauptursache besteht darin, dass bei der DVT die Daten in nur 1 Umlauf gewonnen werden. Auch sind die benötigten Milliampere-Werte deutlich geringer.

Nach den Leitlinien für die digitale Volumentomografie ist die effektive Dosis für das DVT deutlich geringer als für das CT.

Für die Computertomografie werden in der Literatur effektiveDosen von 180 µSv bis 2100 µSv angegeben. Die effektive Dosis der meisten DVT-Geräte liegt zwischen 11 µSv und 674 µSv. In der Praxis wurden, besonders bei implantologischen Fragestellungen, aber nur Werte von 11 µSv bis 96,2 µSv erreicht.

Nach der ICRP 2007 werden folgende effektive Daten für die gängigen Untersuchungen in der Zahnheilkunde beschrieben:

- Fernröntgenseitenbild (FRS): 5,6 µSV
- digitale Panoramaschichtaufnahme: 2,7–24,5 µSV
- Intraoralaufnahmestatus: 34,9–388 µSv
- digitale Volumentomografie: 11–674 µSv
- Computertomografie: 180–2100 µSv

Der „Preis" für diese geringere Strahlendosis ist eigentlich nur der, dass mit der DVT keine Weichteile dargestellt werden. Dies ist bei den üblichen Fragestellungen im Zahn-, Mund- und Kieferbereich auch nicht notwendig.

9.4.3 Volumengröße

Da bei der DVT das gesamte Volumen mit 1 Umdrehung erfasst wird, muss vor jeder Aufnahme entschieden werden, welches Volumen für die jeweilige Fragestellung infrage kommt.

Die ersten digitalen Volumentomografen hatten ein großes Volumen, das mit 15–18 cm den gesamten Gesichtsschädel in seiner Gänze abbilden konnte. Erst mit der Zeit wurden kleinere Volumina möglich, die von ca. 5 × 5 cm bis 8 × 8 cm reichen. Parallel dazu werden auch größere Volumina weiterhin verwendet. Betrachtet man den Kieferbereich, dann scheint eine Größe von ca. 8 × 8 cm für die meisten Fragestellungen durchaus ausreichend zu sein.

Der Vorteil der kleineren Volumina besteht darin, dass sich die Strahlendosis verringert und die Zeit der Rekonstruktion kürzer wird. Auch der Preis für solche Geräte ist geringer, da dieser abhängig von der Größe der Sensoren ist. Weiterhin besteht bei kleineren Volumen die Möglichkeit einer deutlichen Verbesserung der Bildqualität. Dies hat z.B. zu einer Erweiterung der klinischen Fragestellungen geführt, weil jetzt auch sehr kleine anatomische Strukturen sehr gut zur Darstellung gebracht werden können (▸ Abb. 9.135 und ▸ Abb. 9.136).

9.4.4 Klinische Anwendung der digitalen Volumentomografie

Eine 3-dimensionale Darstellung wird notwendig, wenn die konventionellen 2-dimensionalen Bilder nicht ausreichen, um eine klinische Fragestellung ausreichend zu beantworten. Eine erweiterte 3-D-Röntgendiagnostik soll dazu beitragen, das therapeutische Vorgehen zu unterstützen und dem Behandler einen besseren Überblick für das operative Vorgehen, aber auch für jede andere Behandlung, zu verschaffen.

Der Bedarf an einer weiterführenden Diagnostik hängt stark von der Erfahrung des Arztes ab. Letztlich wird allein durch die rechtfertigende Indikation entschieden, ob eine DVT notwendig ist oder nicht.

Grundsätzliche Regeln für die Erstellung individueller Rekonstruktionen

Für die Diagnostik anhand von DVT-Schnittbildern gelten die bekannten Regeln, die wir von den intraoralen und Panoramaschichtaufnahmen kennen. Im Mittelpunkt steht die anatomisch richtige Darstellung des Unter- und Oberkiefers mit den dazu gehörenden Zähnen.

Das **Grundprinzip** lautet, dass die Zähne orthograd von den Strahlen getroffen werden müssen. Dazu ist es notwendig, die Hilfsmittel, die das jeweilige DVT-System bietet, zu nutzen und richtig anzuwenden.

Ähnlich wie bei der Panoramaschicht finden wir bei der Rekonstruktion eine bestimmte **Schichtdicke** und eine einstellbare **Schichtebene**. Diese beiden Parameter müssen bei jeder Erstellung von Schnitten beachtet werden. Von größter Bedeutung ist die Wahl der Schichtebene. Diese sollte immer im rechten Winkel zu den anatomisch relevanten Achsen des Ober- und Unterkiefers sowie zu den Zähnen stehen, die diagnostisch erfasst werden sollen.

Voraussetzung für die korrekte Einstellung ist ein exaktes anatomisches Wissen und ein gutes räumliches Vorstellungsvermögen.

Werden diese grundsätzlichen Regeln nicht bedacht oder vernachlässigt, dann besteht die Gefahr von Fehlinterpretationen der anatomischen Situation und, wenn vorliegend, der pathologischen Veränderungen. Bei willkürlicher Schnittführung sind keine Vergleiche möglich und die Gefahr, dass wichtige Einzelheiten übersehen werden, wächst.

Wichtig ist, dass die Schichtmitte exakt parallel durch das Objekt geht (▸ Abb. 9.137). Alle weiteren Schnitte stehen in einem rechten Winkel dazu. Weicht die Schichtlinie um mehrere Winkelgrade ab, dann lassen sich die Strukturen nicht mit ihrer wahren Anatomie darstellen (▸ Abb. 9.138).

Indikationen für das DVT

Es haben sich im Laufe der Jahre klinische Fragestellungen aus allen Bereichen der Zahn-, Mund- und Kieferheilkunde ergeben. Ursprünglich wurde die DVT hauptsächlich für die Implantologie genutzt, die auch weiterhin die Hauptindikation der digitalen Volumentomografie bleiben wird. Im Laufe der Zeit haben sich aber Fragestellungen aus allen Teilbereichen der Zahnheilkunde entwickelt. In den Leitlinien der DGZMK (Deutsche Gesellschaft für Zahn-, Mund- und Kieferheilkunde) werden diese Fragestellungen bewertet und ihre Berechtigung diskutiert.

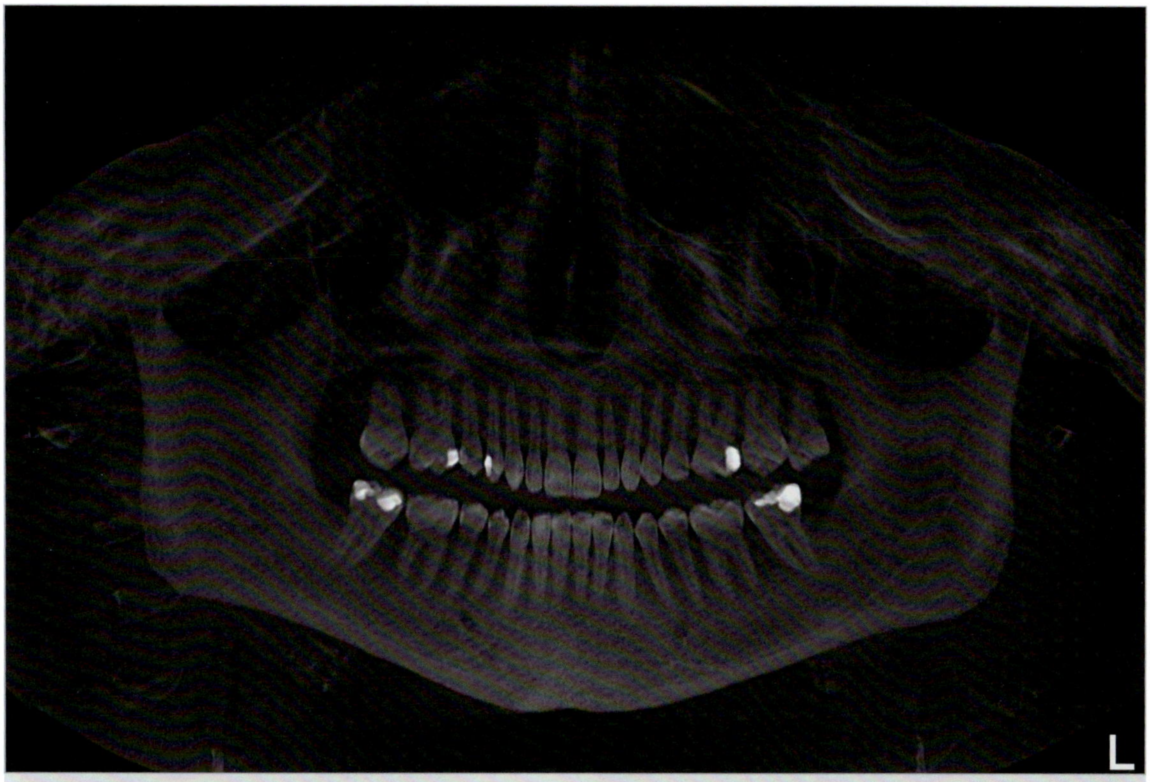

Abb. 9.135 Panoramarekonstruktion bei einem kugeligen Volumen von 16 cm.

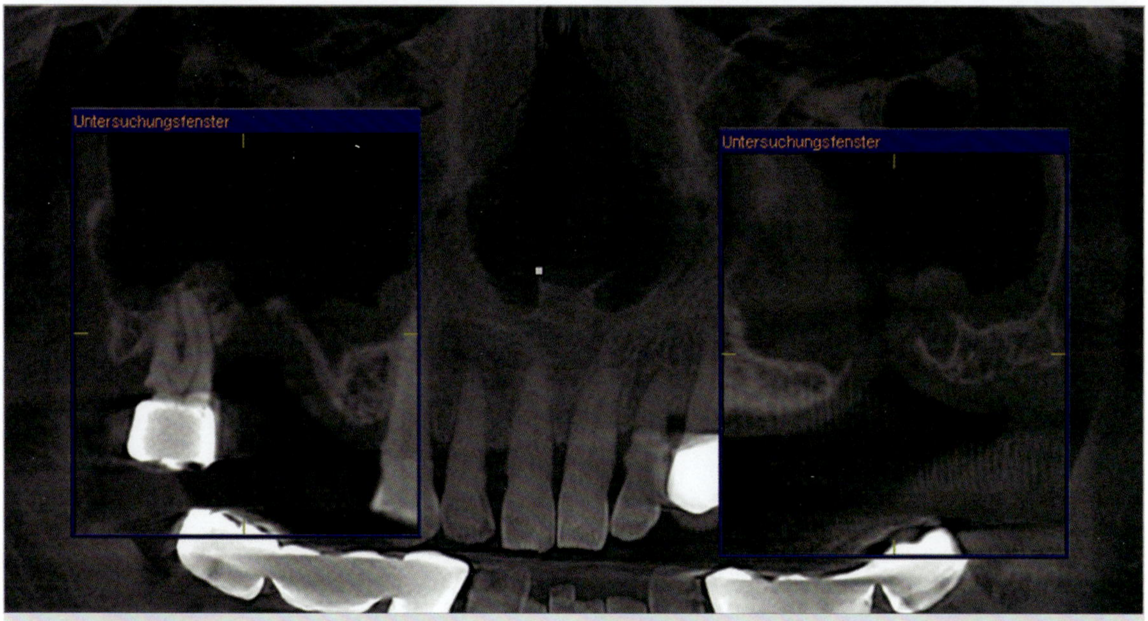

Abb. 9.136 Doppelseitige MAV auf der Panoramarekonstruktion 8 x 8 cm).

Entscheidend für den Einsatz der DVT ist, ob mit den 3-dimensionalen Aufnahmen neue wichtige und notwendige Erkenntnisse gewonnen werden. Es sollte bei der Überlegung, eine DVT anzuordnen, immer an die Folgen für die Therapie gedacht werden.

Wenn auf Basis der Panoramaaufnahme oder der intraoralen Aufnahme keine sicheren Erkenntnisse gewonnen werden können, dann ist in der Regel eine DVT-Untersuchung gerechtfertigt.

Die Erfahrungen haben gezeigt, dass selbst bei unklaren Fällen im Wurzelbereich im Seitenzahnbereich des Oberkiefers die DVT-Untersuchung mit sehr großer Sicherheit die Situation einwandfrei darstellen kann und so die Diagnostik deutlich verbessert.

In einem Fall mit Wurzelfüllungen an dem Zahn 26 konnte auf den Nativaufnahmen und klinisch nicht erkannt werden, ob Osteolysen und eine Wurzelfraktur vorliegen (▶ Abb. 9.139). Erst die hochauflösende DVT-Untersuchung konnte, auf Abbildungen in mehreren Ebenen, das wahre Ausmaß der Entzündung darstellen (▶ Abb. 9.140 und ▶ Abb. 9.141).

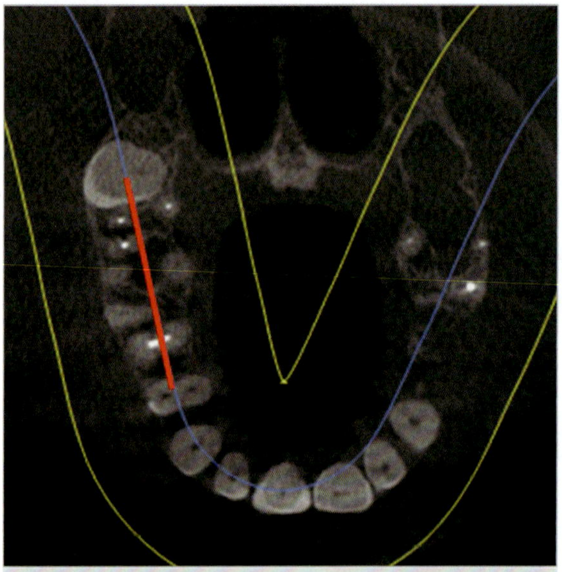

Abb. 9.137 Korrekte Schichtlage im rechten Oberkiefer.

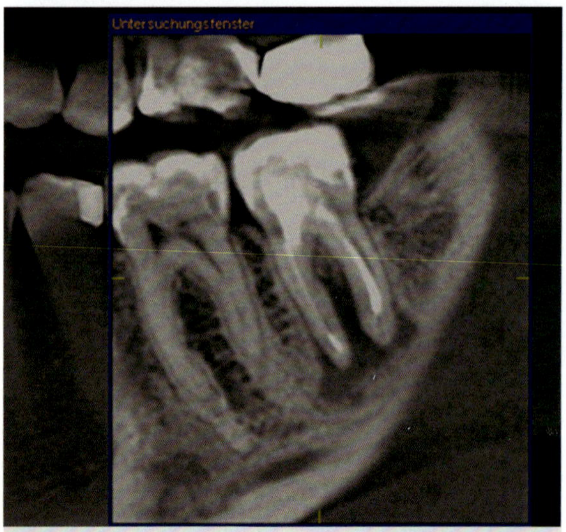

Abb. 9.138 Nicht korrekt eingestellte Schicht im Unterkiefer.

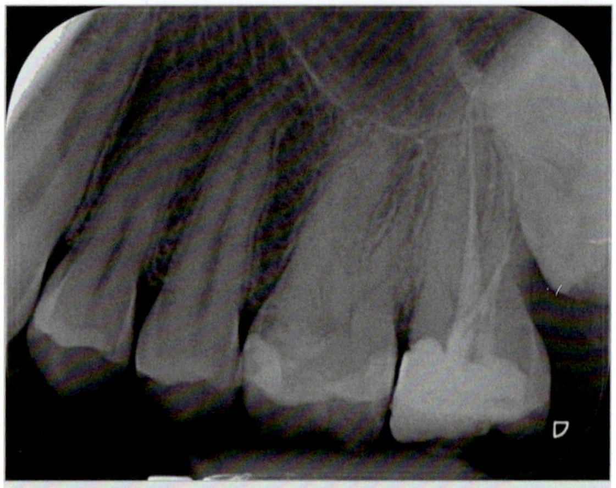

Abb. 9.139 Zahn 26 mit Wurzelfüllung (Zahnfilm).

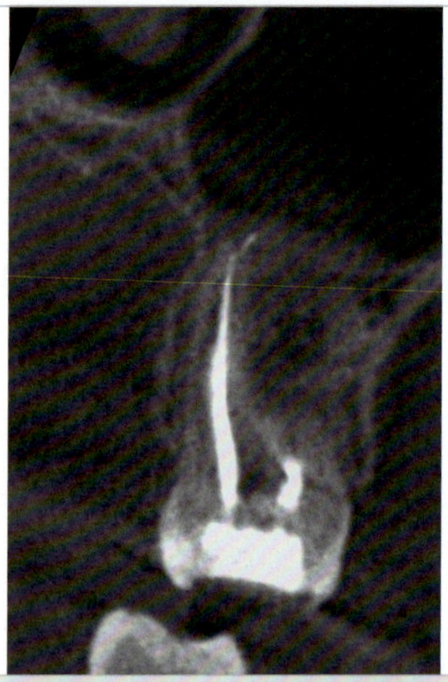

Abb. 9.140 DVT-Aufnahme des Zahns 26 in koronaler Ansicht.

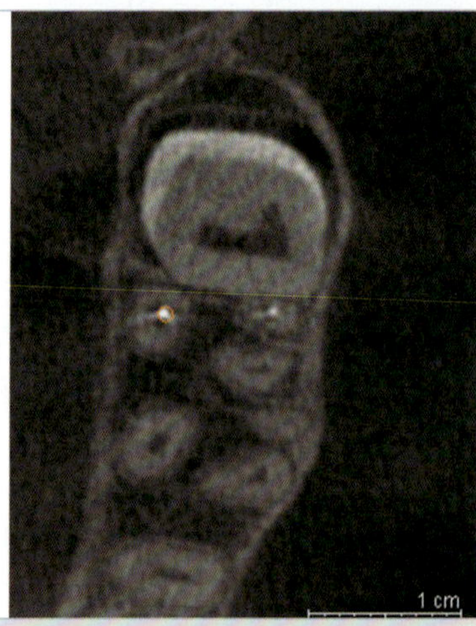

Abb. 9.141 DVT-Aufnahme des Zahns 26 in axialer Ansicht.

In einem anderen Fall konnte auf den Nativaufnahmen nicht erkannt werden, ob eine Mund-Antrum-Verbindung bestand (▶ Abb. 9.142). Durch den Einsatz der DVT konnte die MAV im rechten und linken Oberkiefer zweifelsfrei dargestellt werden (▶ Abb. 9.143 und ▶ Abb. 9.144).

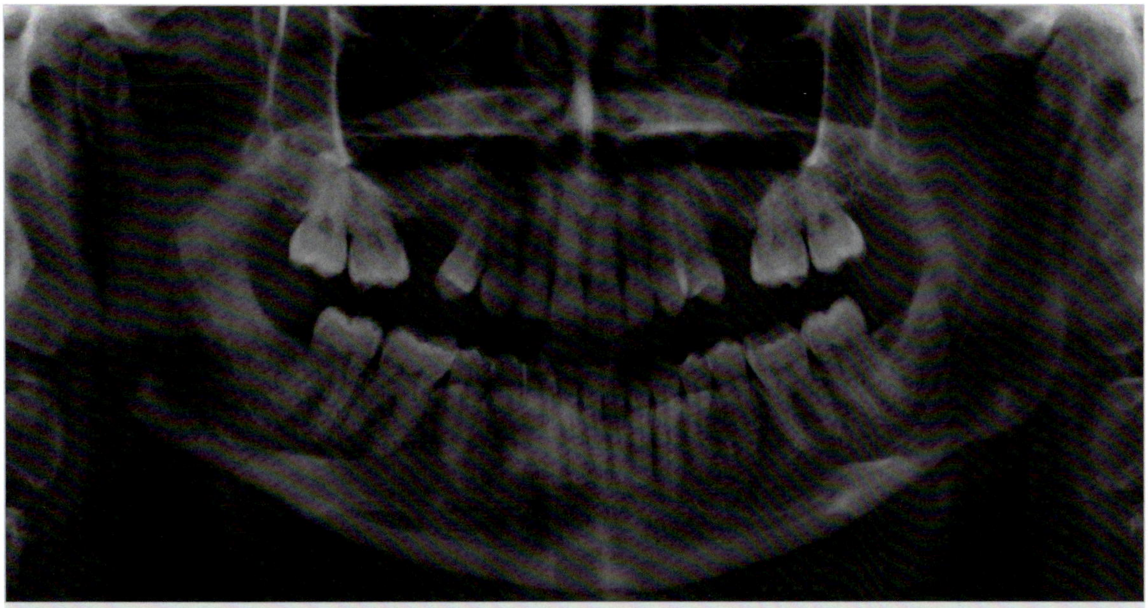

Abb. 9.142 Konventionelles OPG mit fraglicher Mund-Antrum-Verbindung.

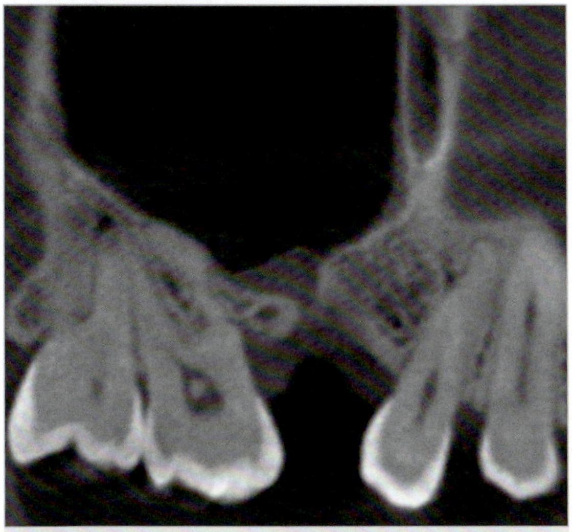

Abb. 9.143 Klare Darstellung der Mund-Antrum-Verbindung links.

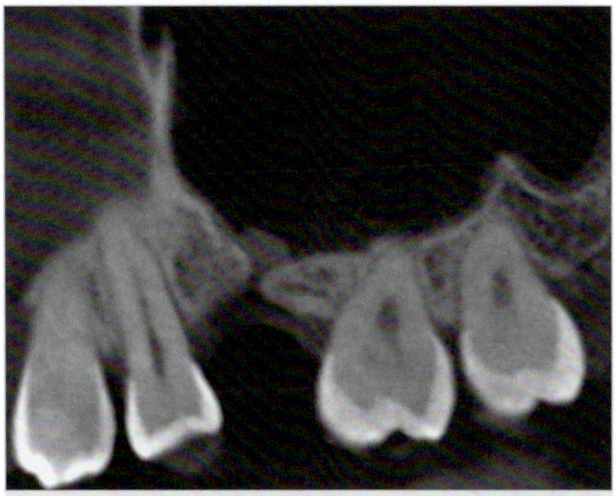

Abb. 9.144 Klare Darstellung der Mund-Antrum-Verbindung rechts.

Kapitel 10

Anatomie und Topografie des Gesichtsschädels

10 Anatomie und Topografie des Gesichtsschädels

Um ein Röntgenbild richtig interpretieren zu können, bedarf es der genauen Kenntnis der anatomischen Strukturen. Ebenso ist das Verstehen ihrer 3-dimensionalen Anordnung von grundlegender Bedeutung.

Denn im Gegensatz zur Fotografie ist für die Befunderhebung eines Röntgenbildes nicht nur das sichtbare Bild, sondern auch der Strahlengang, der für diese Aufnahme gewählt wurde, mit einzubeziehen (▶ Abb. 10.1).

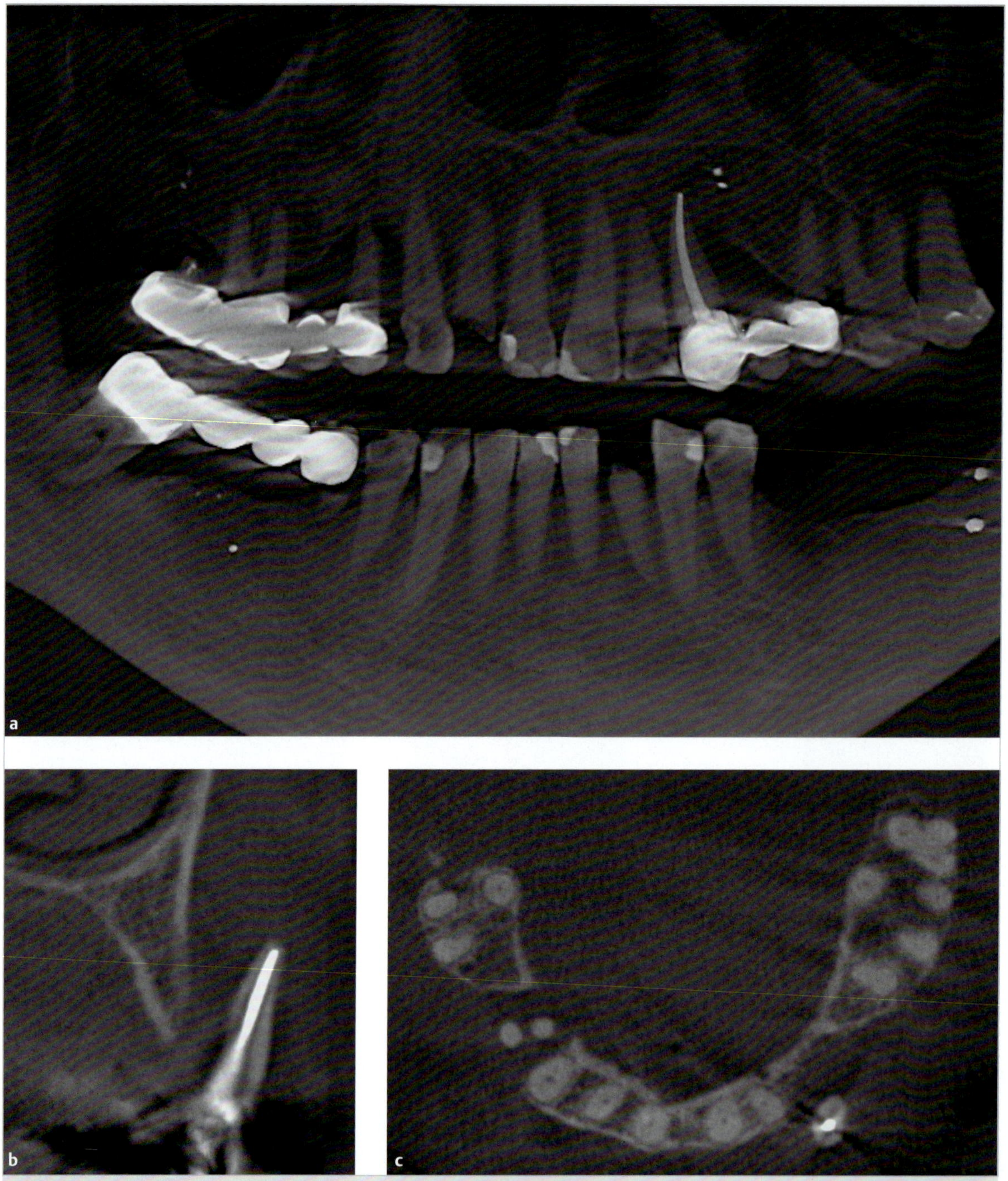

Abb. 10.1 Auf dem Panoramabild **(a)** stellt sich am Zahn 22 distal ein tiefer vertikaler Knochenabbau dar. Periapikal sind keine Veränderungen erkennbar. Erst die beiden Aufnahmen in transversaler und axialer Ansicht **(b, c)** zeigen, dass der der wurzelgefüllte Zahn durch einen zystischen Prozess vestibulär verdrängt wurde.

Durch die Zentralprojektion werden alle Strukturen des aufgenommenen Objekts durchstrahlt und auf das Bild projiziert. Durch die Summation tragen deshalb viele Strukturen zum Bildaufbau bei. Die Gefahr besteht nun darin, dass knöcherne Strukturen, die nicht zu dem untersuchten Gebiet gehören, am Bildaufbau beteiligt sind und so zu Fehldeutungen führen können.

Es können so Bilder entstehen, die nicht den wirklichen Verhältnissen entsprechen. Schon bei der intraoralen Aufnahme tragen z.B. mehrwurzelige Zähne dazu bei, die Diagnostik zu erschweren. Ebenso können im Oberkiefer Überlagerungen durch das Jochbein zu Fehldeutungen führen.

10.1 Zahn- und Zahnhalteapparat

Zahn- und Zahnhalteapparat gehören zu den kleinsten und feinsten anatomischen Strukturen, die durch Röntgenaufnahmen dargestellt werden können.

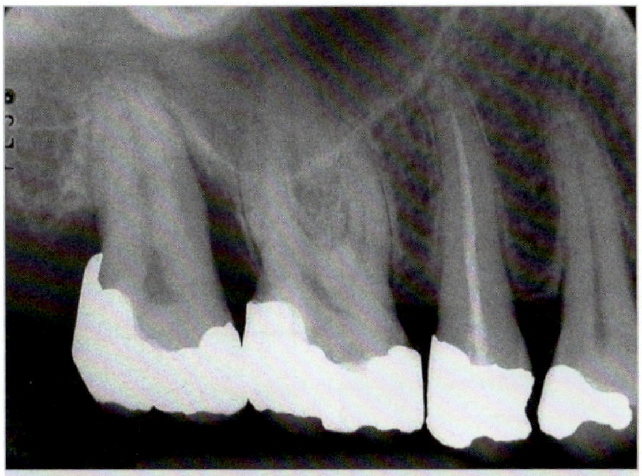

Abb. 10.2 Lamina dura. In jeder Alveole sieht man eine dünne durchgehende Verschattungslinie am Rand verlaufend.

Eine große Bedeutung für die Erkennung pathologischer Veränderungen im Alveolenbereich kommt der sogenannten Lamina dura zu. Bei der Lamina dura handelt es sich um die Lamina cribriformis, den Alveolarknochen, der die Alveolenwand bildet. Sie ist 0,1–0,4 mm dick und besitzt den Charakter eines feinlöchrigen Siebs, das an den Knochenbälkchen der Spongiosa befestigt ist. Im Röntgenbild erscheint bei vestibuläroralem Strahlengang, also Zahnfilm-Projektion, die Lamina cribriformis als eine röntgendichte Linie, die als Lamina dura bezeichnet wird (▸ Abb. 10.2, ▸ Abb. 10.3).

Selbstverständlich muss auf das interradikuläre Knochenseptumzur Beurteilung der Bifurkation und die variationsreichen Formen des Pulpakavums sowie die Wurzelkanäle geachtet werden. Hier stoßen intraorale Zahnaufnahmen an ihre Grenzen, sodass 3-dimensionale Aufnahmetechniken in Form der digitalen Volumentomografie auch für Fragestellungen aus diesem komplizierten Gebiet zum Einsatz kommen (▸ Abb. 10.4).

Die korrekte Abbildung des Alveolarkamms und der interdentalen Knochensepten hängt bei intraoralen Aufnahmen stark von der Aufnahmetechnik und der Einstrahlrichtung ab. Gelingt es nicht, im rechten Winkel auf den Alveolarkamm einzustrahlen, dann besteht die Gefahr, dass die Höhe des Alveolarkamms nicht korrekt dargestellt wird. Es wird in der Regel dann ein höherer Alveolarkamm vorgetäuscht, als wirklich vorhanden ist.

Für die Beurteilung des Alveolarkamms sind daher die Bissflügelaufnahme, das Orthopantomogramm oder Spezialeinstellungen für den Alveolarkamm – ebenfalls unter Verwendung der Panoramaschichttechnik – einsetzbar (▸ Abb. 10.5).

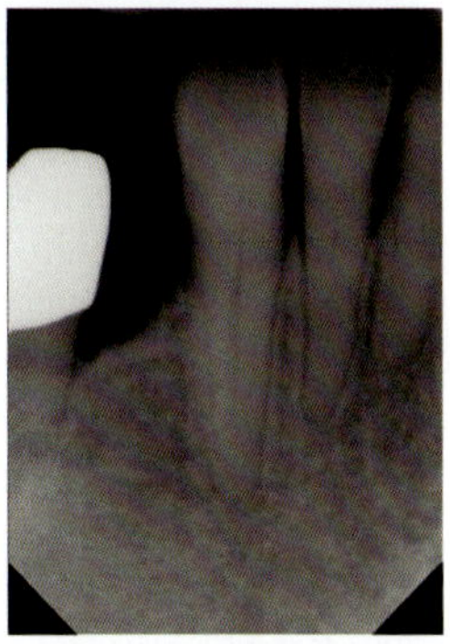

a

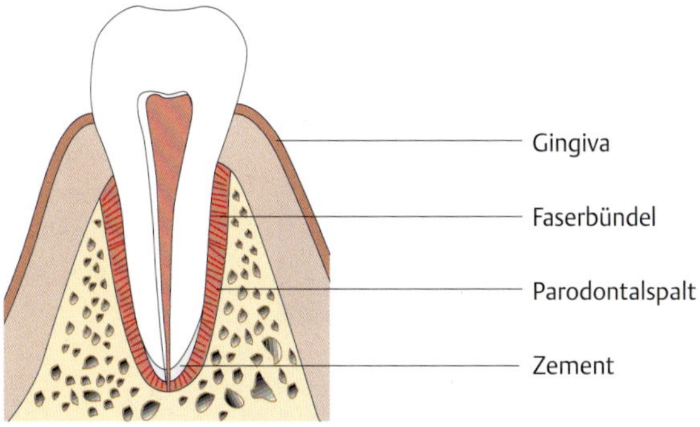

b

Abb. 10.3 Zahn und Zahnhalteapparat.
a Die anatomische Alveolenwand stellt sich im Röntgenbild als Lamina dura in Form einer dünnen Verschattungslinie dar.
b Längsschnitt durch Zahn und Halteapparat.

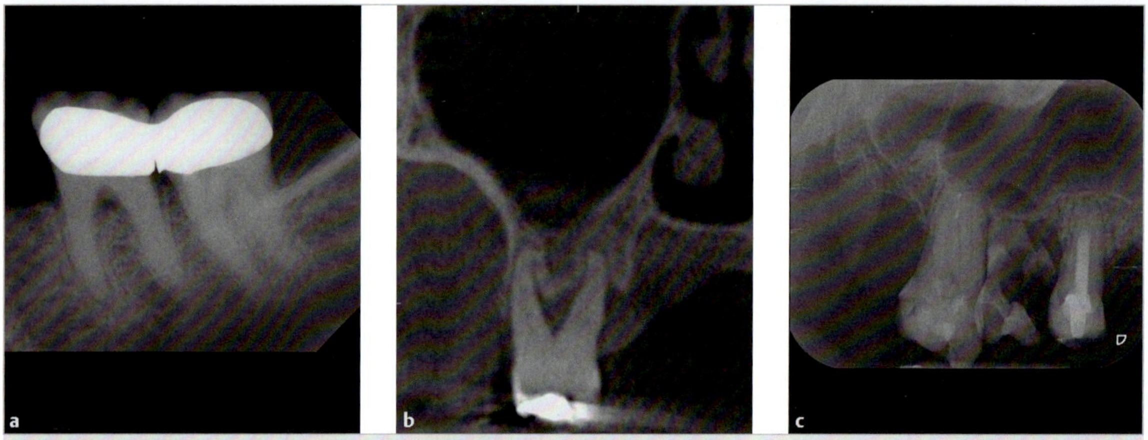

Abb. 10.4 Interradikuläres Knochenseptum, Bifurkation, Pulpakavum und Wurzelkanäle.
a Man erkennt am Zahn 36 deutlich die freiliegende Bifurkation. Am Zahn 37 projiziert sich in Alveolarkammhöhe die Linea obliqua als knochendichte breitere Verschattungslinie in die distale Wurzel hinein.
b Die transversale DVT-Aufnahme zeigt in einer 2. Ebene das ganze Ausmaß des Knochenabbaus.
c Die Frakturen im Wurzelbereich des Zahns 16 erschweren die Diagnostik. Man erkennt aber einen deutlich verbreiterten Parodontalspalt. Der Zahn 15 ist unvollständig wurzelgefüllt und der Zahn 17 imponiert durch unregelmäßige Füllungen und eine nicht sicher diagnostizierbare Pulpa. Anatomisch fällt der Processus coronoideus im Bereich des Tuber maxillae auf. Distal vom Tuber erkennt man den Pterygoidfortsatz. Kranial schließlich erscheint der kaudale Teil des Jochbeins. Die Kieferhöhle erkennt man an ihrer dünnen Begrenzungslinie.

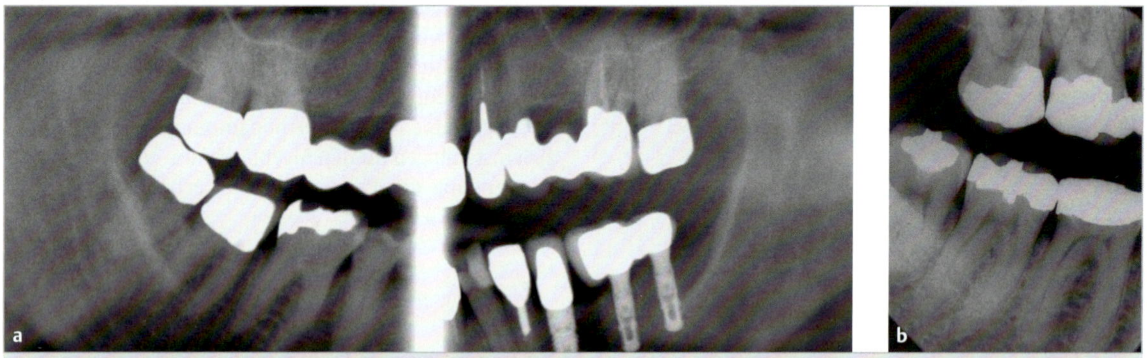

Abb. 10.5 Der Alveolarkamm wird nur dann anatomisch korrekt dargestellt, wenn parallele Röntgenstrahlen im höchsten Maße senkrecht auf den Unterkiefer und den Bildempfänger auftreffen. Dies gelingt mit der Panoramaschichttechnik und vertikalen Bissflügelaufnahmen am besten.

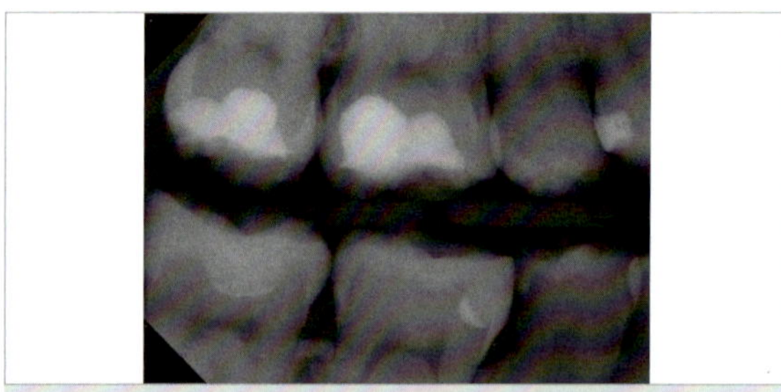

Abb. 10.6 An den Zahnhälsen der Zähne 16 und 15 erscheinen dunkle Bereiche, die auf kariöse Defekte hinweisen könnten. Form und Struktur deuten aber mehr auf einen Burn-out-Effekt hin. Am Zahn 35 dagegen ist distal der Schmelz zerstört, was auf einen kariösen Defekt hinweist.

▸ **Burn-out-Effekt.** Eine weitere radiologische Besonderheit ist der Burn-out-Effekt, der sich als Aufhellungszone in Höhe des Zahnhalses darstellt. Hervorgerufen wird diese Aufhellung durch die anatomischen Verhältnisse: Der Schmelz verjüngt sich zur Wurzel hin, sodass die Strahlung an der Übergangsstelle zum Zahnhals weniger absorbiert wird und der Bereich dadurch dunkler erscheint.

M!

Merke

Da diese Aufhellung als kariöser Defekt fehlgedeutet werden kann, muss bei der Beurteilung besondere Sorgfalt angewendet werden (▸ Abb. 10.6).

10.2 Unterkiefer

Im Unterkiefer finden sich nur wenige anatomische Strukturen, die im Röntgenbild besonders beachtet werden müssen.

Im Seitenzahnbereich projiziert sich die Linea obliqua in der Regel in den Wurzelbereich der Weisheitszähne und der 2. Molaren. Die Linea obliqua imponiert als eine 1–2 mm breite, leicht gebogene Verschattungslinie und kann sich in den Apexbereich projizieren und damit die Diagnostik erschweren (▶ Abb. 10.7).

Das Foramen mentale stellt sich in der Regel nur auf dem OPG dar. Der Nervenkanal selbst ist immer an 2 parallel verlaufenden Verschattungslinien zu erkennen. In den meisten Fällen ist der Nervenkanal gut erkennbar.

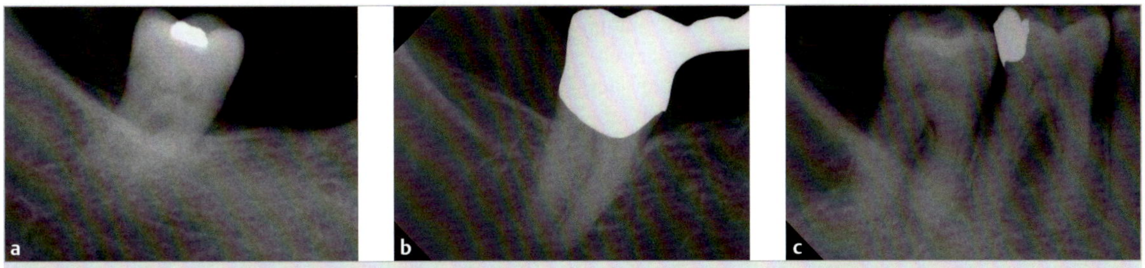

Abb. 10.7 Je nach knöcherner Gestalt und Projektion stellt sich die Linea obliqua in Höhe des Alveolarkamms dar und projiziert sich auf den Wurzelbereich des Weisheitszahns und der 2. Molaren.

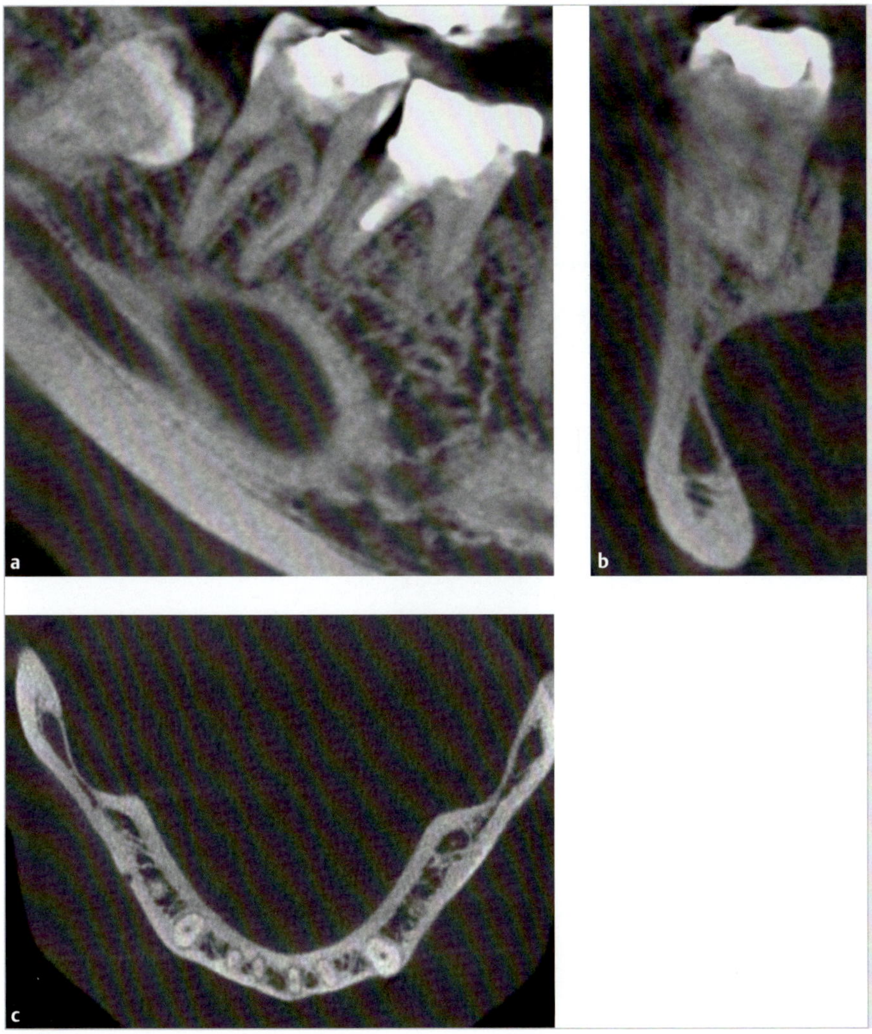

Abb. 10.8 Pathologischer Prozess oder Normvariante?
a Auf der seitlichen Aufnahme stellt sich ein ovaler, scharf begrenzter hypodenser Bereich dar, der an eine zystische Veränderung erinnert.
b Diese Aufnahme zeigt eine extreme Ausdünnung des Unterkiefers.
c Die Ausdünnung des Unterkiefers ist symmetrisch, das dokumentiert die Aufnahme in dieser Ebene. Der in Teilbild **(a)** aufgefallene Effekt ist durch diese Ausdünnung herbeigeführt.

Cave

Es gibt aber Fälle, in denen der Nervenkanal weder auf den Nativ- noch auf Schichtaufnahmen darstellbar ist. Bei chirurgischen Eingriffen ist dann noch größere Sorgfalt notwendig.

Cave

Beim Vorhandensein einer Nasopalatinuszyste weitet sich der Canalis incisivus zu einem rundlichen Gebilde. Dies allein ergibt aber keine sichere Aussage über eine zystische Veränderung.

► **Anatomische Formvarianten.** Die Form des Unterkiefers hat sehr viele Variationen. Im Röntgenbild kann der Querschnitt des Unterkiefers zu Fehldeutungen führen, sodass bei unklaren Aufhellungen immer der Seitenvergleich benutzt werden muss, um Normvarianten des Unterkiefers gegenüber pathologischen Prozessen abgrenzen zu können. Im Zweifelsfall helfen auch hier DVT-Schichtaufnahmen zur sicheren Abklärung einer unklaren Aufhellung (► Abb. 10.8).

10.3 Oberkiefer

Im Oberkiefer stellen sich – neben Zähnen und Alveolarkamm – deutlich mehr Strukturen als im Unterkiefer dar.

In der Oberkieferfront erscheint im Röntgenbild der Canalis incisivus, je nach seiner anatomischen Breite und Größe. Er ist erkennbar an 2 parallel verlaufenden vertikal ausgerichteten Verschattungslinien.

Ebenfalls in der Front sind die Sutura mediana und in vielen Fällen auch die Spina nasalis dargestellt. Überlagert wird die Frontzahnregion vom Weichteilschatten der Nase. Auf der intraoralen Zahnaufnahme bewirkt er oft eine größere Dichte des Wurzelbereiches. Durch eine geschwungene, dem Nasenflügel entsprechende Begrenzung lässt sich der Weichteilschatten bei intraoralen Aufnahmen aber gut abgrenzen (► Abb. 10.9).

Im Eckzahnbereich finden wir die medioventrale Begrenzungslinie der Kieferhöhle, die kranial die Linie, die durch den Nasenboden entsteht, kreuzt. Auch hier sieht man mesial des Eckzahns eine hellere dichtere Fläche, die – wie in der Front – durch den Weichteilschatten der Nase entsteht (► Abb. 10.10).

Mesioventral kreuzt die Kieferhöhlenbegrenzung den Nasenboden und den harten Gaumen, der sich in der Regel als eine ebenfalls sehr dünne Verschattungslinie darstellt. Im Gegensatz zur Kieferhöhlenbegrenzung sind der

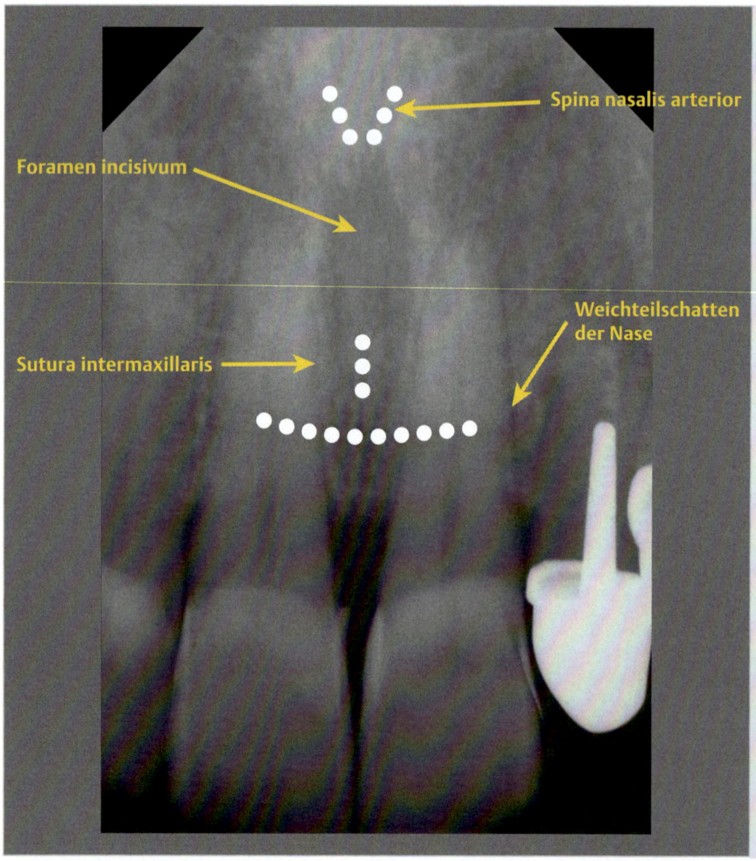

Abb. 10.9 Oberkieferfront mit den relevanten – meistens erkennbaren – anatomischen Strukturen.

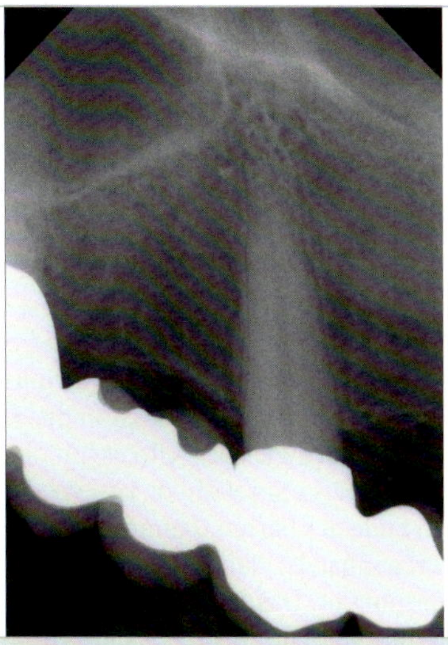

Abb. 10.10 Eckzahn 13 mit Kieferhöhlenbegrenzung (distal), Nasenboden (kranial) und Nasenschatten (mesial).

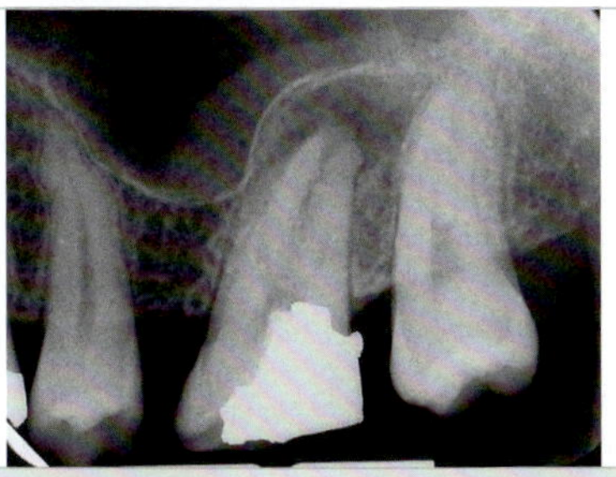

Abb. 10.11 Molarenaufnahme mit einem hohen Gaumen, sodass sich der Nasenboden nur zum kleinen Teil kranial als Verschattungslinie darstellt.

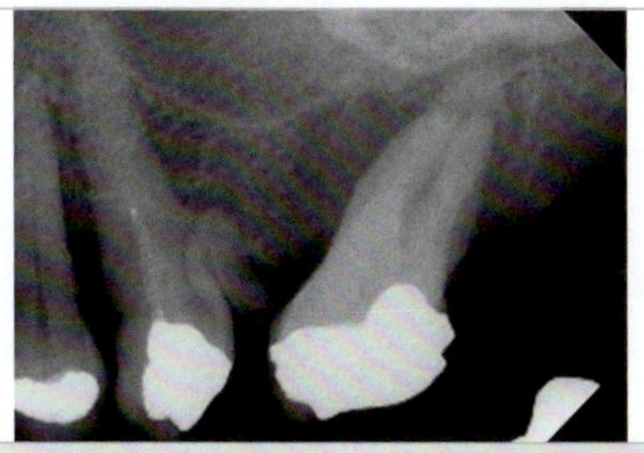

Abb. 10.12 Molarenregion mit kleinem Wurzelrest in Höhe des Alveolarkamms. Die kaudale Begrenzung stellt sich als dünne Verschattungslinie dar. Am kranialen Bildrand sieht man die kaudalen Anteile des Jochbeins.

Nasenboden und der harte Gaumen immer als eine gerade, horizontal verlaufende Verschattungslinie abgebildet und sicher identifizierbar (▶ Abb. 10.11).

Der Recessus alveolaris ist der Teil der Kieferhöhle, der sich kaudal des Nasenbodens und harten Gaumens darstellt. Diagnostisch können hier Probleme auftreten, wenn der Recessus alveolaris als eine zystische Veränderung gedeutet wird.

Im Seitenzahnbereich stellt sich in Höhe der Wurzeln der Prämolaren und Molaren eine gebogene, sehr dünne konkav verlaufende Verschattungslinie dar, die von der knöchernen Begrenzung der Kieferhöhle gebildet wird (▶ Abb. 10.12).

Bei einem flachen harten Gaumen „wandert" das Jochbein, ähnlich wie bei der Halbwinkeltechnik, nach kaudal und kann die Apices der Molaren überlagern (▶ Abb. 10.13).

Bei Aufnahmen, die weit distal aufgenommen werden, kann es vorkommen, dass der Processus muscularis des Unterkiefers mit abgebildet wird (▶ Abb. 10.14).

10.4 Röntgenanatomie der Panoramaschichtaufnahme

Durch die Größe bedingt, erscheinen auf den PSA-OPG-Aufnahmen naturgemäß mehr anatomische Strukturen als auf der intraoralen Aufnahme. Während sich im Unterkiefer die anatomischen Strukturen in der Regel übersichtlich und gut erkennbar darstellen, treten im Oberkiefer und im Bereich des Mittelgesichts häufig diagnostische Schwierigkeiten auf.

Der Grund liegt in der großen Schichtdicke von bis zu 25 mm und den daraus entstehenden Überlagerungen, die wiederum durch die Vielfalt an anatomischen Strukturen entstehen.

10.4.1 Unterkiefer

In den meisten Fällen stellt sich der Nervenkanal sehr gut dar. Ebenso sind das Foramen mentale und das Foramen mandibulae in der Regel gut zu erkennen. Lage und Form des Canalis mandibulae ist sehr variationsreich und sollte immer im Seitenvergleich beurteilt werden.

Der sogenannte aufsteigende Ast des Unterkiefers einschließlich des Kieferwinkels zeichnet sich anatomisch durch den Nervenkanal aus, der kranial in die Fossa man-

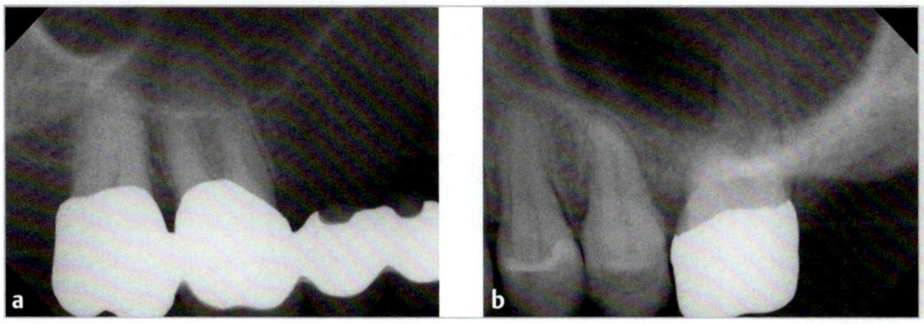

Abb. 10.13 Das Jochbein steht in beiden Aufnahmen sehr tief.
a Das Jochbein überdeckt den Apex.
b Das Jochbein projiziert sich in den Wurzelbereich.

dibulae mündet. Der Processus coronoideus, die Incisura mandibulae, das Kollum und das Caput mandibulae stellen sich in der Regel zweifelsfrei dar. Schwierig wird die Diagnostik in diesem Bereich aber durch anatomisch bedingte Weichteilstrukturen, wie wir sie nur auf dem Orthopantomogramm finden. Und da sich diese Weichteile – und auch Luftschatten – sehr individuell bei jedem Patienten anders darstellen können, wird die Diagnostik hier im besonderen Maße schwieriger als in anderen Bereichen.

Grundsätzlich stellen sich im aufsteigenden Ast der Wischschatten des Gegenkiefers, der weiche Gaumen und der Luftschlauch aus der Mund- und der Nasenhöhle dar. Beide vereinigen sich im Pharynx und projizieren in vielfältiger Form auf den aufsteigenden Ast des Unterkiefers. Hierbei können Gebilde entstehen, die leicht zu Fehldeutungen führen können.

Am dorsalen Ende des Oberkiefers finden wir den Tuber maxillae, der klinisch als Tuberabriss – hervorgerufen durch eine Extraktion – eine Bedeutung bekommen kann.

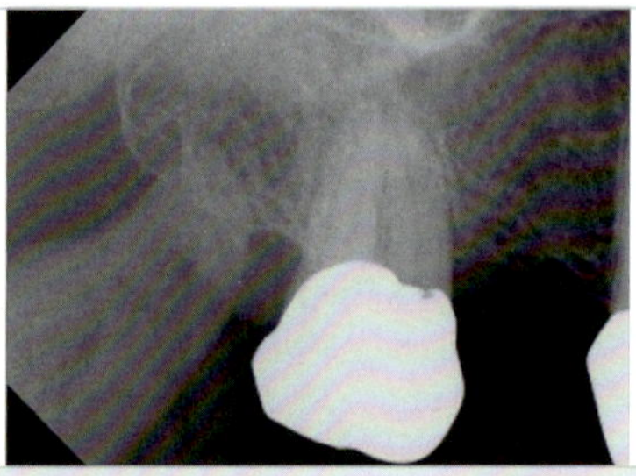

Abb. 10.14 Zahn 17 mit Darstellung des Muskelfortsatzes des Unterkiefers.

Kranial erkennt man die dorsale Begrenzung der Kieferhöhle, wiederum als dünne Verschattungslinie. Dorsal verläuft eine ebenfalls vertikale zweite dünne Linie. Beide Linien begrenzen die Fossa pterygopalatina. Die Pterygoidfortsätze sind nicht immer zu erkennen, ganz selten stellt sich der Hamulus pterygoideus dar. Deutlicher erscheint der Styloidfortsatz, der sich als mehr oder weniger dünne Verschattungslinie kaudal erstreckt und durch Verkalkung sehr lang ausgebildet sein kann.

Auf dem Orthopantomogramm (OPG) sind neben dem Weichteilschatten der Nase auch die Ohrmuscheln gut zu erkennen. Ihre typische Form lässt in der Regel keine Fehldeutungen zu. Schwieriger wird es mit dem weichen Gaumen, der sich als ein relativ dickes, weichteildichtes Gebilde vom Ende des harten Gaumens zum Pharynx hin erstreckt. Erkennbar ist der weiche Gaumen durch die Luft, die ihn umgibt. Das ist die Luft aus der kranialen Nasenhöhle und die Luft aus der kaudalen Mundhöhle, die sich beide im Pharynx vereinen. Probleme bei der Beurteilung des weichen Gaumens können dadurch entstehen, dass – durch die Aufnahme bedingt – der weiche Gaumen sehr viele verschiedene Formen annehmen kann.

Als weiterer Weichteilschatten ist die Zunge zu erwähnen, die aber hauptsächlich bei der Anfertigung eines OPGs berücksichtigt werden muss.

► Abb. 10.16, ► Abb. 10.17, ► Abb. 10.18 und ► Abb. 10.19 veranschaulichen die wichtigsten anatomischen Strukturen.

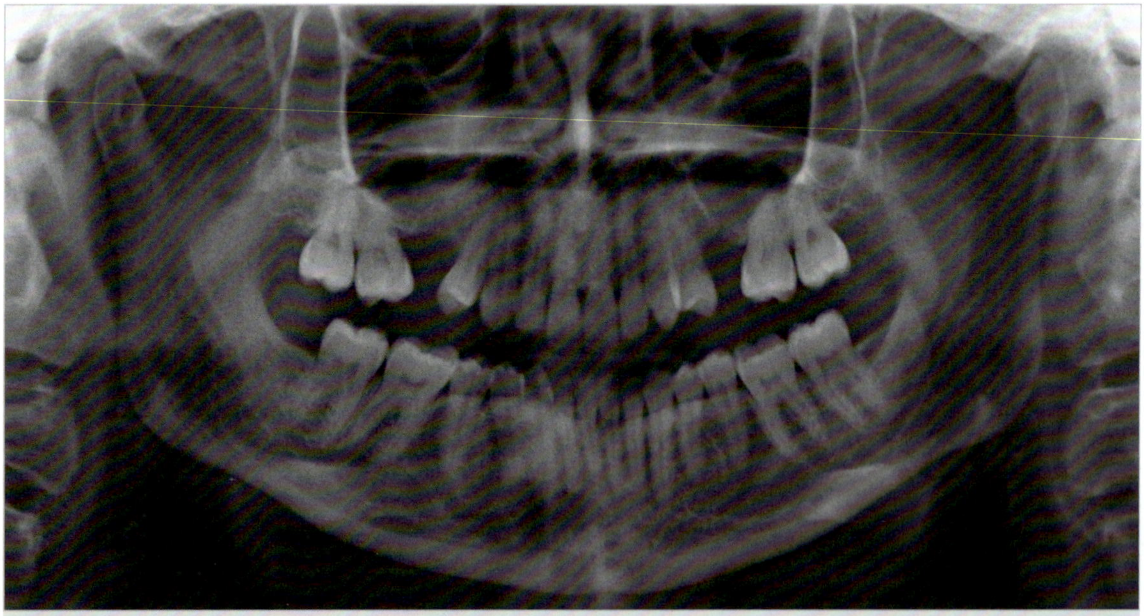

Abb. 10.15 Mit einem Sensor aufgenommenes Orthopantomogramm mit der Gesamtdarstellung der beiden Kiefer, den basalen Anteilen der Kieferhöhlen und dem knöchernen Gelenkbereich.

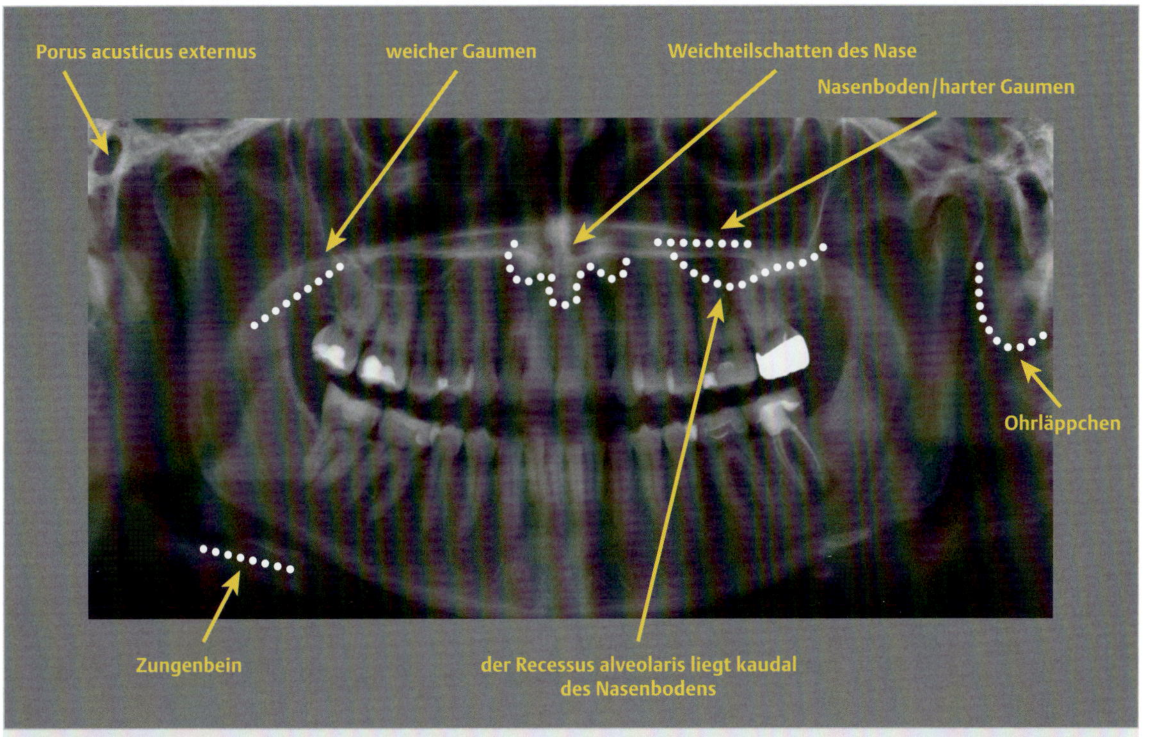

Abb. 10.16 Orthopantomogramm: anatomische Strukturen 1.

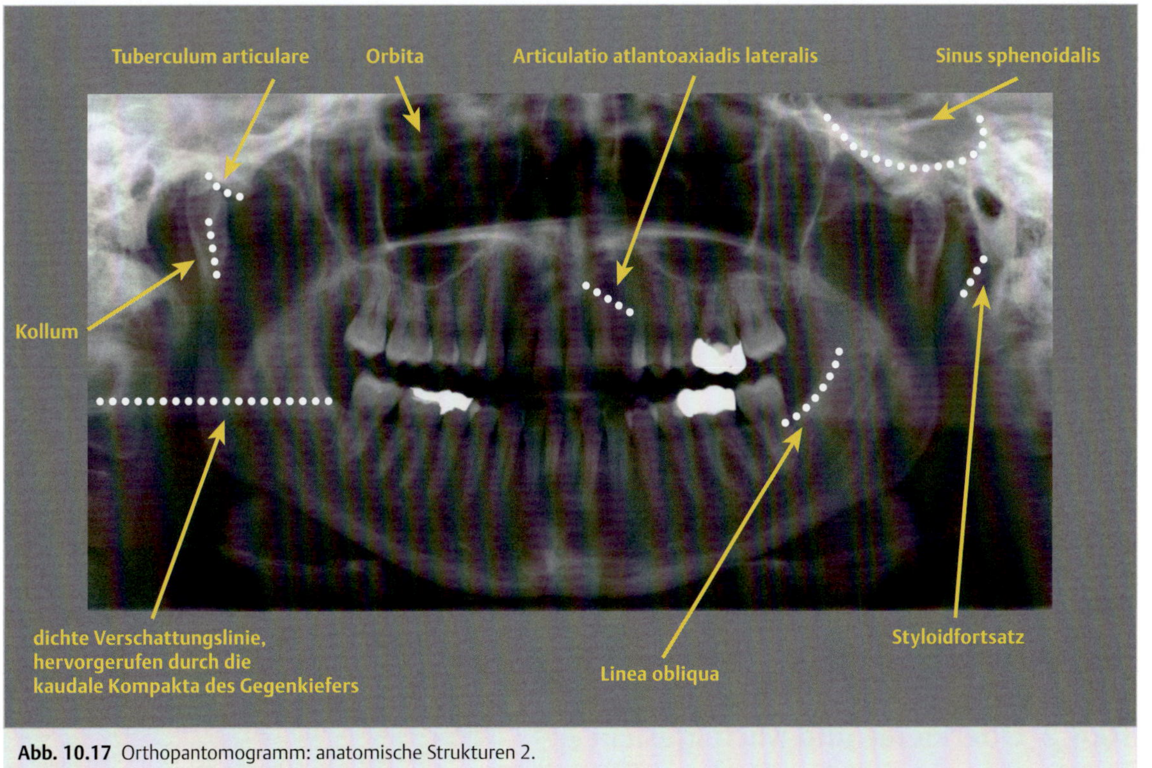

Abb. 10.17 Orthopantomogramm: anatomische Strukturen 2.

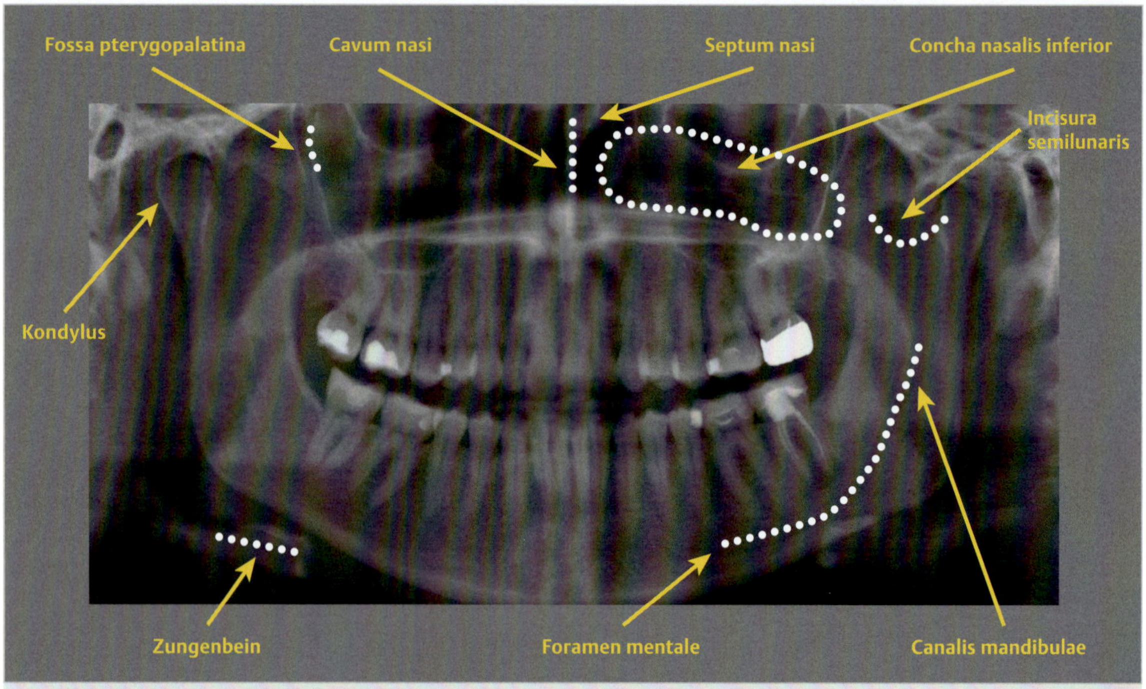

Abb. 10.18 Orthopantomogramm: anatomische Strukturen 3.

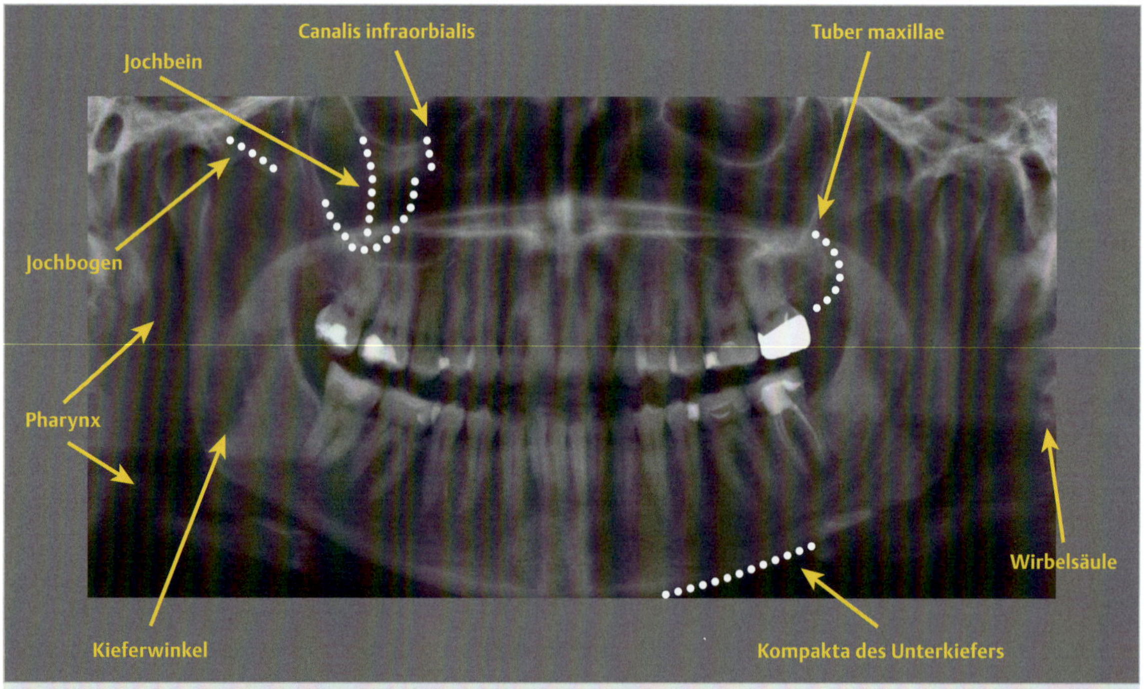

Abb. 10.19 Orthopantomogramm: anatomische Strukturen 4.

10.4.2 Oberkiefer und Mittelgesicht

An den Oberkiefer schließt kranial das Mittelgesicht an. Im Röntgenbild sind vom Mittelgesicht am häufigsten die Jochbeine abgebildet. Je nach Einstrahlrichtung erscheinen die Jochbeine in v-Form als dickere, dichte Verschattungslinien. Die restlichen Anteile der Jochbeine sind nur manchmal deutlich in ihrer Form und Ausdehnung dargestellt.

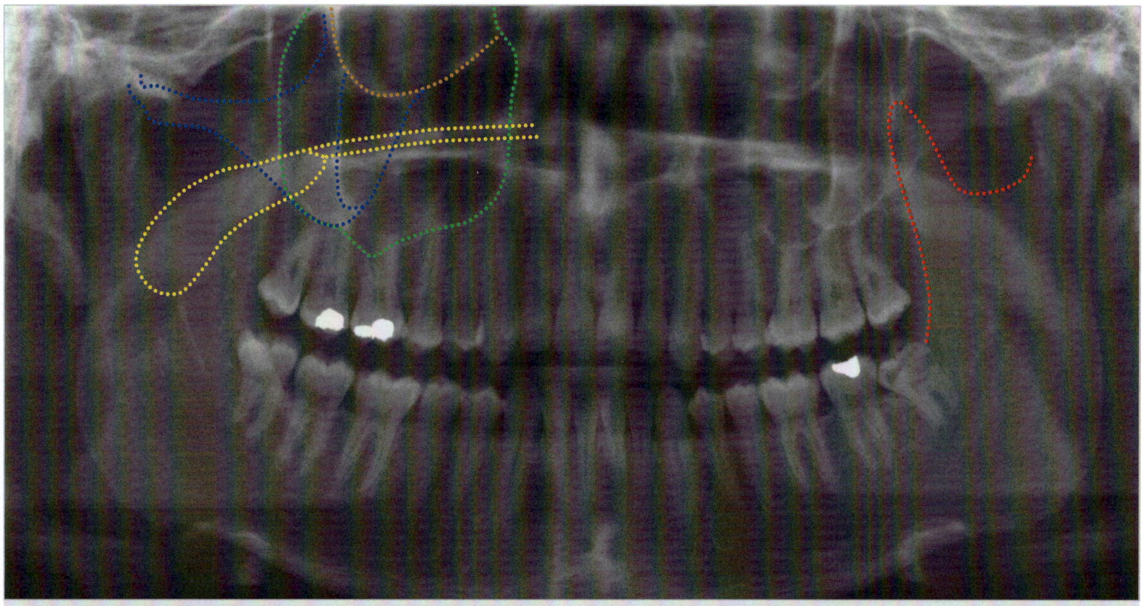

Abb. 10.20 Jochbein, Muskelfortsatz, Kieferhöhle und Nasenhöhle überlagern sich im seitlichen Bereich des Oberkiefers und des Mittelgesichts. Die Diagnostik wird dadurch erschwert, wenn nicht unmöglich. **Blau:** Jochbein; **gelb:** harter und weicher Gaumen; **grün:** Kieferhöhle; **braun:** Orbita; **rot:** Muskelfortsatz.

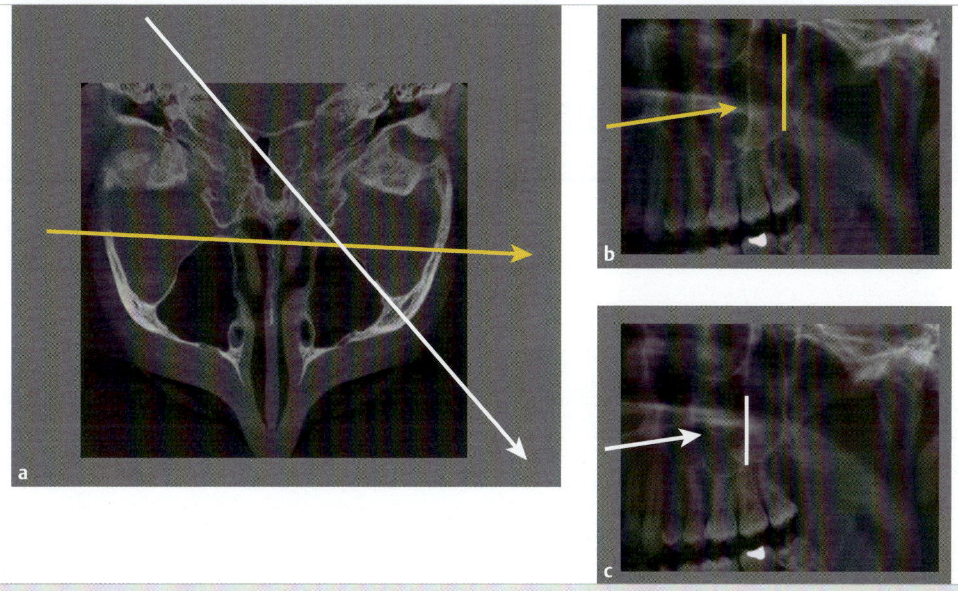

Abb. 10.21 Darstellung der dorsalen und lateralen Wand der Kieferhöhlen im OPG. Durch einen Summationseffekt wird zunächst die dorsale Wand der Kieferhöhle **(gelb)** dargestellt. Dann erfolgt eine tangentiale Einstrahlung, längst der lateralen Kieferhöhlenwand. Es zeigt sich eine 2. vertikale Linie **(weiß)**.

a Strahlengang.

b Durch den Umlauf der Röhre wird die dorsale Wand als 1. vertikale Linie **(gelb)** abgebildet.

c Die 2. vertikale Linie **(weiß)** kommt durch eine Summation der lateralen Kieferhöhlenwand zustande.

In der Regel werden Unter-, Oberkiefer und Mittelgesicht auf dem OPG dargestellt. Da die Schicht im Oberkiefer im Zentimeterbereich liegt, können Kiefer- und Nasenhöhle nicht getrennt dargestellt werden. Lediglich der Recessus alveolaris ist von Überlagerungen frei. Aber mit dem Nasenboden und harten Gaumen beginnend, projizieren sich die unteren Nasenmuscheln in die Kieferhöhle. Sie sind erkennbar als eine weichteildichte, relativ homogene lang gestreckte Verschattung, die von der Front bis zur hinteren Wand der Kieferhöhle reicht.

Aufnahmebedingt befinden sich Strukturen, die anatomisch korrekt dorsal liegen, auf der Panoramaschichtaufnahme seitlich. Durch diese panoramaartige Darstellung bekommt man zwar einen sehr guten Überblick, das richtige Erkennen der Anatomie und die Diagnostik werden aber erschwert.

Zur Orbita hin sieht man in vielen Fällen die dünne Verschattungslinie der Kieferhöhle auf die Orbita projiziert. Durch die Trichterform der Orbita überlagern sich also Teile der Orbita mit den kranialen Bereichen der Kieferhöhle.

In Höhe des Infraorbitalrands erkennen wir häufig 2 parallel verlaufende Verschattungslinien, die uns den Canalis infraorbitalis anzeigen. Das Foramen infraorbitale, wenn es sich darstellt, sieht man im Bereich der Kieferhöhle.

Eine schwierige anatomische Region ist der laterodorsale Bereich der Kieferhöhlen. Die in ▶ Abb. 10.20 eingezeichneten Linien zeigen, wie viele Strukturen übereinander projiziert sind und in welcher ungewohnten Weise sie sich durch den Panoramaeffekt darstellen.

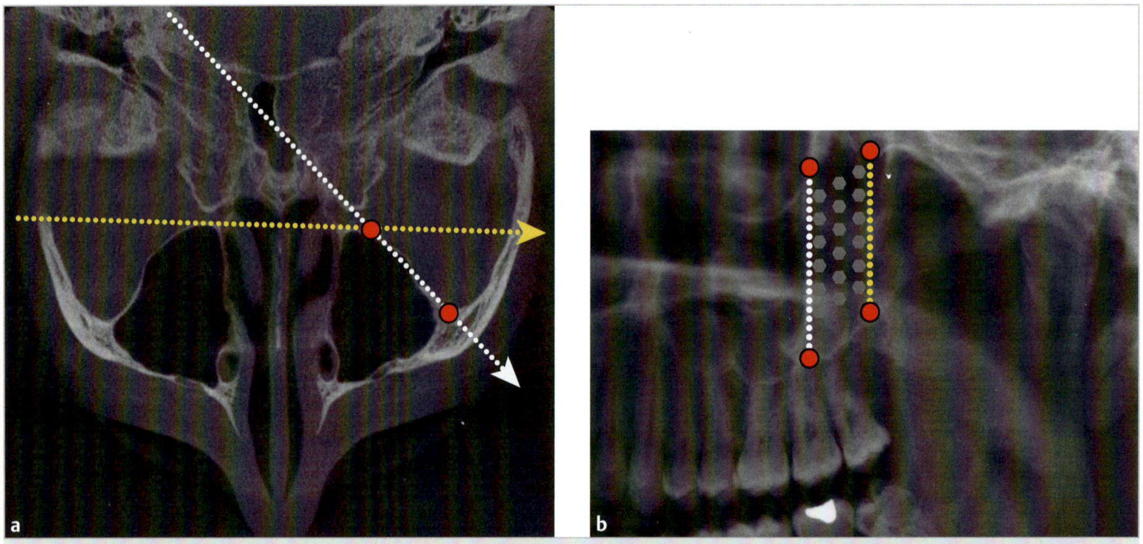

Abb. 10.22 Darstellung der lateralen Wand der Kieferhöhlen im OPG.
a Strahlengang.
b Die laterale Kieferhöhlenwand wird dorsal durch die **gelbe Linie** an der hinteren Begrenzung und ventral durch die **weiße Linie** begrenzt.

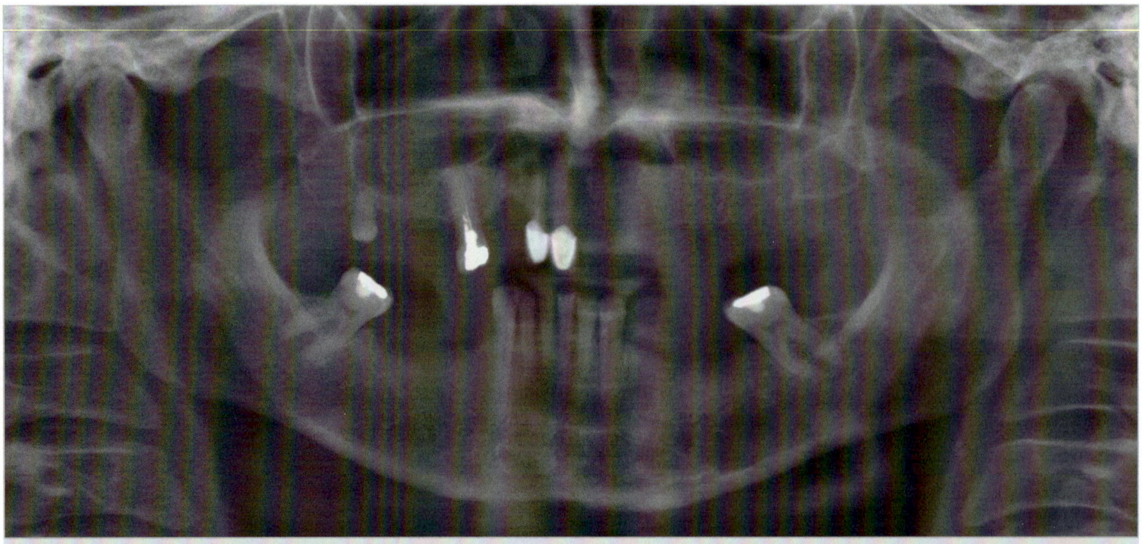

Abb. 10.23 In der rechten Kieferhöhle stellt sich basal eine rund-konvexe, weichteildichte Verschattung mit V.a. eine Mukozele dar. Die Region oberhalb des Nasenbodens kann nicht beurteilt werden.

Zum Verständnis für das Zustandekommen der Darstellung der dorsalen und lateralen Wand der Kieferhöhlen muss man den Strahlengang berücksichtigen und immer daran denken, dass sich die Röhre kreisartig um den Patienten bewegt (▶ Abb. 10.21).

Die Fläche zwischen den beiden Linien in ▶ Abb. 10.21 stellt die laterale Wand der Kieferhöhle dar, wie in ▶ Abb. 10.22 gezeigt.

Durch die Anatomie und die Aufnahmeart bedingt, kann also mit dem OPG keine verlässliche Kieferhöhlendiagnostik durchgeführt werden. Lediglich Befunde im Recessus alveolaris und die hintere Kieferhöhlenwand können sicher beurteilt werden (▶ Abb. 10.23).

Merke M!

Die anatomischen Verhältnisse oberhalb des Nasenbodens und des harten Gaumens erlauben es also nicht, auf dem OPG eine Kieferhöhlendiagnostik durchzuführen. Lediglich Veränderungen mit Ursprung im Recessus alveolaris können erkannt werden. Auch die dorsale Wand der Kieferhöhle lässt sich beurteilen.

Kapitel 11

Röntgenbefund und Diagnostik

11 Röntgenbefund und Diagnostik

11.1 Systematische Bildbetrachtung und Vorgehensweisen zur Befunderhebung

Um eine optimale Röntgendiagnostik betreiben zu können, müssen mehrere Bedingungen erfüllt sein.

- Die Strukturen müssen vollständig abgebildet und deutlich erkennbar sein.
- Für die Aufnahmen müssen Standardprojektionen verwendet werden, damit die Darstellung der Strukturen in vergleichbarer Weise geschieht. Nur so können Vergleiche mit bekannten, im Gedächtnis gespeicherten Befunden hergestellt werden. Durch diese Vergleiche können Abweichungen, die durch pathologische Veränderungen hervorgerufen wurden, besser erkannt werden.
- Eine große Bedeutung kommt der korrekten Befolgung der Aufnahmekriterien zu. Nur so sind Vergleiche mit eigenen Voraufnahmen oder Fremdaufnahmen möglich.

M!

Merke

Es ist aber immer darauf zu achten,

- dass nur so viele Aufnahmen wie unbedingt notwendig sind, angefertigt werden (ALARA-Prinzip: Strahlenbelastung „as low as reasonably achievable") und
- dass die erforderliche Bildqualität mit der geringstmöglichen Dosis erreicht wird (Abnahmeprüfung).

11.1.1 Film- und Monitorbetrachtung

Voraussetzung für die Filmbetrachtung ist eine geeignete Lichtquelle. Für das digitale Bild ist ein Monitor notwendig, der die feinsten Strukturen einwandfrei wiedergeben kann. Daher muss auf eine gute Monitorqualität im zahnärztlichen Röntgen ein besonders großer Wert gelegt werden.

Für die Filmbetrachtung und den Monitor gilt gleichermaßen, dass die Umgebung des Befundplatzes abgedunkelt zu sein hat. Eine Befunderhebung kann nicht im hellen Behandlungszimmer stattfinden. Lichtkästen für die Filmbetrachtung oder Monitore am hellen Arbeitsplatz sind nur zur Orientierung, aber nicht zur Befunderhebung geeignet.

Bevor die Befunderhebung beginnt, sollte eine Qualitätsbeurteilung der Aufnahme durchgeführt werden. Dabei wird zunächst geprüft, ob bei einer Filmaufnahme die richtige Schwärzung des Bilds vorliegt. In geringerem Maße gilt dies auch für das digitale Bild, da nicht jede Unterbelichtung – trotz eines großen Belichtungsumfangs – durch Bearbeitung wieder ausgeglichen werden kann. Dabei wird zunächst kontrolliert, ob der gesamte Bereich abgebildet wurde. Auf den größeren Bildformaten wird darauf geachtet, ob die Begrenzung des Nutzstrahlenfelds überall zu sehen ist. Schließlich erfolgt dann die Überprüfung der Einstellungen und Positionierungen.

Nach dieser Qualitätskontrolle kann dann begonnen werden, systematisch die verschiedenen Regionen auf Veränderungen zu untersuchen. Besonders die Panoramaschichtaufnahme und die Aufnahmen der digitalen Volumentomografie erfordern ein sorgfältiges und strukturiertes Vorgehen bei der Betrachtung der Bilder.

Bei dem OPG wird man zunächst quadrantenweise die Zähne und den Alveolarfortsatz untersuchen, anschließend die maxillare Region einschließlich der basalen Kieferhöhlenanteile. Es folgt dann die Betrachtung der Unterkiefer einschließlich der Gelenkköpfe.

Die Größe und die klinische Bedeutung der Veränderung haben einen großen Einfluss auf die Länge und den Umfang der schriftlichen Dokumentation des Befundes. Auf jeden Fall muss aus dem Geschriebenen ersichtlich sein, was sich auf der oder den Aufnahmen dargestellt hat.

11.1.2 Einzelschritte vom Befund zur Diagnose

Der Weg zur möglichen Diagnose erfolgt über mehrere Einzelschritte. Die erste Aufgabe besteht darin, eine Veränderung zu entdecken.

Finden einer pathologischen Veränderung

Bei der ersten Betrachtung des Röntgenbilds müssen Veränderungen gefunden werden, die nicht der normalen Anatomie entsprechen. Dabei müssen alle von der Norm abweichenden Bildelemente entdeckt werden.

Um nichts zu übersehen, muss zu Beginn die Bildqualität überprüft werden. Neben korrekter Belichtung spielen besonders in der Panoramaschichttechnik, aber auch bei intraoralen Aufnahmen, die Positionierung des Patienten (beim OPG) und die Positionierung des Bildempfängers (bei der intraoralen Aufnahme) eine Rolle.

Cave

Die Erfahrung zeigt, dass schon geringe Fehleinstellungen zu völlig unterschiedlichen Bildern führen. Ursache sind die komplizierten anatomischen Verhältnisse im Zahn- und Gesichtsbereich und die verwendeten Aufnahmetechniken. Das gilt für die intraorale Aufnahme genauso wie für die Panoramaschichtaufnahme.

Bildmerkmale, die auf Veränderungen hinweisen

Grundsätzlich können pathologisch bedingte Veränderungen ein Weniger oder aber ein Mehr an Knochensubstanz bedeuten. Dies gilt für Entzündungen, Zysten und Tumoren. Bei einer Fraktur, die in der Regel ohne große Schwierigkeiten am sichersten diagnostiziert werden kann, liegen die Dinge etwas anders. Hier weist die Unterbrechung einer knöchernen Kontinuität mit relativ großer Wahrscheinlichkeit auf eine Fraktur hin.

Beschreiben der Veränderungen

Nachdem Veränderungen entdeckt worden sind, müssen sie sorgfältig beschrieben werden. Nur durch eine korrekte Beschreibung lässt sich in der Bewertung der Veränderung entscheiden, ob hier eine Normvariante oder aber eine pathologische Veränderung vorliegt.

Begriffe zur Beschreibung von Strukturen für die Befunderhebung:

- **Lokalisation:** z.B. linker OK (Oberkiefer), Regio 18, periapikal, radikulär, koronar, lateral, medial, dorsal usw.
- **Form:** z.B. rund, oval, elliptisch, wolkig, multizystisch
- **Begrenzung:** z.B. glatt, scharf, unscharf, unregelmäßig
- **Größe:** z.B. Vergleich mit Nachbarstrukturen, genaue Beschreibung (von ... bis ...), wenn möglich mit metrischen Angaben in Millimetern
- **Struktur:** z.B. homogen, inhomogen, septiert, schalenartig
- **Dichte:** Oft ist eine vergleichende Beschreibung hilfreich, wie z.B. knochen-, weichteil-, zahn-, metall- oder füllungsdicht.
- **Beziehung zu den Nachbarstrukturen:** z.B. Nennung der Nachbarzähne, der Kieferhöhle, des Nervenkanals, des Nasenbodens
- **Art der Beziehung:** z.B. infiltrativ, verdrängend, ausdünnend

Beurteilung der Veränderungen

Liegen die Veränderungen schließlich schriftlich erfasst vor, kann begonnen werden, diese zu beurteilen.

Abhängig von der Klarheit der Veränderung, die wir in dem Röntgenbild vorfinden, wächst die Wahrscheinlichkeit, dass die erkannte Struktur eine pathologische Veränderung darstellt. Es muss aber immer in Betracht gezogen werden, dass es sich hier auch nur um eine Normvariante handeln kann. Diese Unterscheidung zu treffen, ist oftmals sehr schwer. Hier helfen Erfahrung und der Vergleich mit den Bildern, die man im Laufe seiner radiologischen Arbeit gesehen hat.

Diagnose

Röntgenbefund und Diagnose korrelieren mit unterschiedlicher Wahrscheinlichkeit. Nur bei eindeutiger Übereinstimmung von Röntgenbefund und Diagnose, wie z.B. bei einer Fraktur, können wir von einer Röntgendiagnose sprechen. In den meisten anderen Fällen können wir nur Verdachtsdiagnosen stellen.

Schriftliche Dokumentation eines Befunds

Der schriftliche Befund zwingt zur Konzentration auf das Wesentliche. Und er hat im klinischen und forensischen Bereich eine erhebliche Funktion und Bedeutung. Der Befund wird in § 28 (4.3.5) der Röntgenverordnung gefordert.

Radiologischer Befundbericht

Der radiologische Befundbericht enthält die Beschreibung der Untersuchung, die medizinische Fragestellung und deren Beantwortung. Bezüglich der Datenstrukturen sollen die Vorgaben der Norm DIN Teil 5 (Radiologischer Befundbericht) zugrunde gelegt werden. Zum radiologischen Befundbericht gehören auch die Angaben zum Patienten und zur Untersuchung.

Spezielle Befunderhebung in der alltäglichen Routine

In der zahnärztlichen Praxis treten manche Befunde sehr häufig und wiederkehrend auf, andere Befunde dagegen sind selten und stellen dann immer wieder eine Herausforderung dar.

Im Mittelpunkt der Befunderhebung stehen der Zahn und seine angrenzenden Strukturen. Während die Diagnostik der pathologischen Veränderungen am Zahn selbst zur Routine gehören sollte, beginnen schon im periapikalen Bereich und in den angrenzenden Knochenstrukturen im Unterkiefer die diagnostischen Unsicherheiten. Schwierig sind auch die basalen Anteile der Kieferhöhle zu beurteilen, besonders, wenn man diese kranial vom Nasenboden befunden will.

Zu den häufigsten Fragestellungen gehören die Kariesdiagnostik, die apikalen und marginalen Parodontopathien sowie die vielfältigen dichten, in der Regel benignen Verschattungen, hauptsächlich im Unterkiefer. Zystische Veränderungen, verlagerte, überzählige und retinierte Zähne und knöcherne Veränderungen am Kiefergelenk kommen seltener vor und bereiten in der Regel keine diagnostischen Schwierigkeiten. Probleme bereiten aber unklare Aufhellungen, die schnell als Osteolysen gedeutet werden, weil sie keine scharfen Begrenzungen aufweisen und auf ein malignes Geschehen hinweisen können.

Entscheidend ist aber bei jeder Befunderhebung, dass die pathologische Veränderung nicht übersehen, sondern entdeckt und gefunden wird.

Jede Auffälligkeit kann durch das Aufnahmeverfahren entstanden sein. Besonders das OPG birgt viele Verschattungen und Aufhellungen, die allein durch aufnahmetechnische und Positionierungsfehler entstanden sind.

Merke

Die Normvarianten im Gesichtsschädelbereich sind ebenfalls zahlreich. Hier hilft ein strenger Seitenvergleich, um pathologische Prozesse auszuschließen.

Können Veränderungen nicht mit aufnahmebedingten Fehlern und Normvarianten erklärt werden, dann ist eine genaue Beschreibung der Veränderung möglich, damit eine diagnostische Abklärung erfolgen kann.

Die weiteren Schritte sind dann weniger schwer, bedürfen aber einer gewissen Erfahrung und setzen für die richtige Beurteilung immer ein sorgfältiges und systematisches Vorgehen bei der Beschreibung der Befunde voraus.

In Zweifelsfällen ist es sinnvoll, die Röntgenbilder von erfahrenen zahnärztlichen Radiologen beurteilen zu lassen. Auf diese Weise können Fehlinterpretationen vermieden werden. Erst danach sollte der Patient an Fachkollegen überwiesen werden, da vorher immer die Gefahr besteht, dass der Patient überhaupt keinen pathologischen Befund hat.

11.2 Befunderhebung und Diagnostik der häufigsten pathologischen Veränderungen

11.2.1 Kariöse Defekte

Karies ist wohl die am häufigsten auftretende Erkrankung der Zahnhartsubstanzen. Wird sie nicht frühzeitig entdeckt und behandelt, dann kommt es zum Verlust der Vitalität des betroffenen Zahns und zu meist entzündlichen periapikalen Veränderungen.

Die Aufnahmeart der Wahl für die approximale Kariesdiagnostik ist die Bissflügelaufnahme nach Raper (1925). Trotz mancher Mängel ist die Röntgenaufnahme bei der Entdeckung initialer Läsionen bis heute immer noch allen anderen Untersuchungsmethoden überlegen. Zu beachten ist, dass die Größe und die Lage sowie die gewählte Aufnahmetechnik von entscheidender Bedeutung sind. Approximal gelegene Defekte sind früher zu erkennen als Fissurenkaries und – bedingt durch den Strahlengang der intraoralen Aufnahmen – vestibulär und oral liegende Defekte. Das Auffinden der Approximalkaries wird durch den Strahlengang und den Tangentialeffekt möglich. Die frühzeitige Darstellung von Fissurenkaries dagegen wird durch den Summationseffekt mit den Überlagerungen von intakter Zahnhartsubstanz erschwert.

Praxistipp

Es sollten immer Halter mit einer Zielvorrichtung benutzt und die Paralleltechnik angewendet werden.

Die Aufnahmebedingungen bei der Bissflügelaufnahme sind – im Vergleich zur Aufnahme des Gesamtzahns – sehr viel günstiger. In der Regel kann eine parallele Lage des Bildempfängers zur Krone erreicht werden.

Schwachpunkt, wie bei allen zahnärztlichen Röntgenaufnahmen, ist die praktische Durchführung der Aufnahmen. Um die verschiedenen Stadien der Karies zweifelsfrei erkennen zu können, reicht im Idealfall 1 Aufnahme pro Seite. Eine verbesserte Aussage bekommt man aber mit 2 Aufnahmen pro Seite: 1 für den Prämolaren- und 1 für den Molarenbereich. Dies entspricht auch dem Aufnahmeschema für den Parodontalstatus (PA-Status).

Konventionelle und digitale Bilder können bei dem derzeitigen Stand der Technik gleichwertig eingesetzt werden. Durch die Bearbeitungsmöglichkeiten ist der diagnostische Zugewinn bei der Verwendung eines Sensors oder der Speicherfolie relativ groß, sodass digitalen Bissflügelaufnahmen der Vorzug gegeben werden sollte. Bei Verwendung eines Sensors wird außerdem die Dosis – gegenüber der Speicherfolie und dem Zahnfilm mit den Filmempfindlichkeiten E und F – noch einmal um die Hälfte gesenkt.

Es gibt **Prädilektionsstellen** für die Entstehung von Karies. Bei Kindern und Jugendlichen tritt Karies häufig bilateral und symmetrisch auf. Der Oberkiefer ist meist mehr als der Unterkiefer betroffen. Im Oberkiefer sind die Eckzähne weniger betroffen als die Schneidezähne, dagegen ist es im Unterkiefer meist umgekehrt. Die 6-Jahr-Molaren sind im Ober- und Unterkiefer stets mehr von Karies befallen als die Prämolaren oder die übrigen Molaren. Zahnstellungsanomalien verhindern mit unzugänglichen approximalen Nischen die sorgfältige Reinigung und halbretinierte, mesial gekippte Weisheitszähne lassen an der distalen Schmelz-Zement-Grenze der 2. Molaren kariöse Defekte entstehen. Plaquebildungen unterhalb der Kontaktpunkte führen schnell zu approximalen Läsionen. Durch Taschenbildungen kann es zu Zementkaries an den Schmelz-Zement-Grenzen kommen. In nicht sorgfältig präparierten Kavitäten können unter den Füllungen Kariesrezidive entstehen, und bei mangelhaften Randschlüssen in Interdentalräumen tritt bei ungenügende Pflege Sekundärkaries auf.

Bei korrekter Aufnahmetechnik stellen sich die kariösen Defekte – bei genügender Größe – als deutlich erkennbare, mehr oder wenig scharf begrenzte keilförmige, rundliche und bei größeren Defekten individuelle Formen dar.

Vier röntgendiagnostisch abgrenzbare Erscheinungsformen der **Primärkaries** werden unterschieden, wobei die röntgenologische Einteilung C1–C4 der Einteilung D1–D4 in der Kariesepidemiologie entspricht (▶ Abb. 11.1):

- D_1: Caries superficialis breitet sich nur im Schmelz aus.
- D_2: Caries media
- D_3: Caries profunda
- D_4: Caries profunda complicata

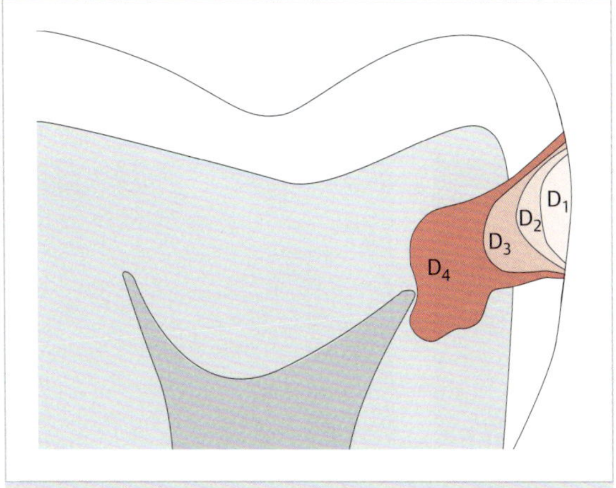

Abb. 11.1 Stadien der (röntgenologischen) Kariesausbreitung (approximal). **D_1:** Läsionen der äußeren Schmelzhälfte; **D_2:** Läsionen der inneren Schmelzhälfte; **D_3:** Läsionen der äußeren Dentinhälfte; **D_4:** Läsionen der inneren Dentinhälfte. Aus: Weber T. Memorix Zahnmedizin. 3. Aufl. Stuttgart: Thieme; 2010.

Beispiele für kariöse Defekte

Voraussetzung für eine optimale Kariesdiagnostik ist die überlagerungsfreie Darstellung der Approximalflächen (▶ Abb. 11.2).

▶ **D_1: Caries superficialis.** Die Caries superficialis breitet sich keilförmig nur im äußeren Schmelz aus, hat das Dentin noch nicht erreicht (▶ Abb. 11.3).

▶ **C_2: Caries media.** Die Caries media erscheint im Röntgenbild bis in die inneren Schmelzregionen und ist bis zum Dentin breitflächig vorgedrungen (▶ Abb. 11.4).

▶ **C_3: Caries profunda.** Die Caries profunda bedeutet die Beteiligung des gesamten Dentins bis in die pulpanahen Bereiche (▶ Abb. 11.5).

▶ **D_4: Caries profunda complicata.** (▶ Abb. 11.6).

Kariöse Defekte im **okklusalen Bereich** sind röntgenologisch schwerer zu diagnostizieren, als approximal. Okklusale Karies stellt sich im Röntgenbild mit Sicherheit erst dar, wenn der Prozess bis in die tiefere Dentinhälfte fortgeschritten ist (▶ Abb. 11.7). Das Stadium D_3 kann sich nur darstellen, wenn es großflächig ist.

Die Diagnose **Kariesrezidiv oder Sekundärkaries** ist radiologisch nicht immer möglich.

Intraorale Röntgenaufnahmen sind 2-dimensionale Bilder, die überlagert sind mit den Summationseffekten aus

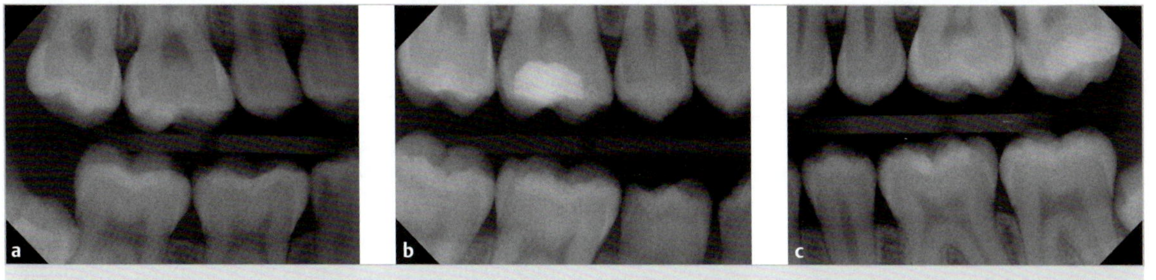

Abb. 11.2 Die Caries initialis acuta und Caries initialis chronica sind auf Röntgenaufnahmen nicht oder nur zusammen mit den klinischen Befunden erkennbar.

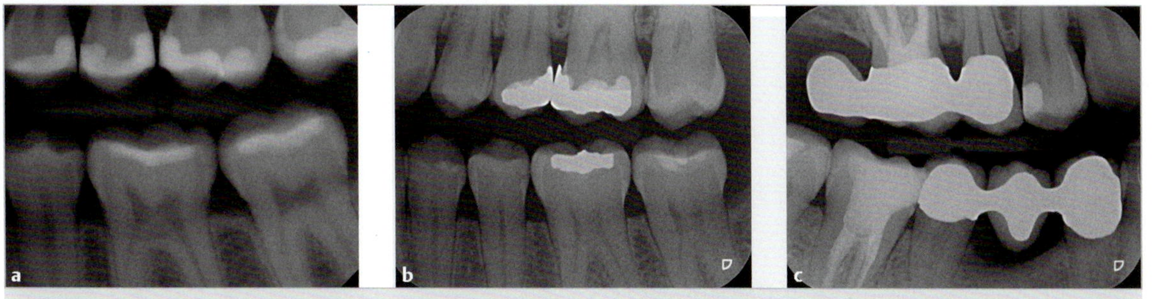

Abb. 11.3 Caries superficialis. Man erkennt Defekte im Schmelz.
a Zahn 35 distal.
b Zahn 35 distal.
c Zahn 13 distal.

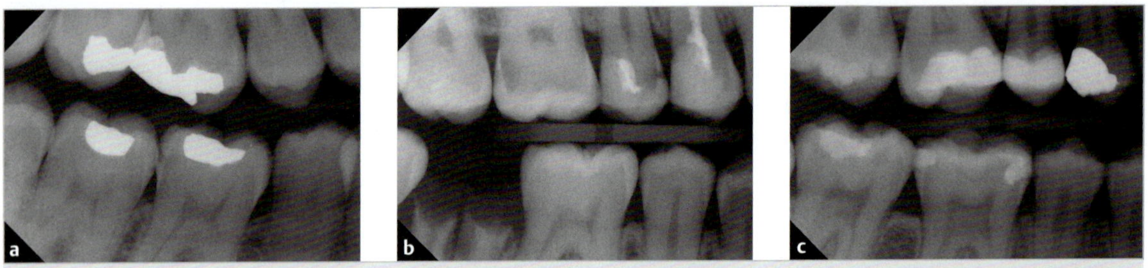

Abb. 11.4 Caries media.
a Am Zahn 46 erreicht die Karies distal das Dentin.
b Das Dentin am Zahn 15 ist mesial schon mehr betroffen.
c Am Zahn 16 ist distal die Karies in den tieferen Bereichen des Dentins gut sichtbar.

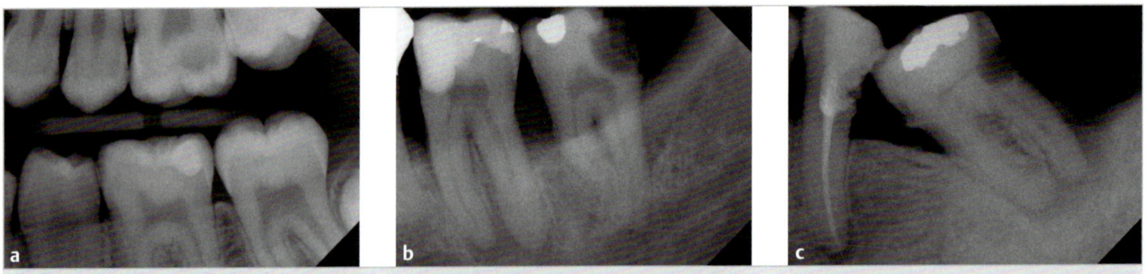

Abb. 11.5 Caries profunda. Die Karies reicht in allen 3 Fällen bis dicht an die Pulpa.

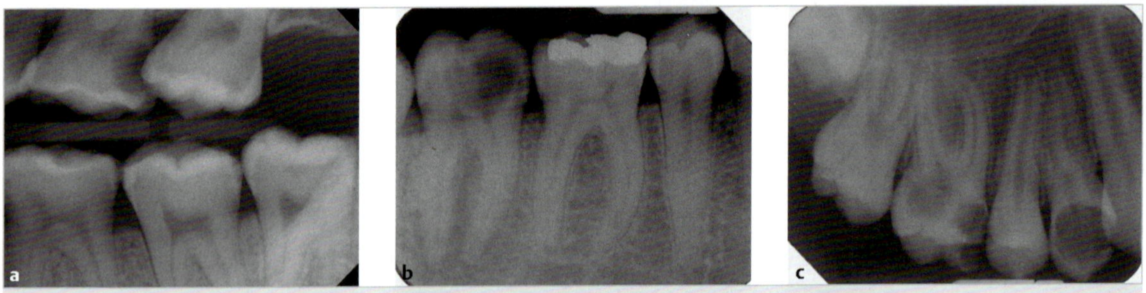

Abb. 11.6 Caries profunda complicata. In allen drei Fällen sind große Teile der gesamten Krone von der Karies erfasst.

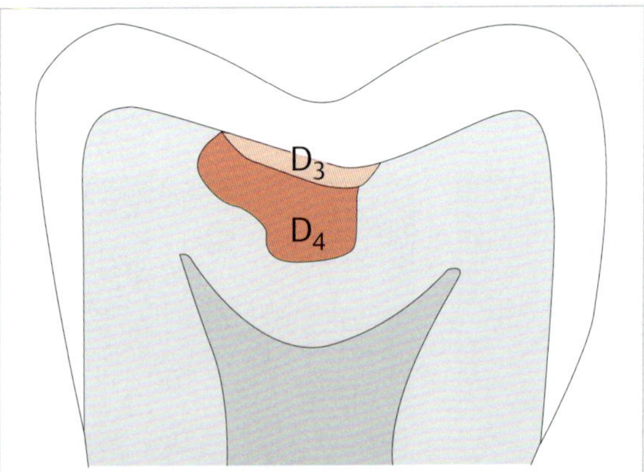

Abb. 11.7 Stadien der Okklusalkaries. Die Diagnostik von okklusalen **D_1- bis D_2**-Schmelzläsionen ist nicht möglich. **D_3:** Läsionen der äußeren Dentinhälfte; **D_4:** Läsionen der inneren Dentinhälfte. Aus: Weber T. Memorix Zahnmedizin. 3. Aufl. Stuttgart: Thieme; 2010.

der 3-dimensionalen Anatomie. Durch Additions- und Subtraktionseffekte kann es zu verstärkten Verschattungen und Aufhellungen kommen. Abhängig von der Intensität der überlagernden Struktur können bestehende Defekte durch den Additionseffekt verkleinert und unscharf wirken oder aber durch den Subtraktionseffekt aufgehellt und ausgelöscht werden.

Cave

Im Falle der Karies bedeutet dies, dass die Ausdehnung einer initialen Kariesläsion auf dem Röntgenbild unterschätzt wird, weil der kariöse Bereich von intaktem Schmelz und Dentin überlagert wird.

Im Allgemeinen zeigen die in das Dentin eingebrochenen kariöse Defekte eine unscharfe Begrenzung, die bei profunder Karies häufig durch eine verdichtete Reaktionszone von der gefährdeten und retrahierten Pulpa getrennt ist.

Beim Aufbau der Zahnkrone entstandene Unebenheiten oder Grübchen in der Schmelzkappe sind aufgrund des Tangentialeffekts der Röntgenstrahlen nur approximal zu erkennen. Mit einer deutlich begrenzten Aufhellung können sie manchmal von beginnender Karies unterschieden werden. Da es aber in diesem Stadium häufig unmöglich ist, beginnende Karies von entwicklungsbedingten Defekten der Schmelzkappe oder initialen Demineralisationen röntgendiagnostisch zu unterscheiden, müssen solche Aufhellungen mindestens jährlich kontrolliert werden.

Kariesrezidive sind unter röntgenopaken Kronen und Füllungen nicht einwandfrei darzustellen. Ebenso treten Schwierigkeiten bei digitalen Röntgenaufnahmen auf, wenn sie durch Filter zu stark bearbeitet worden sind. Am metalldichten Kronen- oder Füllungsrand stellen sich häufig dünne Aufhellungsbänder dar, die als Artefakte die Diagnostik erschweren oder sogar unmöglich machen.

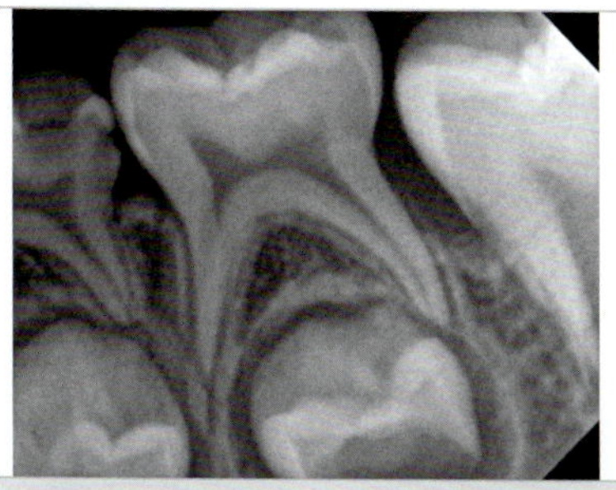

Abb. 11.8 Approximalkaries am Zahn 74. Der Zahn 75 ist mesial durch eine diskrete Aufhellung auffällig.

Eine besondere Form ist die **Milchzahnkaries,** die im fortgeschrittenen Stadium mit apikalen Entzündungen die bleibenden Zähne zerstören kann. Um die Strahlenexposition so gering wie möglich zu halten, sollten nur Sensorsysteme zum Einsatz kommen. Mit kleinen Sensoren sind gute diagnostizierbare Zahnaufnahmen bei Kindern möglich (▶ Abb. 11.8, ▶ Abb. 11.9).

11.2.2 Horizontaler Knochenabbau mit vertikalen Einbrüchen

Die Höhe des Alveolarkamms nimmt im Laufe der Zeit individuell verschieden ab. Neben dem generalisierten horizontalen Knochenabbau finden wir häufig auch vertikale Knocheneinbrüche und bei fortgeschrittenem Abbau auch freiliegende Bifurkationen.

Als Basisuntersuchung für die Darstellung des Alveolarkamms hat sich die Orthopantomografie als das geeignete Aufnahmeverfahren erwiesen. Durch die in den letzten Jahren deutlich verbesserte Bildqualität und die konstanten Einstrahlrichtungen werden Ober- und Unterkiefer in einem hohen Maße regelrecht abgebildet. Nur in Einzelfällen sollten intraorale Aufnahmen die Diagnostik mit

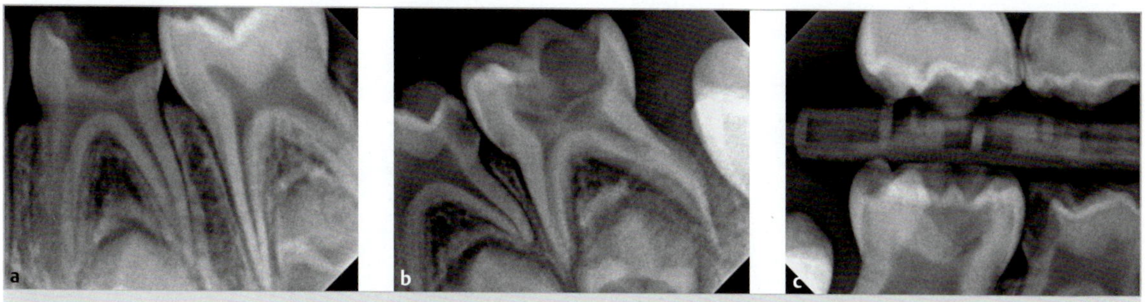

Abb. 11.9 Größere kariöse Defekte im Milchzahngebiss.

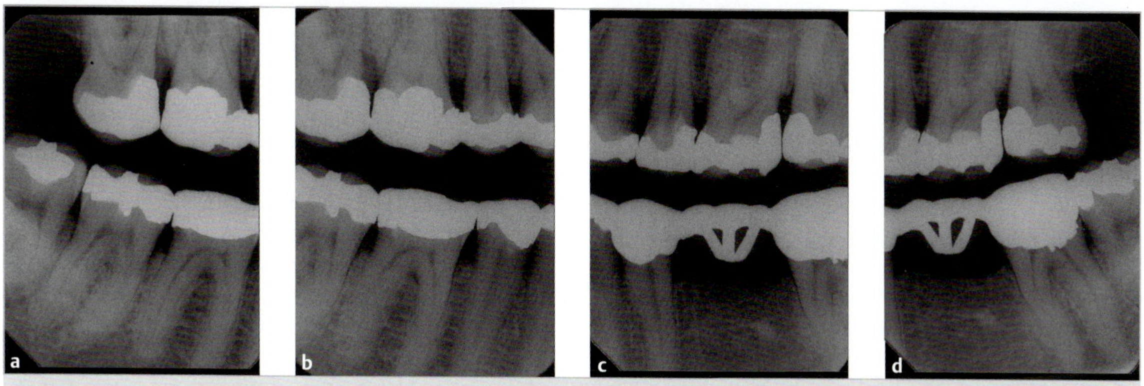

Abb. 11.10 Vertikale Bissflügelaufnahmen mit einer Übersicht von Kronen und Alveolarkamm.

11

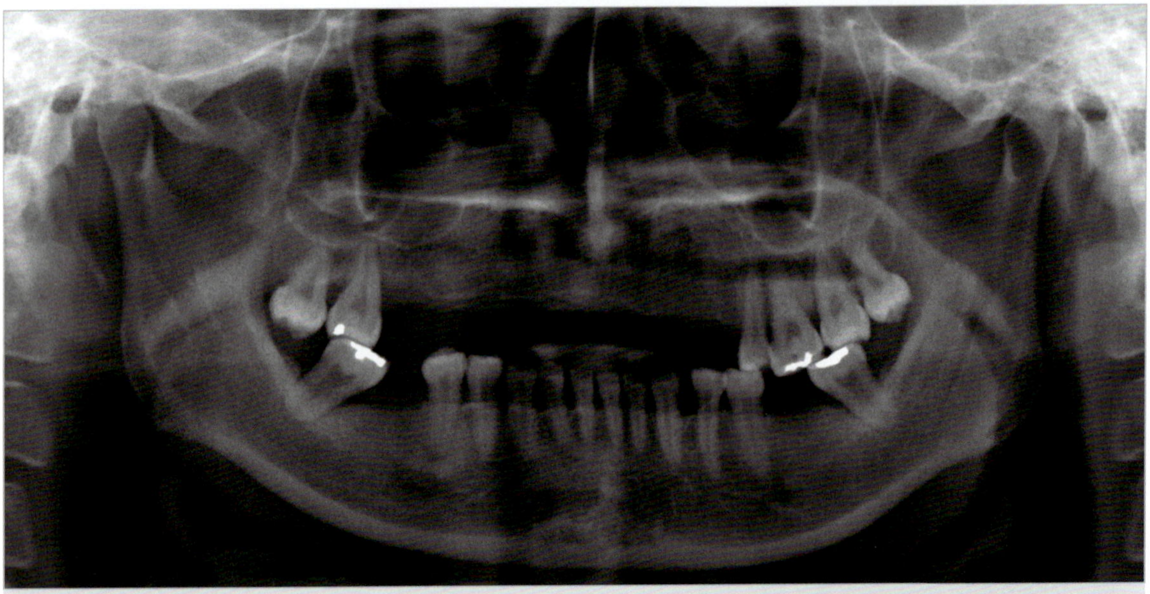

Abb. 11.11 Generalisierter horizontaler Knochenabbau mit einzelnen kleinen vertikalen Einbrüchen bei restbezahntem Ober- und Unterkiefer.

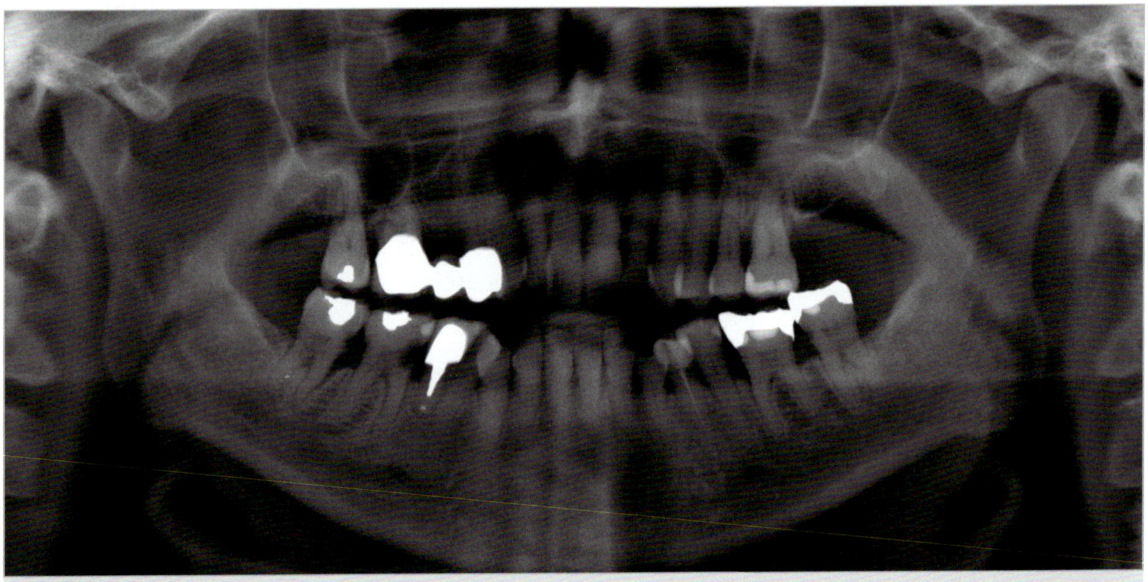

Abb. 11.12 Fortgeschrittener generalisierter horizontaler Knochenabbau mit deutlichen vertikalen Einbrüchen. Am Zahn 26 ist der Parodontalspalt auch periapikal erweitert und am Zahn 46 stellt sich mesial ein größerer kariöser Defekt dar.

der Panoramaaufnahme ergänzen. In den meisten Fällen aber sind im Kronenbereich durch Überlagerungen nicht alle Zähne sicher zu beurteilen. Dafür wären aber Bissflügelaufnahmen geeigneter als Aufnahmen des gesamten Zahns. Es besteht auch die Möglichkeit, mit vertikalen Bissflügelaufnahmen nicht nur den Kronenbereich, sondern auch den Alveolarkamm mit hoher Auflösung und ohne Verzerrungen aufzunehmen (▶ Abb. 11.10).

In der Regel aber gibt uns das Orthopantomogramm ein umfassendes und gutes Bild der knöchernen Verhältnisse im Ober- und Unterkiefer (▶ Abb. 11.11, ▶ Abb. 11.12).

Zur Abklärung von besonders auffälligen Befunden kann die intraorale Aufnahme (▶ Abb. 11.13) ein genaueres Bild geben. Einen umfassenden Überblick bekommt man aber erst durch den Einsatz von Schichtverfahren. Hier hat sich in den letzten Jahren die digitale Volumentomografie sehr bewährt. Erst transversale und axiale Ansichten ermöglichen eine vollständige Analyse der knöchernen parodontalen Veränderungen.

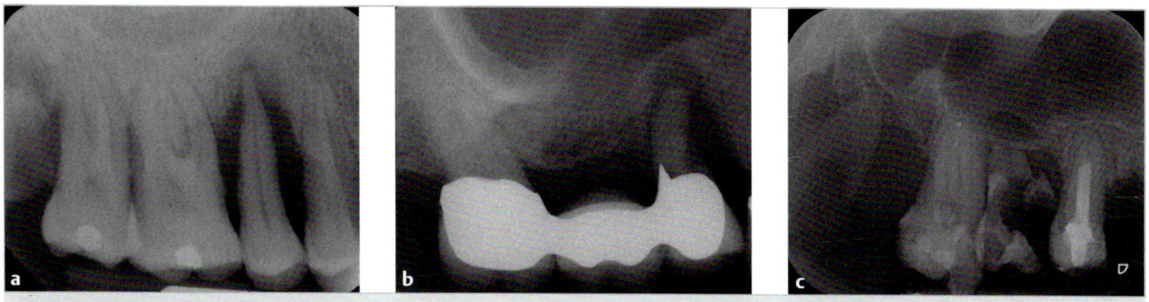

Abb. 11.13 Intraorale Aufnahme zeigen deutlich das Ausmaß der vertikalen Einbrüche.
a Vertikaler Einbruch an Zahn 15.
b Vertikaler Einbruch an Zahn 15.
c Schwierige Situation am frakturierten Zahn 16.

11.2.3 Apikale Parodontopathien

Infektionen der Pulpa, Pulpanekrosen, fehlgeschlagene Wurzelbehandlungen und Traumata können neben fortgeschrittenen Formen der marginalen Parodontitis zur apikalen Parodontitis führen.

Ganz allgemein werden akute von chronischen Verlaufsformen unterschieden, wobei die Virulenz der Erreger und die Abwehrlage des Organismus über die Schwere des Krankheitsbildes entscheiden.

Akute und chronische apikale Parodontitis

Solange trotz akuter klinischer Erscheinungen noch keine periapikalen Strukturveränderungen eingetreten sind, kann das Röntgenbild auch keine Reaktion zeigen. Intraossäre akute Entzündungen werden im Röntgenbild erst nach einer Latenzzeit erfassbar. Es ist deshalb so wichtig, den apikalen Bereich genau darzustellen, damit Veränderungen an der Lamina dura so früh wie möglich erkannt werden können. Über das Foramen apicale hinausgreifende akute Entzündungen zeigen neben dem verbreiterten Parodontalspalt diffuse periapikale Aufhellungen. In dem Moment, wo sich die Lamina dura nicht mehr durchgehend um den Apex darstellt, liegt ein entzündlicher Prozess vor. Bei einer chronischen apikalen Parodontitis verliert sich der Parodontalspalt in der periapikalen Aufhellung. Stabilisiert sich das Granulationsgewebe in seiner Abwehr, dann setzt sich die Lamina dura mit einer verdichteten Begrenzung des Granuloms fort, sodass der Apex ohne Begrenzung frei in der periapikalen Aufhellung steht.

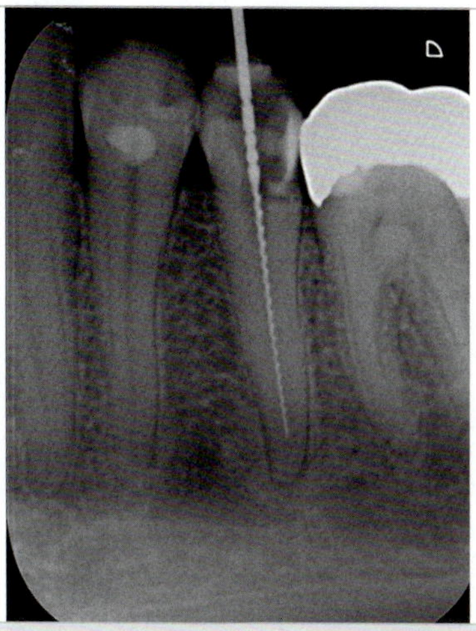

Abb. 11.14 Mögliche Parodontitis apicalis acuta mit betontem periapikalem Parodontalspalt.

Röntgenologische Erkennungszeichen der Parodontitis apicalis

- Die **Parodontitis apicalis acuta** ist in der Regel röntgenologisch unauffällig, es kann der Parodontalspalt apikal diskret verbreitert sein (▶ Abb. 11.14).
- Die **Parodontitis apikalis chronica** stellt sich durch einen verbreiterten Parodontalspalt und variationsreiche diffuse Aufhellungen dar (▶ Abb. 11.15).
- Wenn die Entzündung länger anhält, wird das apikale Gewebe in Granulationsgewebe umgewandelt. Die Aufhellung wird von einem sklerotisch dichten Saum umgeben und es kommt zu einer **Parodontitis apicalis chronica granulomatosa** (▶ Abb. 11.16).

11

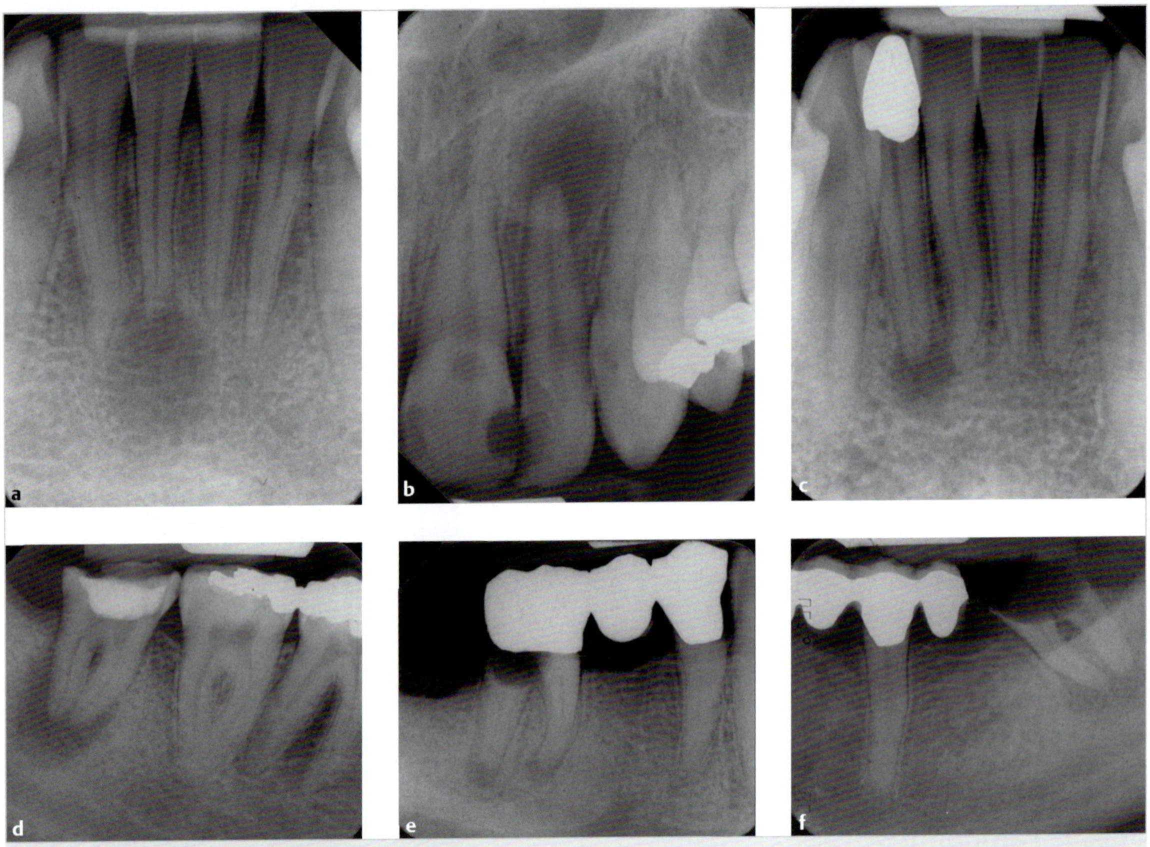

Abb. 11.15 Periapikale diffuse Aufhellungen.
a Zahn 31.
b Zahn 22.
c Zahn 42.
d Zahn 48.
e Zahn 47.
f Zahn 37.

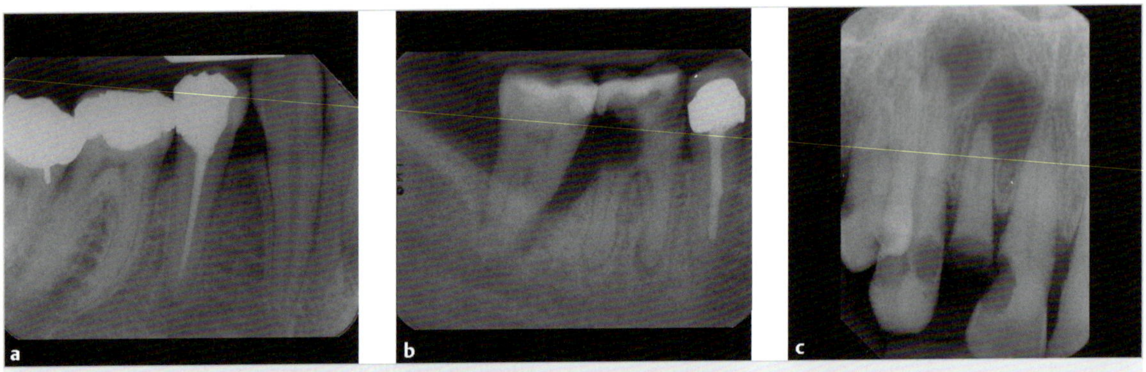

Abb. 11.16 An dem wurzelgefüllten Zahn **(a)**, dem kariösen Zahn **(b)** und dem Wurzelrest **(c)** werden die periapikalen Aufhellungen durch einen dünnen Verschattungssaum begrenzt, was auf einen längeren chronischen Verlauf hinweist.
a Wurzelgefüllter Zahn 45.
b Kariöser Zahn 47.
c Wurzelrest 12.

11.2.4 Zystische Veränderungen

Zysten sind definiert als Hohlräume, die mit Epithel ausgekleidet sind und einen flüssigen, gasförmigen oder cremig-festeren Inhalt aufweisen. Zysten werden nach wie vor nach der WHO-Klassifikation von 1992 eingeteilt: Danach gibt es

- odontogene entwicklungsbedingte epitheliale Zysten und
- nicht odontogene epitheliale Zysten.

Die odontogene Keratozyste gehört nicht mehr zu den entwicklungsbedingten Zysten, sondern wird nach der WHO-Klassifikation von 2005 den odontogenen Tumoren zugeordnet.

Die radiologisch wichtigste odontogene entwicklungsbedingte Zyste ist die **follikuläre Zyste.** Sie ist definiert als eine Zyste, die die Zahnkrone eines nicht durchgebrochenen Zahns umschließt und an der Schmelz-Zement-Grenze ansetzt. Sie entwickelt sich durch Ansammlung von Flüssigkeit zwischen dem Schmelzepithel und der Zahnkrone oder zwischen den Schichten des Schmelzepithels selbst, nimmt durch den osmotischen Innendruck langsam an Größe zu. Follikuläre Zysten entstehen hauptsächlich an den Weisheitszähnen des Unterkiefers und den Eckzähnen des Oberkiefers, aber auch am oberen Weisheitszahn und den Prämolaren des Unterkiefers. Nach der radikulären Zyste ist die follikuläre Zyste die zweithäufigste Zyste im Kieferbereich.

Im Röntgenbild stellt sich eine rundliche bis ovale Aufhellung dar, die durch eine dünne Verschattungslinie begrenzt wird. Es ist immer genau darauf zu achten, ob diese Verschattungslinie immer an der Schmelz-Zement-Grenze endet. Ist dies nicht der Fall, dann besteht der dringende Verdacht auf einen keratozystischen odontogenen Tumor.

Wie alle Zysten verdrängt die follikuläre Zyste die sie umgebenen Strukturen. Im Unterkiefer wird sich – neben den Zähnen – immer der Nervenkanal nicht mehr symmetrisch zur Gegenseite darstellen (▸ Abb. 11.17, ▸ Abb. 11.18).

Zu den nicht odontogenen epithelialen Zysten gehört die **Nasopalatinuszyste,** die bei der Befunderhebung berücksichtigt werden muss, auch wenn sie nicht sehr häufig vorkommt. Differenzialdiagnostisch kommt ein vergrößerter Canalis incisivus infrage. Im Röntgenbild imponiert diese Zyste durch ihre exakte Lage in der Mittellinie und dadurch, dass sie vom Canalis incisivus vollkommen umschlossen wird.

Praxistipp

Mit der Panoramaaufnahme wird die Nasopalatinuszyste nur unzureichend dargestellt, insbesondere weil entschieden werden muss, ob es sich überhaupt um eine Zyste handelt. Bei klinischem und röntgenologischem Verdacht auf eine Zyste ist die digitale Volumentomografie die Aufnahmeart der Wahl. Nur durch mehrere Schichtebenen lässt sich diese diffizile Region in der Oberkieferfront hinreichend darstellen (▸ Abb. 11.19).

Die 2. Gruppe der Zysten sind die Zysten, die sich – durch eine Entzündung bedingt – aus **Malassez-Epithelresten** zu entwickeln beginnen. Ausgelöst wird das Wachstum durch eine Pulpanekrose; Voraussetzung für die radikuläre Zyste ist also ein avitaler Zahn.

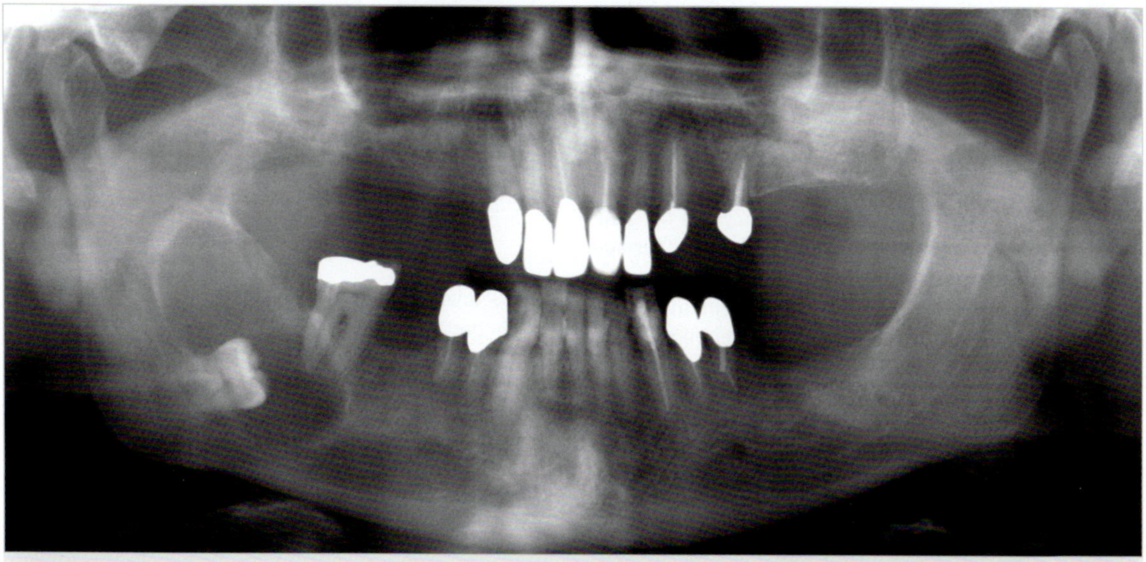

Abb. 11.17 Follikuläre Zyste, ausgehend vom retinierten und verlagerten Weisheitszahn 48. Die Zystenbegrenzung setzt an der Schmelz-Zement-Grenze an und am Zahn 37 sind am Wurzelbereich keine Resorptionen zu erkennen.

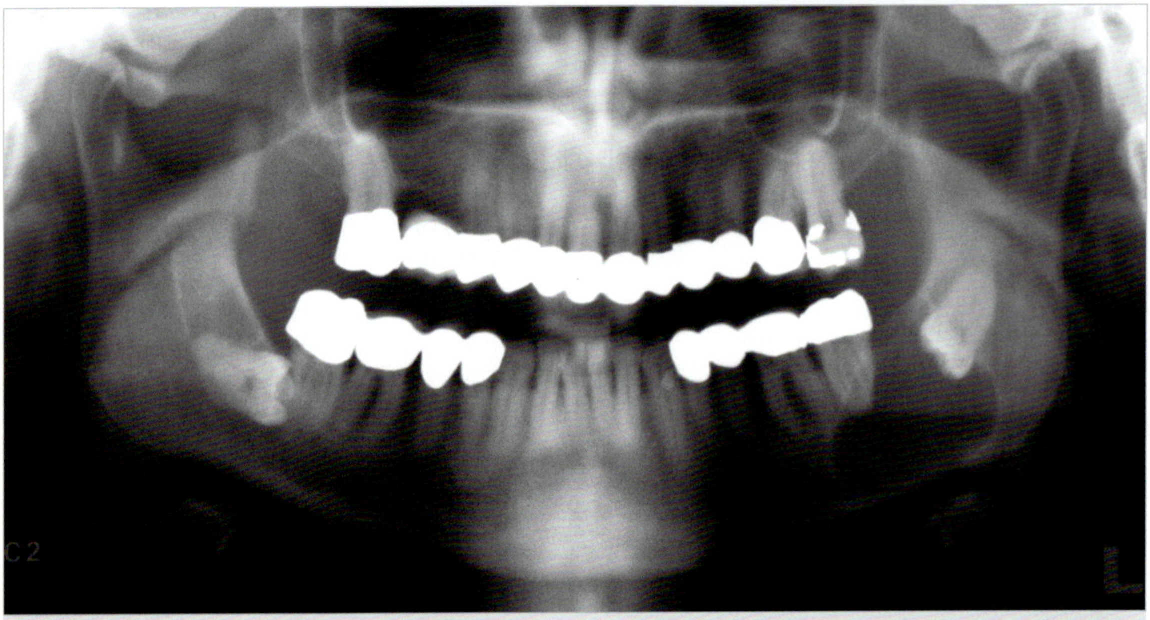

Abb. 11.18 Follikuläre Zyste, ausgehend vom retinierten und verlagerten Weisheitszahn 38. Auch hier setzt die Zystenbegrenzung an der Schmelz-Zement-Grenze an und am Zahn 37 sind am Wurzelbereich ebenfalls keine Resorptionen zu erkennen.

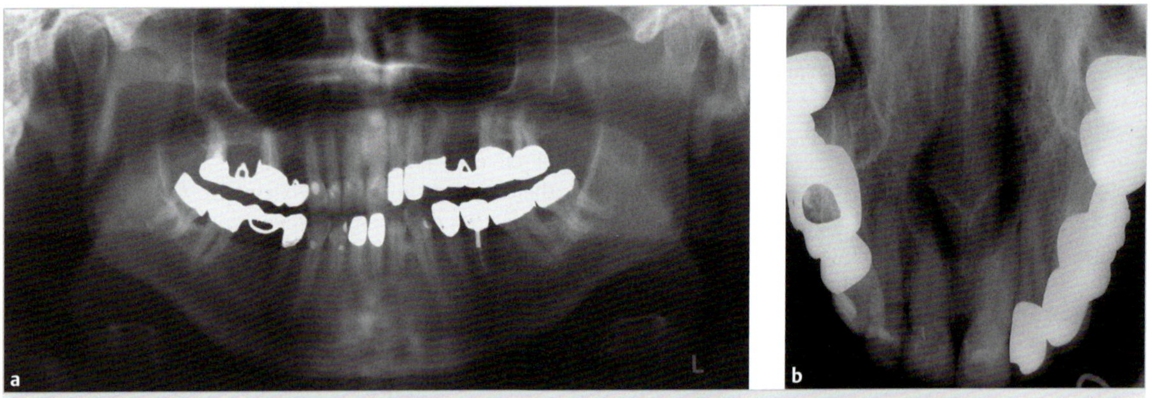

Abb. 11.19 Verdacht auf Nasopalatinuszyste.
a Auf dem OPG erkennt man nur sehr undeutlich eine rundlich verlaufende Verschattungslinie in der Oberkieferfront.
b Diese zusätzliche Okklusalaufnahme zeigt einen zystischen Prozess von größerem Ausmaß: Nasopalatinuszyste im Bereich des Canalis incisivus.

Die **radikuläre Zyste** ist mit 90% der Zysten die häufigste im Kieferbereich. In der Regel finden wir periapikale Zysten. Sie sind häufiger im Ober-, als im Unterkiefer zu finden. Wie alle Zysten sind sie von einem dünnen opaken Saum umgeben, der sich im Röntgenbild als Verschattungslinie darstellt. Bei infizierten Zysten ist diese Verschattungslinie je nach Schweregrad unterbrochen und das Bild der Zyste kann tumorös aussehende Formen annehmen. Radikuläre Zysten sind einkammerig. Abhängig von der Wachstumsdauer können radikuläre Zysten sehr groß werden (▸ Abb. 11.20, ▸ Abb. 11.21). Sie verlieren dann ihre rundliche Gestalt und können je nach Lage alle möglichen Formen annehmen.

Praxistipp

Zur Primärdiagnostik wird das OPG eingesetzt, aber von einer bestimmten Zystengröße an ist eine mehrdimensionale Schichtdiagnostik zu empfehlen.

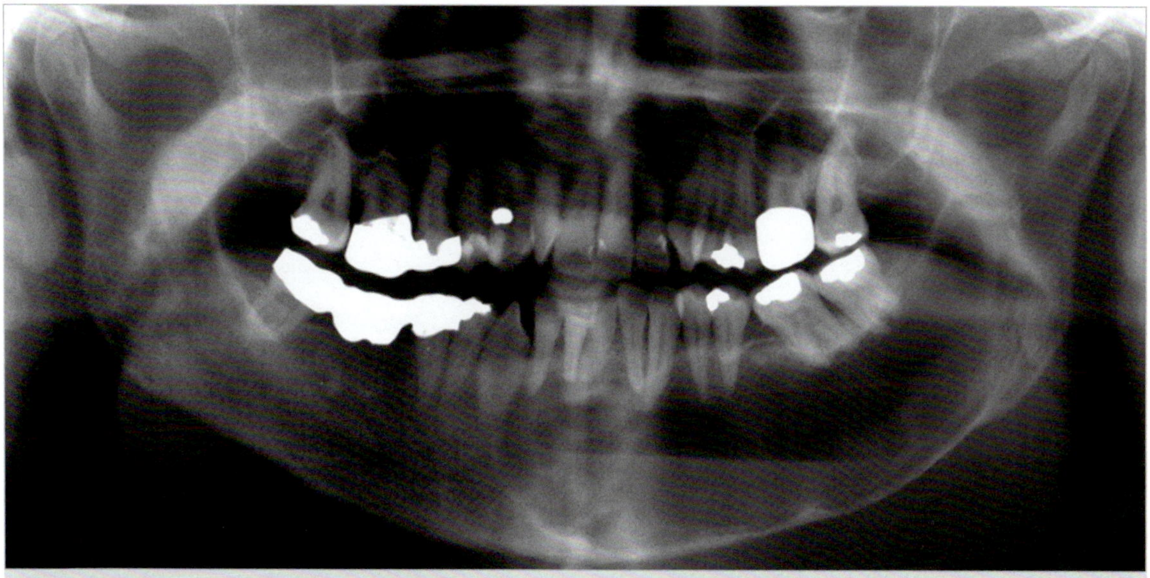

Abb. 11.20 Sehr große radikuläre Zyste im linken Unterkiefer, ausgehend von Zahn 35.

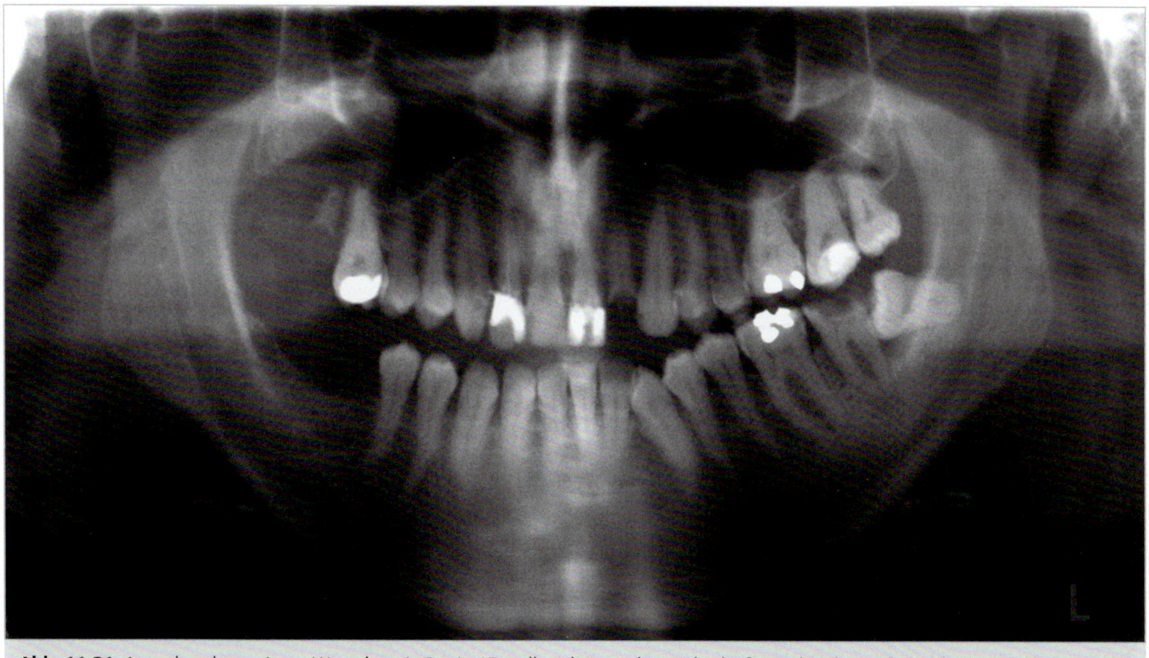

Abb. 11.21 Ausgehend von einem Wurzelrest in Regio 17 stellt sich im rechten Oberkiefer und in der Kieferhöhle ein rundes zystisches Gebilde dar. Es handelt sich hier um eine radikuläre Zyste, ausgehend von dem Wurzelrest 17, der in diese Zyste hineinragt. Außerdem spricht für die Zyste die Verschattungslinie, die diesen Prozess begrenzt.

11.2.5 Tumoröse Veränderungen

Mundbodenkarzinom

Das Karzinom der Mundschleimhaut ist der häufigste maligne Tumor der Mundhöhle. Durch ein Plattenepithelkarzinom des Mundbodens wird die linguale Kompakta des Unterkiefers infiltriert, ebenso kann der Alveolarfortsatz und im fortgeschrittenen Zustand auch der gesamte Unterkiefer infiltriert und zerstört werden. Auf dem OPG ist daher der Alveolarkamm besonders bei älteren und zahnlosen Patienten besonders genau auf Osteolysen hin zu untersuchen. In manchen Fällen wird bei einem generalisierten horizontalen Knochenabbau übersehen, dass die Begrenzungen des Alveolarkamms nicht mehr glatt sind, sondern Einbrüche aufweisen, die auf die Infiltration durch das **Mundbodenkarzinom** hinweisen (▸ Abb. 11.22, ▸ Abb. 11.23).

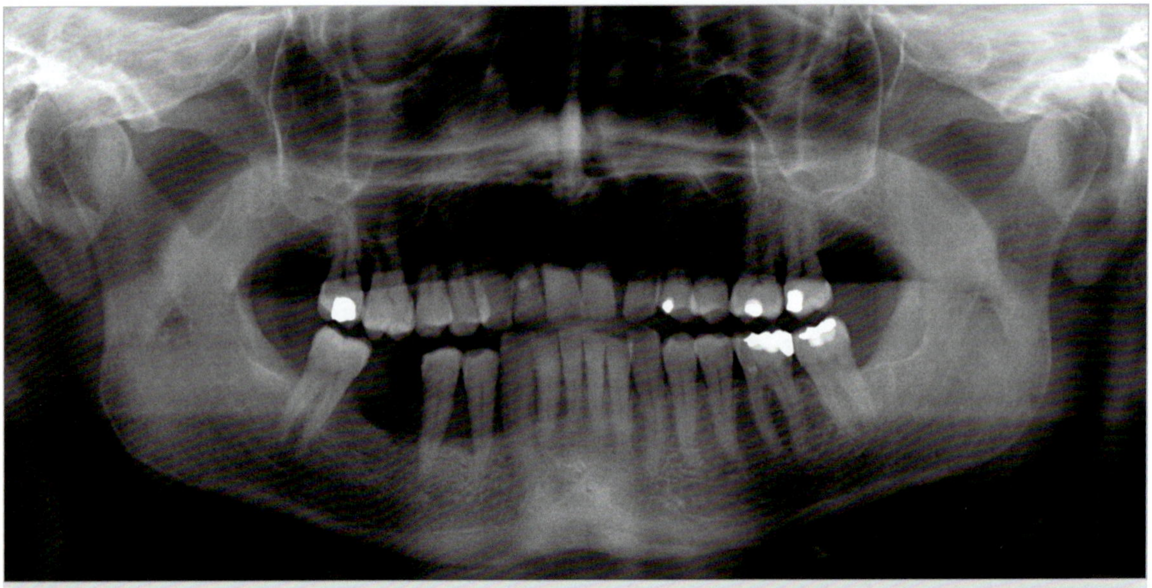

Abb. 11.22 Im Seitenvergleich stellt sich auf der rechten Seite eine dezente wannenförmige knöcherne Einziehung im Alveolarkamm dar. Es besteht leicht die Gefahr, diese als normalen entzündlichen Knochenabbau zu interpretieren. Bei genauerer Inspektion erkennt man aber die nicht glatte Begrenzung des Alveolarkamms, was auf einen destruktiven Prozess hinweist.

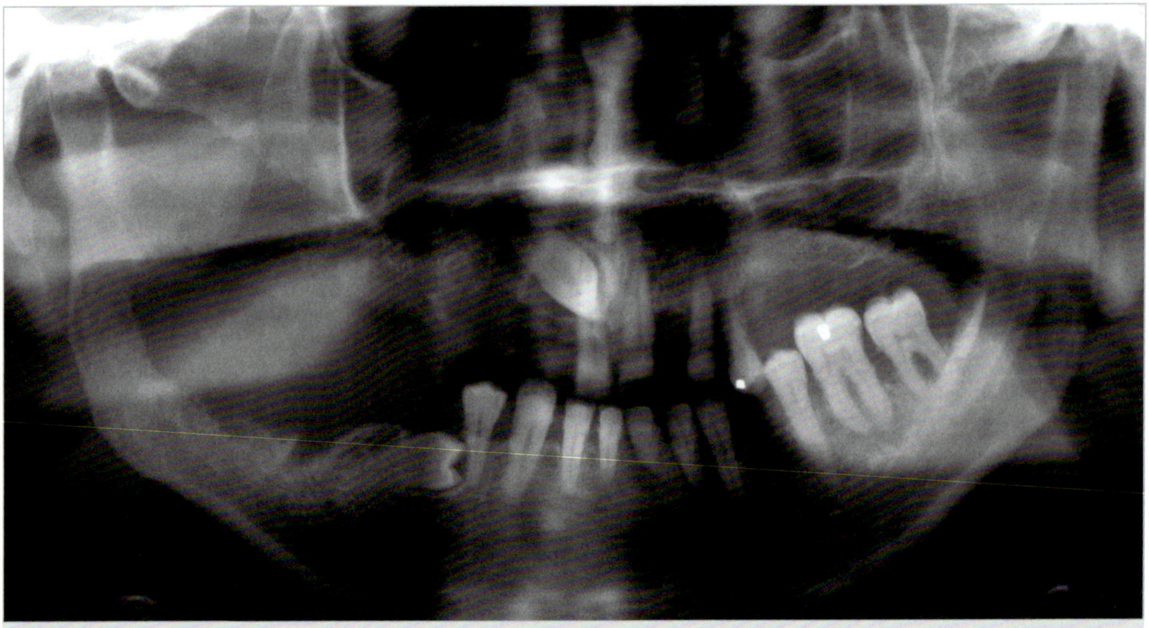

Abb. 11.23 In diesem Fall sind deutliche Osteolysen nicht nur im rechten Unterkiefer, sondern auch im rechten Oberkiefer zu sehen. Auch im Oberkiefer ist der Alveolarkamm zerstört, mit Ausdehnung in die rechte Kieferhöhle.

Osteolysen der lingualen Kompakta sind auf dem OPG nicht zu erkennen. Zur Darstellung dieser Bereiche sind Schichtaufnahmen in mehreren Ebenen notwendig. Da es bei einem Karzinom auch um die Beteiligung der Weichteile und die Darstellung der Lymphknoten geht, reicht die digitale Volumentomografie nicht aus. Die Aufnahmeart der Wahl sind dann nur die große Computertomografie (CT) und die Magnetresonanztomografie (MRT).

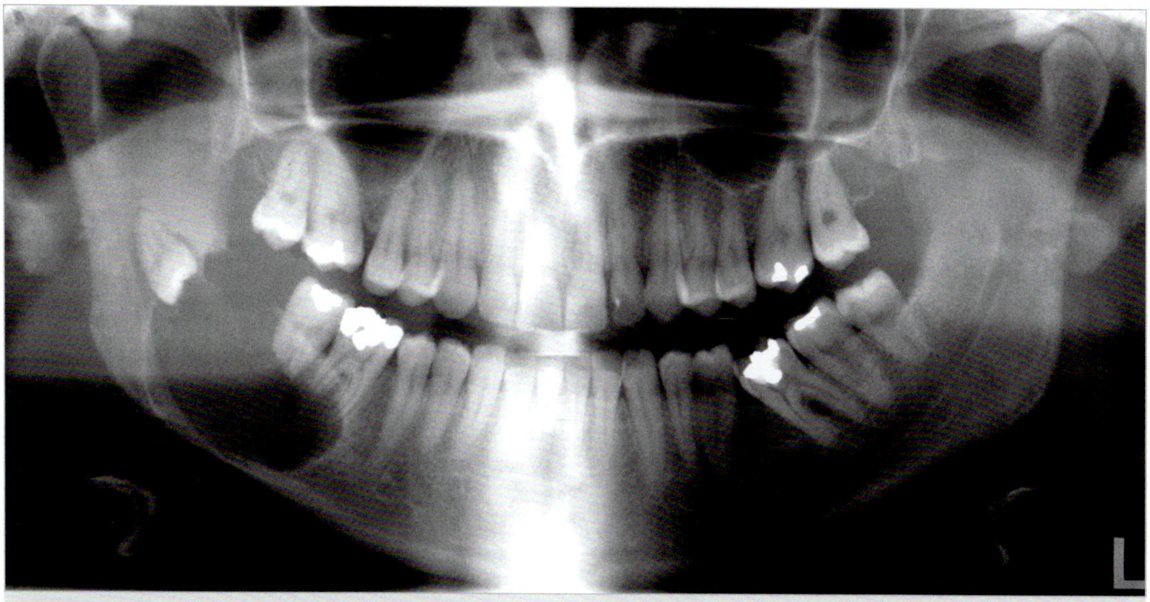

Abb. 11.24 Ameloblastom im rechten Unterkiefer, mit Resorptionen im Wurzelbereich der Zähne 46 und 47.

Odontogene Tumoren

Odontogene Tumoren und tumorähnliche Veränderungen treten in der Regel nicht sehr häufig auf. Im Röntgenbild finden wir mehr oder weniger typische Erscheinungsbilder, sodass bei dem V.a. eine tumoröse Veränderung, egal ob benigne oder maligne, in der Regel immer eine histologische Abklärung notwendig ist, um eine sichere Diagnose zu erhalten.

Merke

M!

Das Röntgenbild kann nur Hinweise geben, die mehr oder weniger präzise sind. Eine letztlich sichere Diagnose ist mit Röntgenaufnahmen also allein nicht möglich. Die Wahl der Röntgenaufnahmen kann die Diagnose sicherer machen, aber sie wird bei tumorösen Veränderungen niemals eine vollständige Sicherheit erbringen.

Die Klassifikationen der WHO haben sich in den letzten Jahren verändert und verfeinert. Radiologisch wird aber weiterhin unterschieden zwischen
- pathologischen Veränderungen, die sich zystisch darstellen, und
- solchen, die durch Neubildung von mesenchymalen und Knochengewebe imponieren.

Solides bzw. multizystisches Ameloblastom

Das konventionelle Ameloblastom kann in allen Bereichen des Unter- und Oberkiefers auftreten. Nach dem keratozystischen odontogenen Tumor, der früher als Keratozyste bezeichnet wurde, ist das Ameloblastom der häufigste odontogene Tumor.

Merke

M!

Bei allen zystischen Veränderungen, die nicht eindeutig vom Apex eines Zahns ausgehen, muss an eine follikuläre Zyste und differenzialdiagnostisch an eine Keratozyste (= keratozystischer odontogener Tumor) oder ein Ameloblastom gedacht werden.

Die bevorzugte Lokalisation (in 80% der Fälle) ist die Molarenregion des Unterkiefers, gefolgt von der Prämolarenregion und – seltener – in der Front und im Oberkiefermolarenbereich. Das Erscheinungsbild ist variantenreich, die Zysten können unilokulär und multizystisch sein. Häufig ist ein retinierter Zahn eingeschlossen, weshalb bei jeder follikulären Zyste genau beachtet werden muss, wo die Zyste beginnt.

Ameloblastome haben, wie Zysten, einen verdrängenden Charakter, wodurch die Kompakta ausgedünnt und verdrängt wird. Auch die Verdrängung des Nervenkanals ist ein Zeichen für die Ausdehnung des Ameloblastoms. Ein wichtiger und sicherer Hinweis auf ein Ameloblastom sind Resorptionen an den Wurzeln (▶ Abb. 11.24, ▶ Abb. 11.25, ▶ Abb. 11.26).

Seltene **Varianten** des Ameloblastoms sind das ameloblastische Fibrom und Fibrodentinom sowie das ameloblastische Fibroodontom. Es handelt sich hierbei um benigne gemischte odontogene Tumoren. Diese Mischtumoren haben neben den epithelialen Anteilen auch ektomesenchymale Komponenten, häufig mit Beteiligung von Zahnhartsubstanzen. Im Gegensatz zum reinen Ameloblastom sind die Mischtumoren meist multizystisch und nicht einheitlich strukturiert.

11

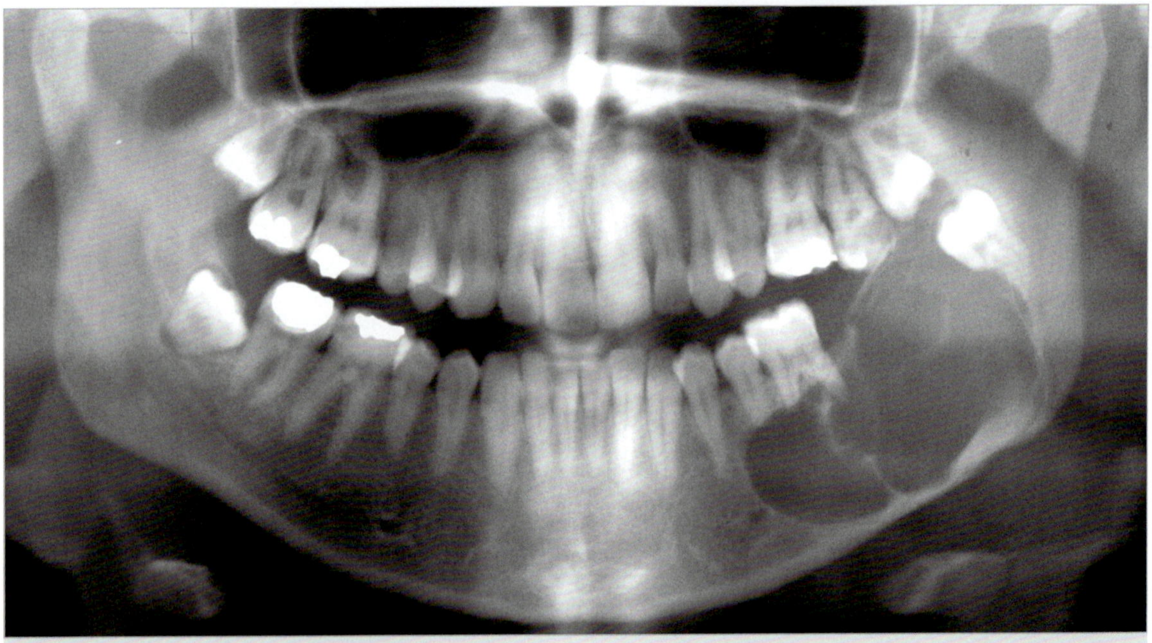

Abb. 11.25 Gekammertes Ameloblastom im linken Unterkiefer, mit Resorptionen im Wurzelbereich der Zähne 35, 36 und am verdrängten Weisheitszahn 38. Der Zahn 37 fehlt.

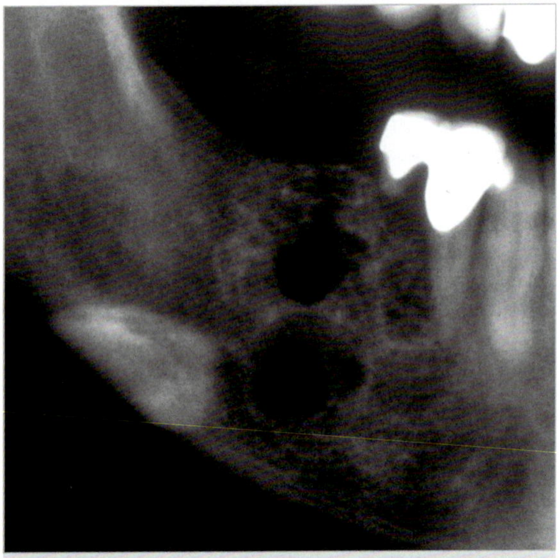

Abb. 11.26 Polyzystisches Ameloblastom im rechten Unterkiefer.

Zu den Tumoren, die aus odontogenem Epithel mit odontogenem Ektomesenchym bestehen und die es mit oder ohne Zahnhartsubstanzbildung gibt, gehören diese sehr seltenen ameloblastische Fibrome und Fibroodontome (▸ Abb. 11.27, ▸ Abb. 11.28).

Keratozystischer odontogener Tumor

Es handelt sich hier um einen benignen Tumor mit odontogenem Ursprung, der – ähnlich wie das Ameloblastom – uni- oder multizystisch in Erscheinung treten kann. Die besonderen Merkmale dieses Tumors, sind, wie der Name schon sagt,

- die Parakeratosen im Epithel und
- eine aggressive, infiltrative Tendenz.

Es werden auch häufig Rezidive und die Bildung von Tochtertumoren beobachtet. Diese Neubildungen erkennt man an Aussprossungen, die anfänglich von rundlicher Form sind, im weiteren Verlauf raumfordernd konfluieren und dann eine charakteristische girlandenförmige Begrenzung mit deutlicher Zeichnung bilden können. Anhand von Röntgenbildern wird daher die Ausbreitung des keratozystischen odontogenen Tumors häufig unterschätzt, weil die Dichte und die Überlagerungen der Tochtertumoren durch den intakten Knochen in der Nachbarschaft durch den Summationseffekt bei intraoralen und auch Panoramaschichtaufnahmen eine frühzeitige vollständige Erfassung außerordentlich erschweren (▸ Abb. 11.29, ▸ Abb. 11.30, ▸ Abb. 11.31).

11

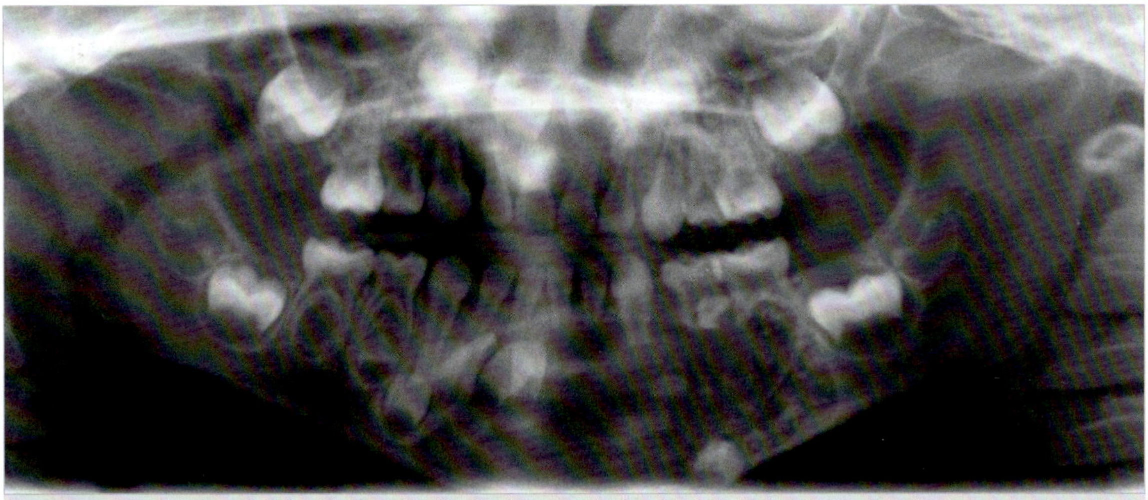

Abb. 11.27 Dieses ameloblastische Fibroodontom wurde histologisch als benigne eingestuft. Das Röntgenbild lässt aber einen malignen Tumor vermuten.

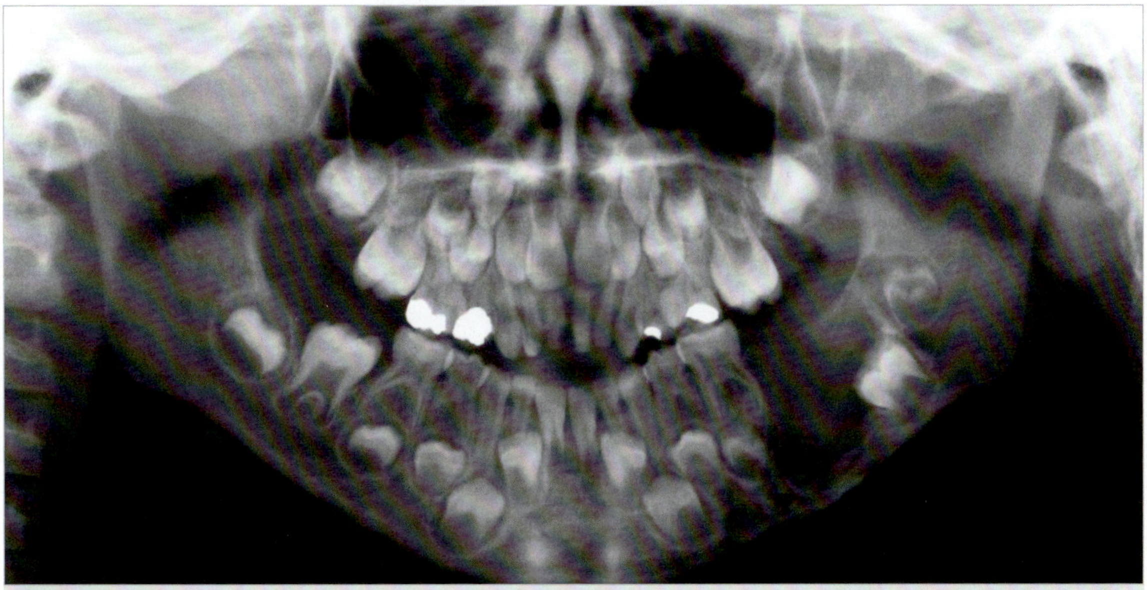

Abb. 11.28 Ameloblastisches Fibrom.

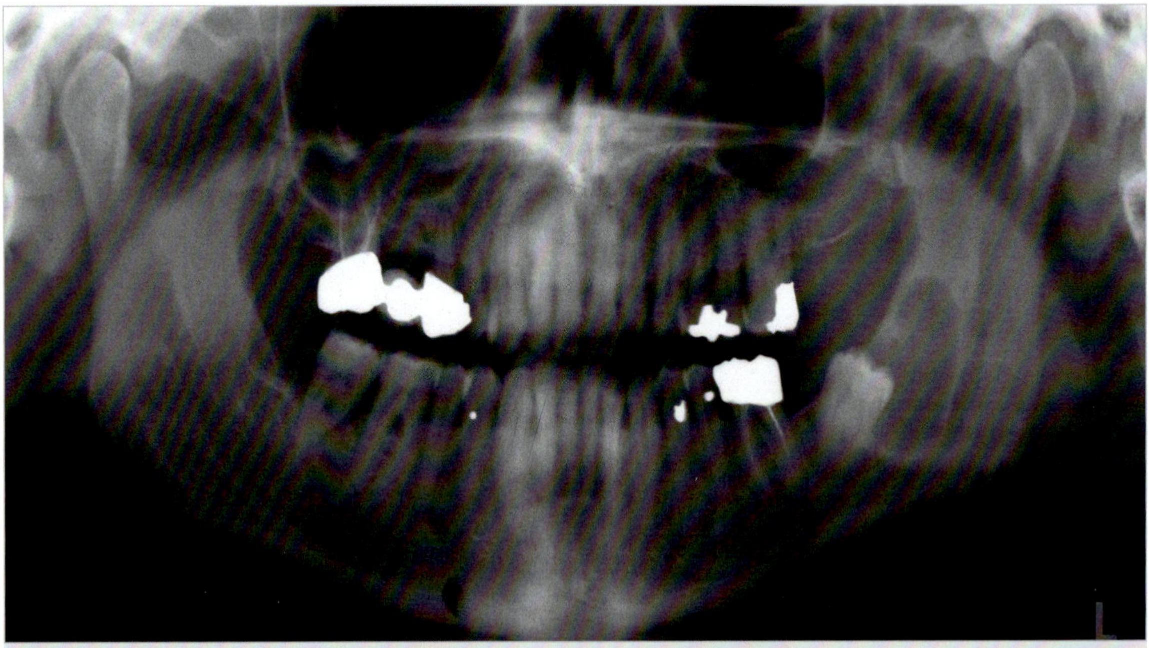

Abb. 11.29 Typischer keratozystischer odontogener Tumor mit einem Zahn in der Nähe. Dieser steht aber in keiner Beziehung zu dem zystischen Tumor, er ist lediglich verdrängt. Bei einer Konstellation wie dieser kann leicht die Fehldiagnose follikuläre Zyste gestellt werden.

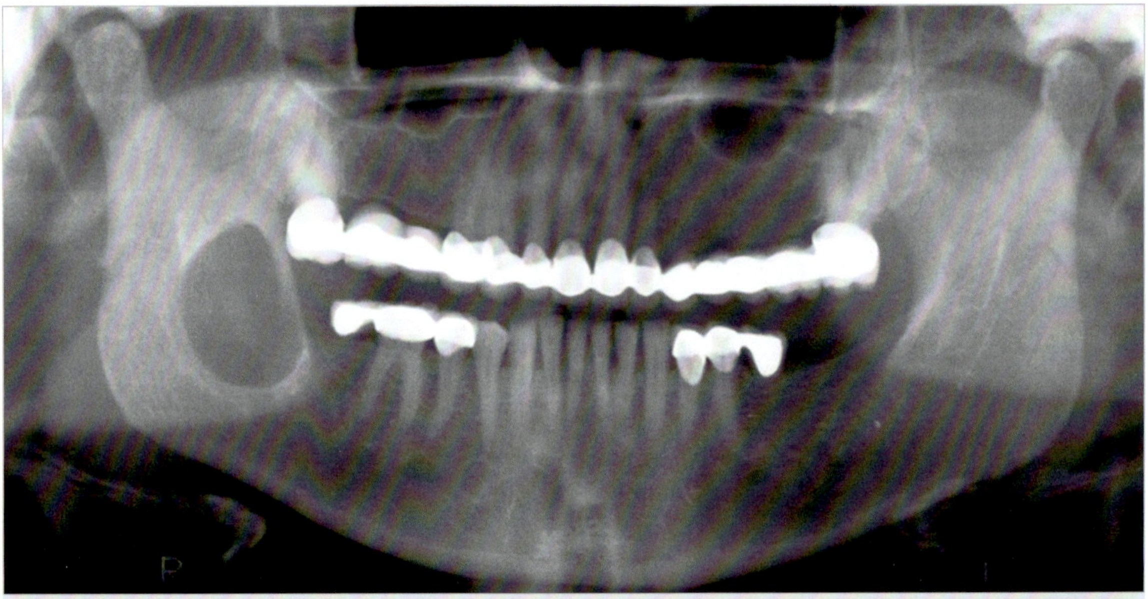

Abb. 11.30 Monozystische ovale Veränderung im rechten Kieferwinkel. Auch diese Form des keratozystischen odontogenen Tumors kann vorkommen.

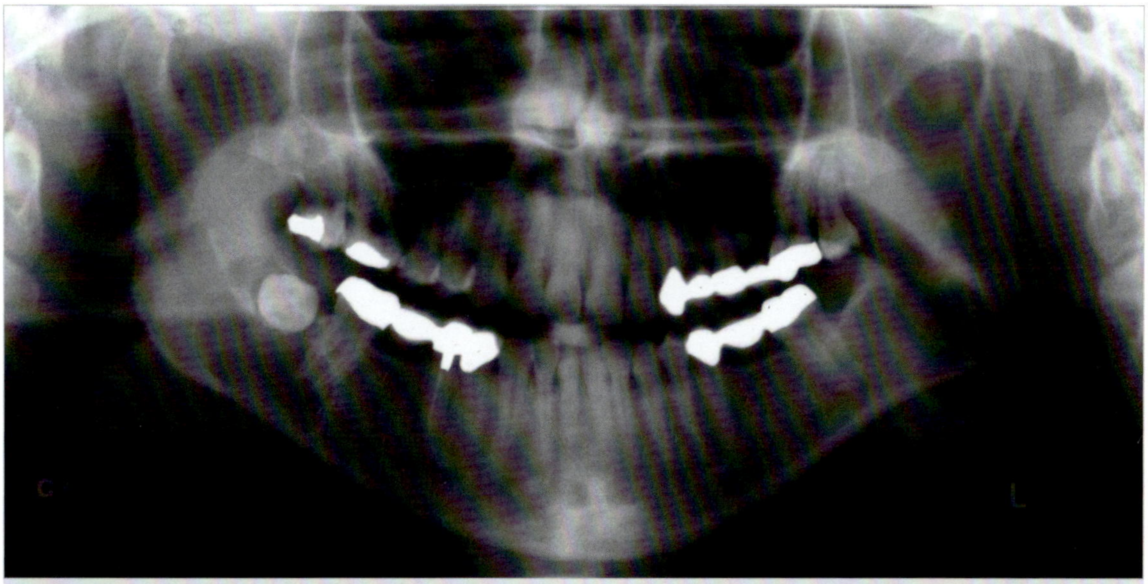

Abb. 11.31 Monozystischer keratozystischer odontogener Tumor im rechten Kieferwinkel des Unterkiefers. Die Zähne 47 und 48 stehen nicht eindeutig mit der Aufhellung in Verbindung.

Odontome

Odontome sind entwicklungsbedingte tumorähnliche bis tumorartige Fehlbildungen, die aus einer Anzahl kleiner und größerer zahnähnlicher Gebilde oder aus einem Konglomerat der verschiedenen Zahnsubstanzen bestehen. Es werden daher 2 Typen von Odontomen unterschieden:

- Das komplexe Odontom ist eine tumorähnliche Fehlbildung im Sinne eines Hamartoms mit Bildung von Schmelz, Dentin und auch Zement als amorphe Masse (► Abb. 11.33). Es sitzt oft einem retinierten Molaren auf, der selbst durch die Überlagerung kaum noch zu erkennen ist.
- Das zusammengesetzte Odontom dagegen ist eine tumorartige Fehlbildung, die aus vielen voll entwickelten kleinen Zähnen oder aber zahnähnlichen Gebilden zusammengesetzt ist. Abhängig vom Stadium der Entwicklung kann man früh eine gut abgegrenzte Osteolyse und später sich darin langsam entwickelnde Zahnelemente erkennen, die von einem breiten Aufhellungssaum als Zeichen einer Wachstumszone umgeben sind (► Abb. 11.32). Im Endstadium erkennt man einen schmalen Saum, der die Zahnanlagen umschließt.

Die zusammengesetzten Odontome werden am häufigsten vor dem 20. Lebensjahr gefunden. Hauptsächlich entstehen sie im Frontzahnbereich und weniger häufig in der Prämolarenregion.

Odontogenes Myxofibrom

Das odontogene Myxofibrom ist eine intraossäre Neoplasie. Odontogene Myxofibrome sind benigne, jedoch lokal invasiv wachsend. Sie neigen in bis zu 25% der Fälle zu Rezidiven. Auf dem OPG stellen sie sich als multilokuläre Destruktionen des Unterkiefers dar. Häufig durchziehen Trabekel die Läsion, sodass ein radiologisch uneinheitliches Bild entsteht (► Abb. 11.34).

Zementome

Zementome (Synonym: Zementoblastome) zeichnen sich aus durch eine überschießenden Produktion von zementartigen Gewebe, das in einer engen Beziehung zur Wurzel steht. Das Erscheinungsbild ist vielfältig. Es entsteht hauptsächlich im Bereich der 1. Molaren und des 2. Prämolaren des Unterkiefers. Zementome treten hauptsächlich im 2. und 3. Lebensjahrzehnt auf. Ein Zementom wächst langsam in Schichten um die Wurzel des befallenen Zahns und ist mit diesem verbacken, sodass die Extraktion erschwert sein kann.

Mit zunehmendem Wachstum und fortschreitender Zementeinlagerung können die Verschattungen entweder gesprenkelt, flockig, mosaikartig, aber auch gleichmäßig dicht erscheinen. Ein umschließender Aufhellungssaum ist radiologisch nicht immer erkennbar. Ist er aber deutlich sichtbar, so kann dies eine Wachstumszone oder auch eine Sequesterbildung signalisieren (► Abb. 11.35).

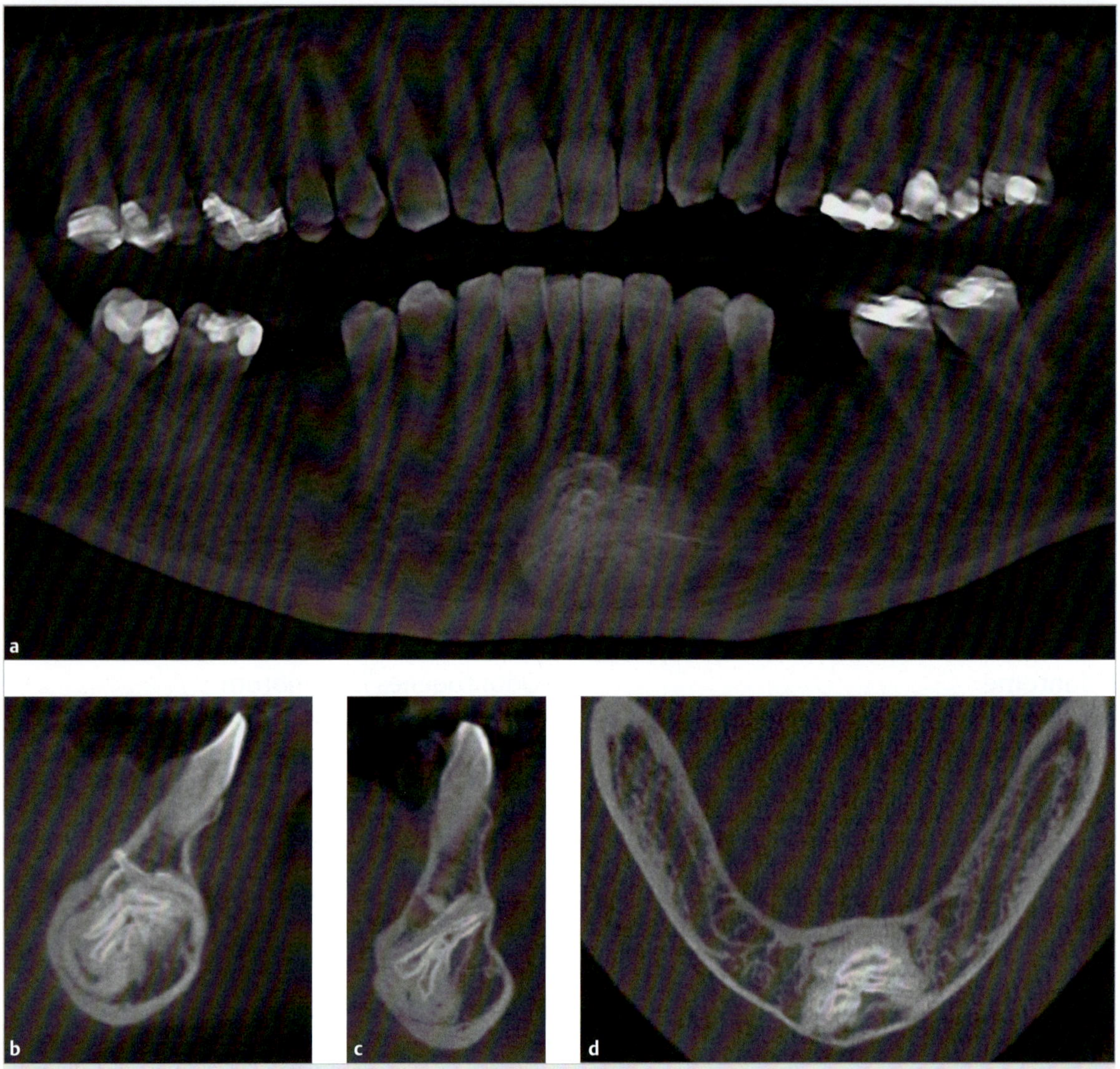

Abb. 11.32 Zusammengesetztes Verbundodontom. Deutlich stellen sich auf den Schichtaufnahmen **b**, **c** und **d** (digitale Volumentomografie) die Zahnanlagen dar.

a Das DVT-Orthopantomogramm zeigt einen runden, sehr dichten Bezirk in der Unterkieferfront, umgeben von einem schmalen Aufhellungssaum.

b Seitliche DVT-Schichtaufnahme.

c Seitliche DVT-Schichtaufnahme.

d Axiale DVT-Schichtaufnahme.

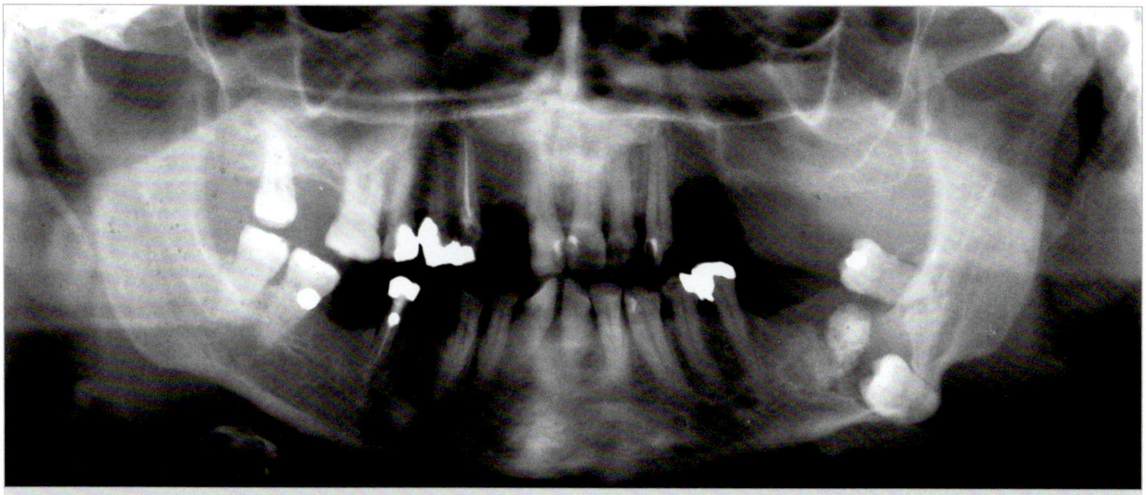

Abb. 11.33 Dieses komplexe Odontom stellt sich als homogene Masse mit scharfer Abgrenzung dar. Der Zahn 37 mit perikoronaler Aufhellung ist tief retiniert und durch das Odontom am Durchbruch gehindert.

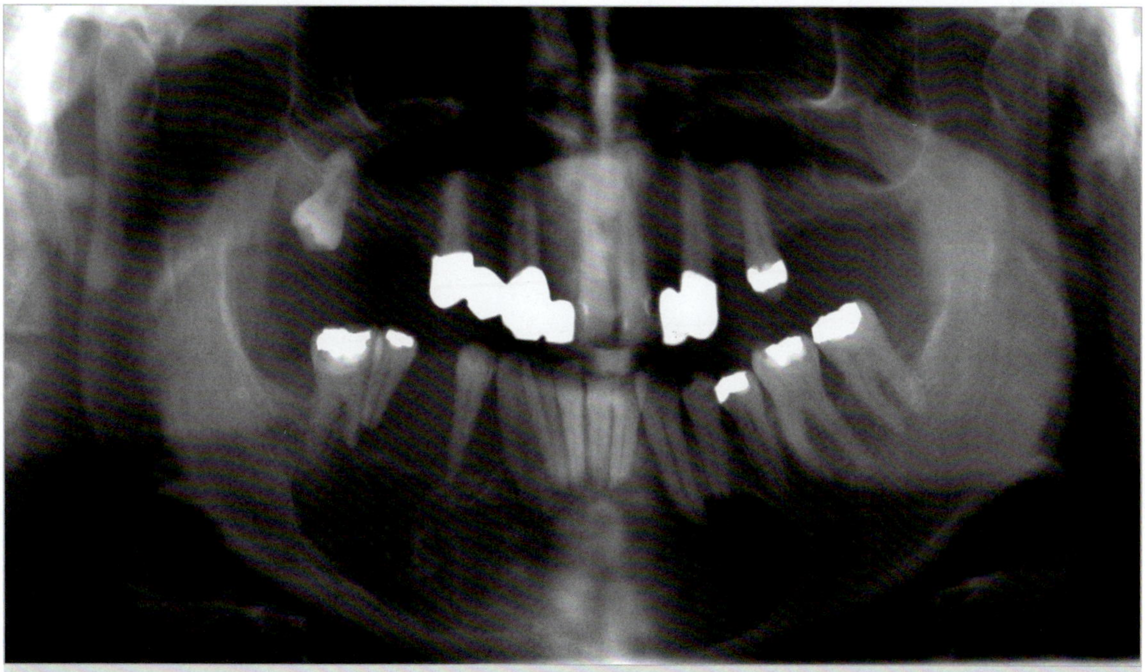

Abb. 11.34 Großes Myxofibrom, das von Zahn 35 bis Zahn 46 reicht. Man erkennt Trabekel, die die Läsion durchziehen. Die Zähne erscheinen leicht gekippt; an den Zähnen 34 und 32 können Resorptionen nicht ausgeschlossen werden.

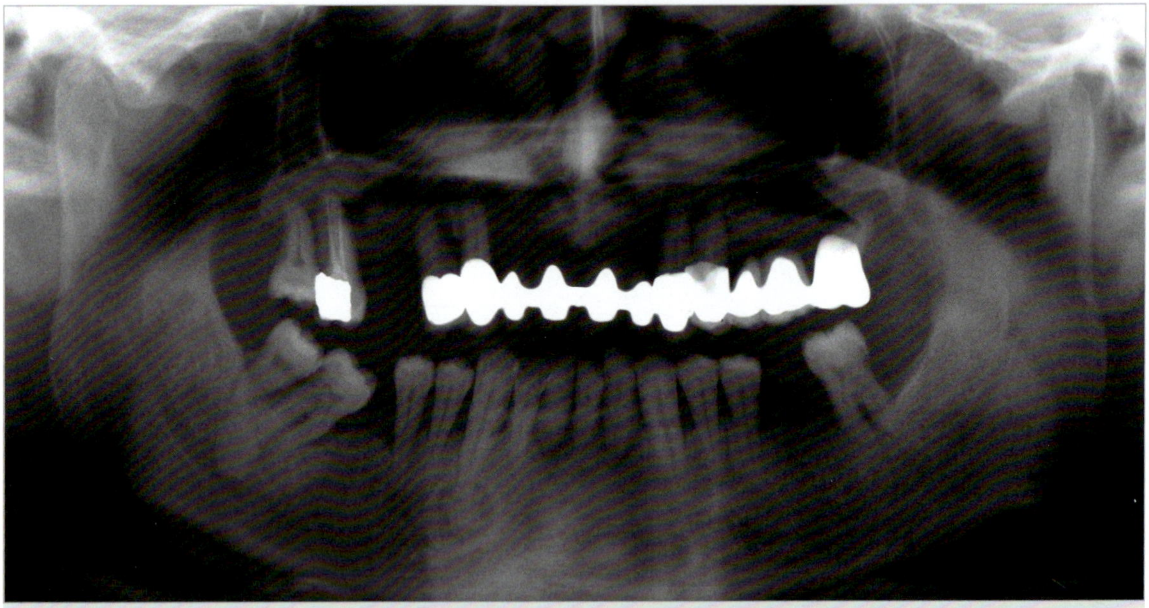

Abb. 11.35 Zementom. Man erkennt eine eng mit dem Apex des Zahns 43 verbundene Verschattung, die von einem Aufhellungssaum umgeben ist.

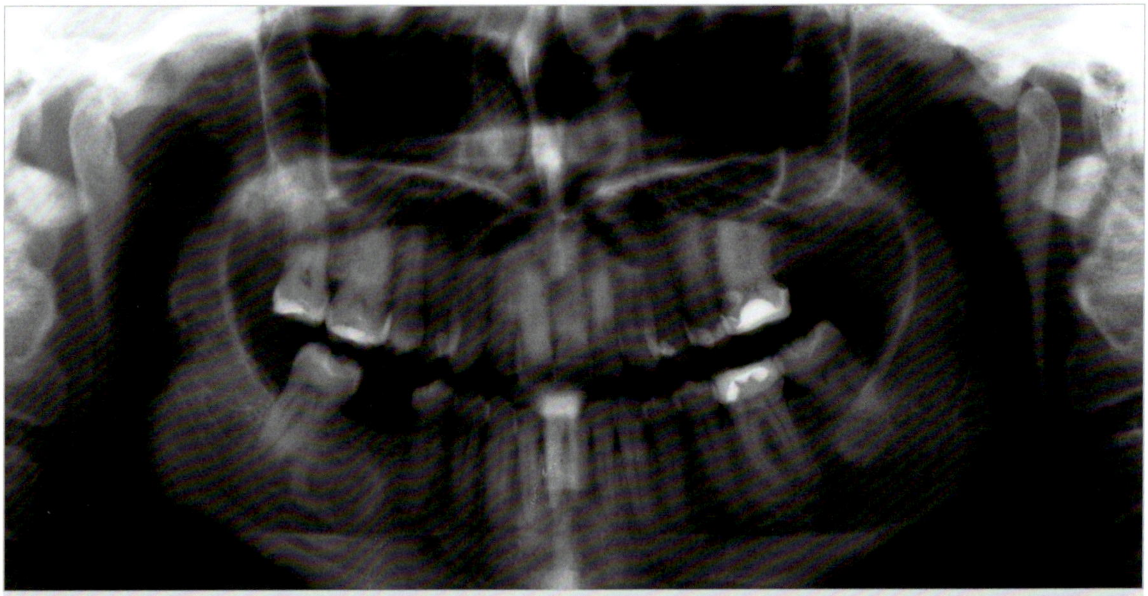

Abb. 11.36 Typische zementossäre Dyplasien in Regio 37 und 46. Man erkennt die in das bindegewebige Stroma eingelagerten Zementikel.

Zementossäre Dysplasien

In diese Gruppe werden hauptsächlich

- die periapikalen Zementdysplasien und
- die floriden zementoossären Dysplasien eingereiht.

Die periapikale Zementdysplasie befällt meistens die Unterkieferfrontregion. In der Röntgenaufnahme stellt sich im Anfangsstadium eine durch Fibrosierung verursachte Osteolyse dar. In der 2. Phase beginnen Zementeinlagerungen, die sich schließlich als dichte Verschattungen manifestieren. Die Vitalitätsprüfung zeigt, dass es sich bei den Aufhellungen weder um eine apikale Parodontitis noch um radikuläre Zysten handelt.

Die floride zementoossäre Dysplasie ist eine Spielart, bei der die von einem opaken Saum umgebenen großen Aufhellungen im dichten bindegewebigen Stroma eingelagerte Zementikel aufweisen (▸ Abb. 11.36).

11.2.6 Eigenständige Erkrankungen der Knochen

Neben den Entzündungen, Zysten und Tumoren der Kiefer existieren weitere typische Erkrankungen des Knochen, die nicht in die oben erwähnten Kategorien hineinpassen.

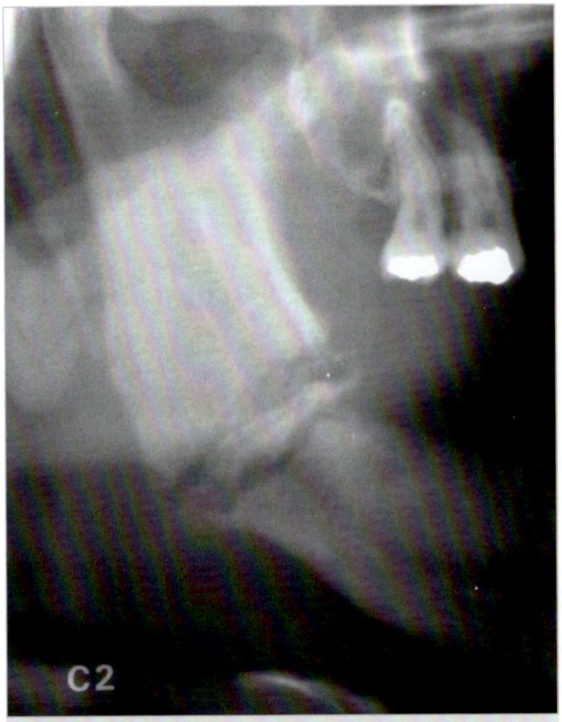

Abb. 11.37 Bruchspalt-Osteomyelitis mit Bildung eines Knochensequesters.

Röntgenologisch werden viele nicht in der Routine erfasst. Von Bedeutung aber können die Osteomyelitis, das ossifizierende Fibrom, die fibröse Dyplasie, die zentrale Riesenzellläsion, die aneurysmatische Knochenzyste sowie die Pseudozysten sein.

Eine Sonderstellung hat das Osteom, das als benigne Neubildung von reifem Knochengewebe definiert wird, aber in der WHO-Klassifikation nicht als Tumor aufgeführt wird.

Osteomyelitis

Die Osteomyelitis ist eine Entzündung des Knochens, die bei schwacher Abwehrlage durch periapikale Infektionen, akute nekrotisierende Gingivitis und offene nicht behandelte Frakturen entstehen kann. Auch nach Bestrahlung im Kieferbereich ist die Gefahr einer Osteomyelitis groß. Typisch für die akute Osteomyelitis ist die Nekrose des betroffenen Knochenareals mit Bildung von Sequestern (▶ Abb. 11.37).

Ossifizierendes Fibrom

Das ossifizierende Fibrom wird als knochenassoziierte Läsion und echte Neoplasie eingestuft. Es findet sich meistens im Molarenbereich des Unterkiefers. Röntgenologisch stellen sich strukturierte dichte und weniger dichte kalkdichte Strukturen mit Trabekeln (▶ Abb. 11.38) und milchglasartigen Verdichtungen dar. Zum angrenzenden Unterkiefer besteht ein scharfer Übergang.

Fibröse Dysplasie

Die fibröse Dysplasie ist eine genetisch determinierte selten auftretende Erkrankung des Knochens. Sie tritt meistens im Oberkieferbereich auf. Die fibröse Dyspla-

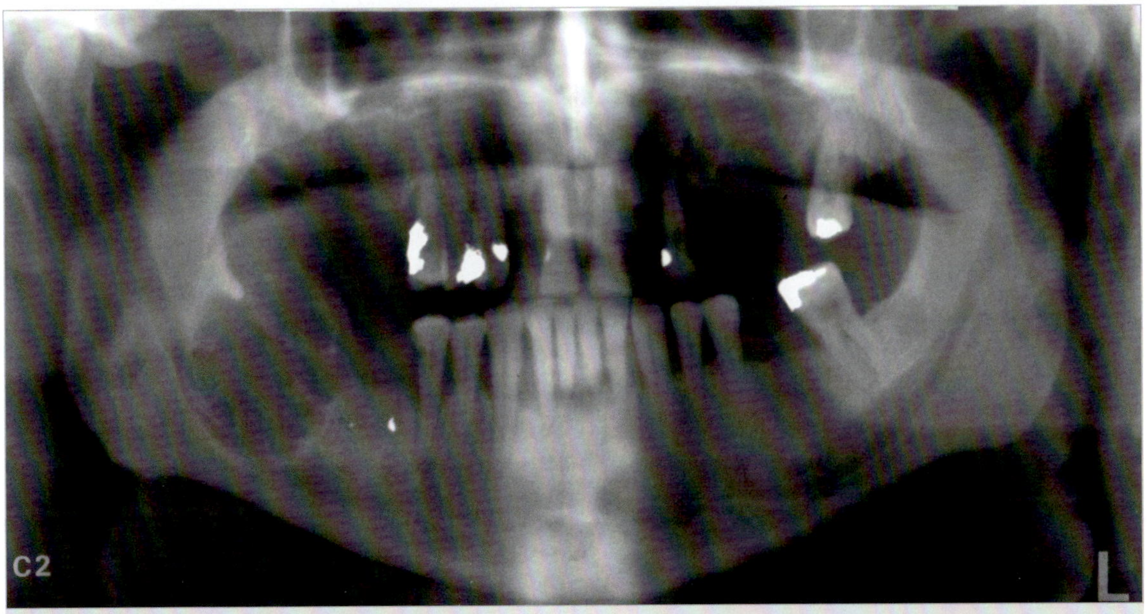

Abb. 11.38 Scharf begrenzte runde expansive Osteolyse im rechten Unterkiefer (Regio 47–48) mit trabekelartigen Strukturen.

11

sie nimmt nur langsam zu, mit schubweisem Verlauf und symptomlosen Intervallen.

Von einer gewissen Größe an treten Gesichtsasymmetrien auf. Im Oberkiefer können Zähne verdrängt werden. Die Kieferhöhle kann obliterieren (▶ Abb. 11.39).

Zentrale Riesenzellläsion

Die zentrale Riesenzellläsion ist eine lokalisierte, benigne, manchmal auch aggressive osteolytische Proliferation (▶ Abb. 11.40). Eine im Röntgenbild erkennbare reaktive Knochenbildung ist typisch.

Diese Knochenerkrankung ist expansiv und häufig multizystisch. Die Zähne werden verdrängt, Wurzelresorptionen sind möglich.

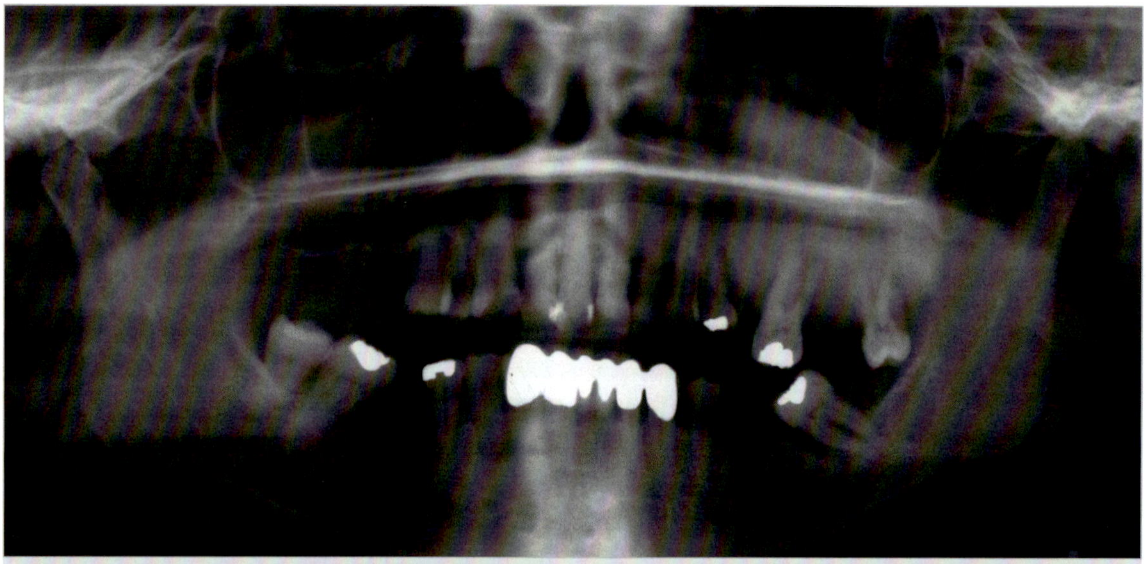

Abb. 11.39 Fibröse Dysplasie. Im linken Oberkiefer stellt sich eine homogene sehr dichte, scharf begrenzte Verschattung dar. Die Kieferhöhle ist eingeengt und die Molaren 26 und 28 sind kaudal verdrängt.

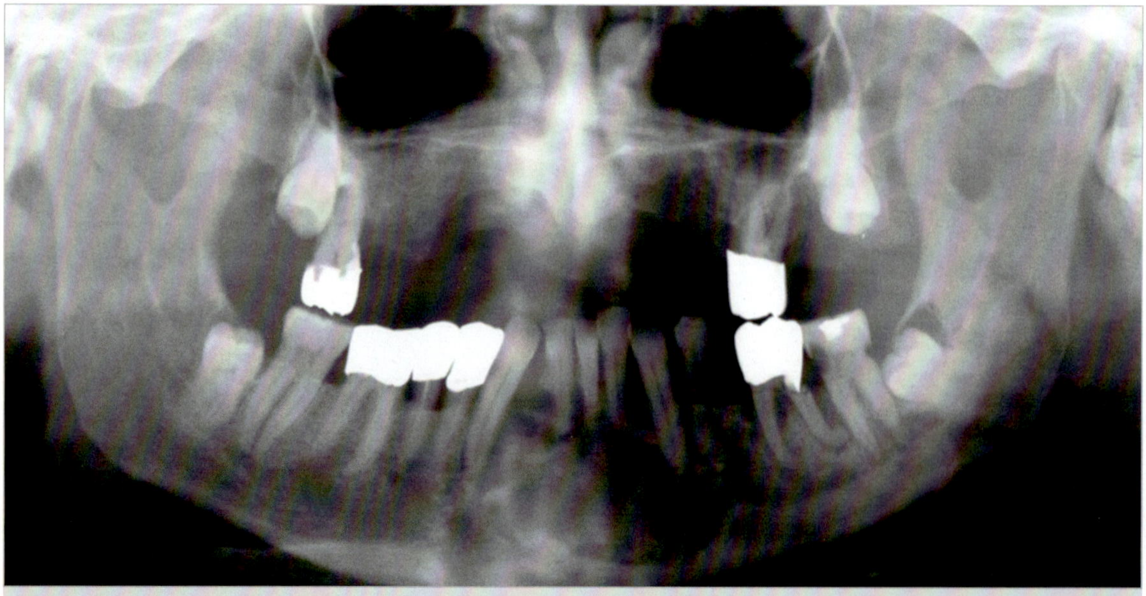

Abb. 11.40 Zentrale Riesenzellläsion. In der Unterkieferfront stellt sich eine abgrenzbare, aber nicht scharf begrenzte runde Aufhellung dar, die durch die Aufnahmetechnik oval verzerrt erscheint.

11.2.7 Speichelsteine

Die gut funktionierende Sekretion der Speicheldrüsen ist Voraussetzung für einen normalen Ablauf der vielfältigen physiologischen Abläufe in der Mundhöhle. Bei zu geringer oder sogar fehlender Speichelsekretion trocknet die Mundschleimhaut aus, was zu Infektionen und anderen schmerzhaften Veränderungen führen kann.

Die Darstellung der Speicheldrüsen gehört eigentlich nicht zum Aufgabengebiet der Zahnmedizin, es kommt aber doch häufiger vor, dass man in der Zahnarztpraxis mit Speichelsteinen, die sich als Nebenbefunde auf dem OPG darstellen, konfrontiert wird (▶ Abb. 11.41).

Oft projizieren sich die Steine in den Unterkiefer hinein, sodass grundsätzlich entschieden werden muss, ob sich die vorliegende Verschattung im Knochen oder aber im Mundboden befindet. Während früher die Mundbodenübersicht als 2. Ebene für den Mundboden eingesetzt wurde, lassen sich heute mit der digitalen Volumentomografie Speichelsteine sehr gut darstellen und genau lokalisieren (▶ Abb. 11.42, ▶ Abb. 11.43).

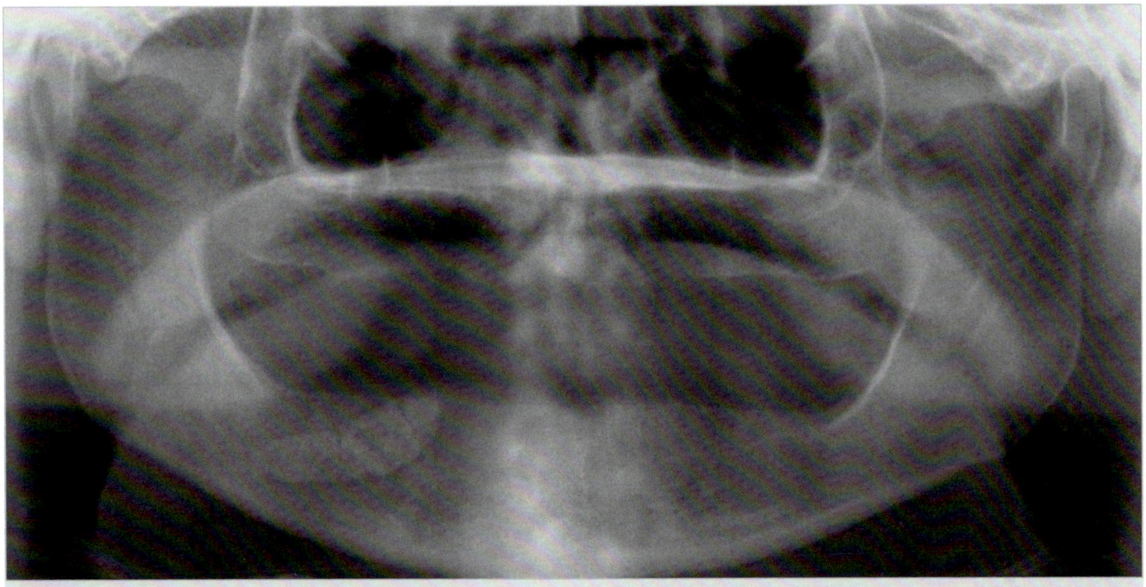

Abb. 11.41 Große dichte inhomogene Verschattung im rechten Unterkiefer, hervorgerufen durch einen Speichelstein im rechten Ausführungsgang.

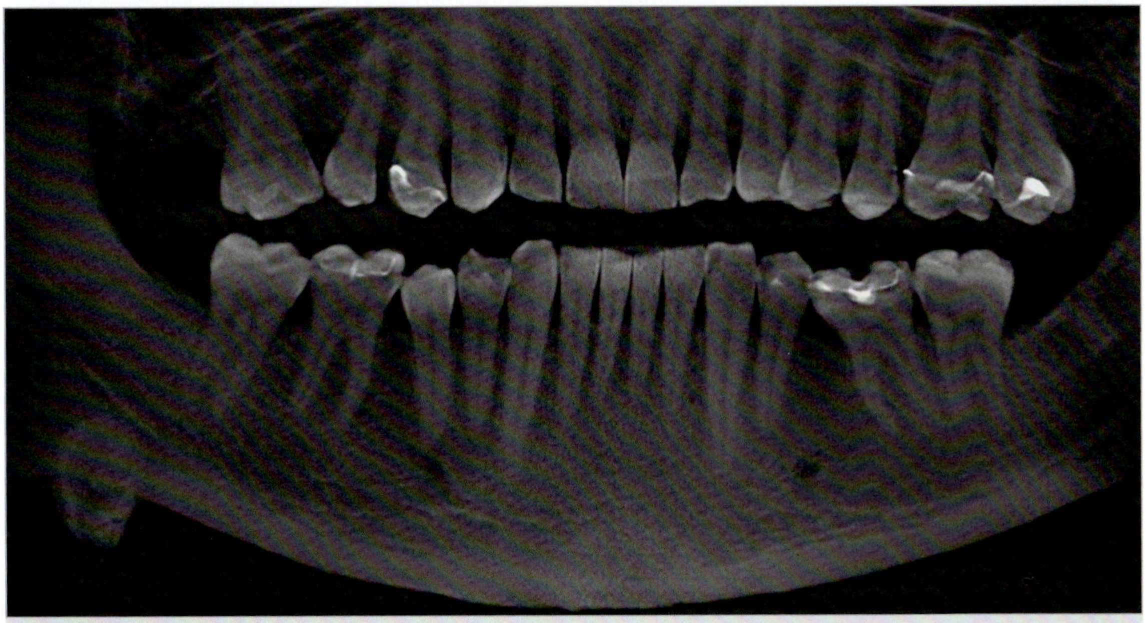

Abb. 11.42 DVT-OPG, das einen großen Speichelstein am Knie der rechten Glandula submandibularis zeigt.

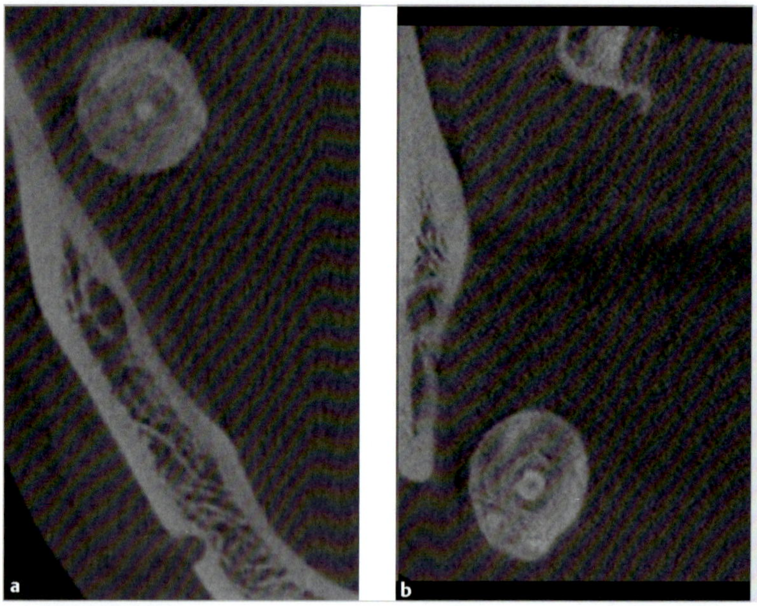

Abb. 11.43 Speichelsteine der Glandula submandibularis.
a Axiale Ansicht.
b Coronale Ansicht.

11.2.8 Frakturen

Frakturen im Unterkiefer und noch seltener in Oberkiefer und Mittelgesicht müssen in Zahnarztpraxis in der Regel nicht röntgenologisch dargestellt werden. Wenn aber nötig, können in manchen Fällen mit Hilfe der digitalen Volumentomografie auch schwierig erkennbare Unterkieferfrakturen umfassend in mehreren Ebenen dargestellt werden (▶ Abb. 11.44). Hauptsächlich erstreckt sich die Frakturdiagnostik in der zahnärztlichen Praxis auf die Traumatologie der Zähne. Meist ist es das Frontzahntrauma, das diagnostiziert und adäquat dargestellt werden muss. Wir unterscheiden die Zahnluxation, -intrusion und -fraktur.

Röntgenologisch unterscheidet sich das Vorgehen nicht. In der Regel ist es sinnvoll, mit intraoralen Aufnahmeverfahren den traumatisierten Zahn optimal darzustellen.

Merke

M!

Besonderes Augenmerk ist bei einer Zahnluxation auf die Alveole zu lenken, um mögliche Frakturen in diesem Bereich nicht zu übersehen.

Während die Frakturdiagnostik in der Front bei einwurzeligen Zähnen wenig Mühe bereitet, können Frakturen im Molarenbereich – seien sie durch Trauma oder idiopathisch bedingt – diagnostisch Schwierigkeiten bereiten. Auch bei diesen Fragstellungen kann die digitale Volumentomografie genaue Antworten geben (▶ Abb. 11.45).

Die Wurzelfrakturen können in jedem Bereich der Wurzel liegen. Die unterschiedliche Darstellung hängt natürlich von der Art der Fraktur, aber auch von der Einstrahlung bei der Aufnahme ab. Wenn es der Zustand des Patienten erlaubt, sollte die Frakturdiagnostik des Zahns immer mit der Paralleltechnik erfolgen. Nur so können reproduzierbare Aufnahmen hergestellt werden, was gerade für die Verlaufskontrolle bei Frakturen von sehr großer Bedeutung ist (▶ Abb. 11.46).

Frakturen im Zahnbereich können auch als Begleitfraktur bei einer Unterkieferfraktur auftreten. Ebenso können durch zahnärztliche Eingriffe Zähne – meist längs – frakturieren. Die Folge von Zahnfrakturen sind in vielen Fällen Resorptionen im Wurzelbereich (▶ Abb. 11.47, ▶ Abb. 11.48, ▶ Abb. 11.49).

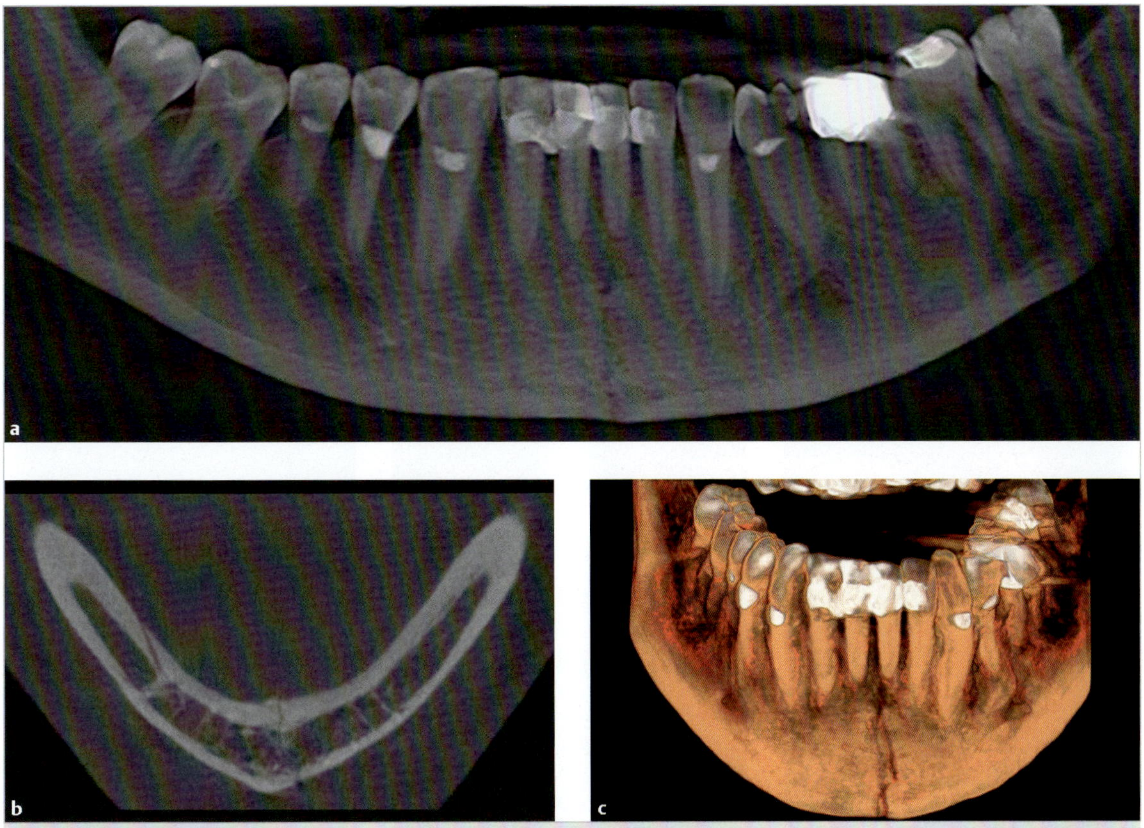

Abb. 11.44 Mediane Unterkieferfraktur.
a Dünne vertikal verlaufende Frakturlinie in Regio 31 ohne erkennbare Dislokation, dargestellt auf einer OPG-Rekonstruktion aus DVT-Daten.
b Die axiale Aufnhame bestätigt eine Unterkieferfraktur ohne Dislokation in Regio 32. Man erkennt aber eine 2. Frakturlinie, die schräg im rechten Unterkiefer verläuft und auch keine Dislokation aufweist.
c Die 3D-Darstellung mit Volumen-Rendering-Technik stellt ebenfalls nur die Fraktur in der Front dar.

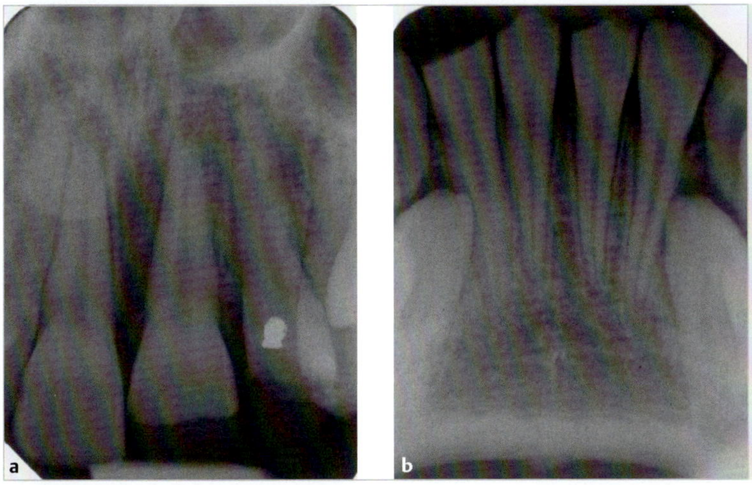

Abb. 11.45 Kronenfrakturen.
a Kronenfrakturen am Zahn 21.
b Kronenfrakturen am Zahn 42.

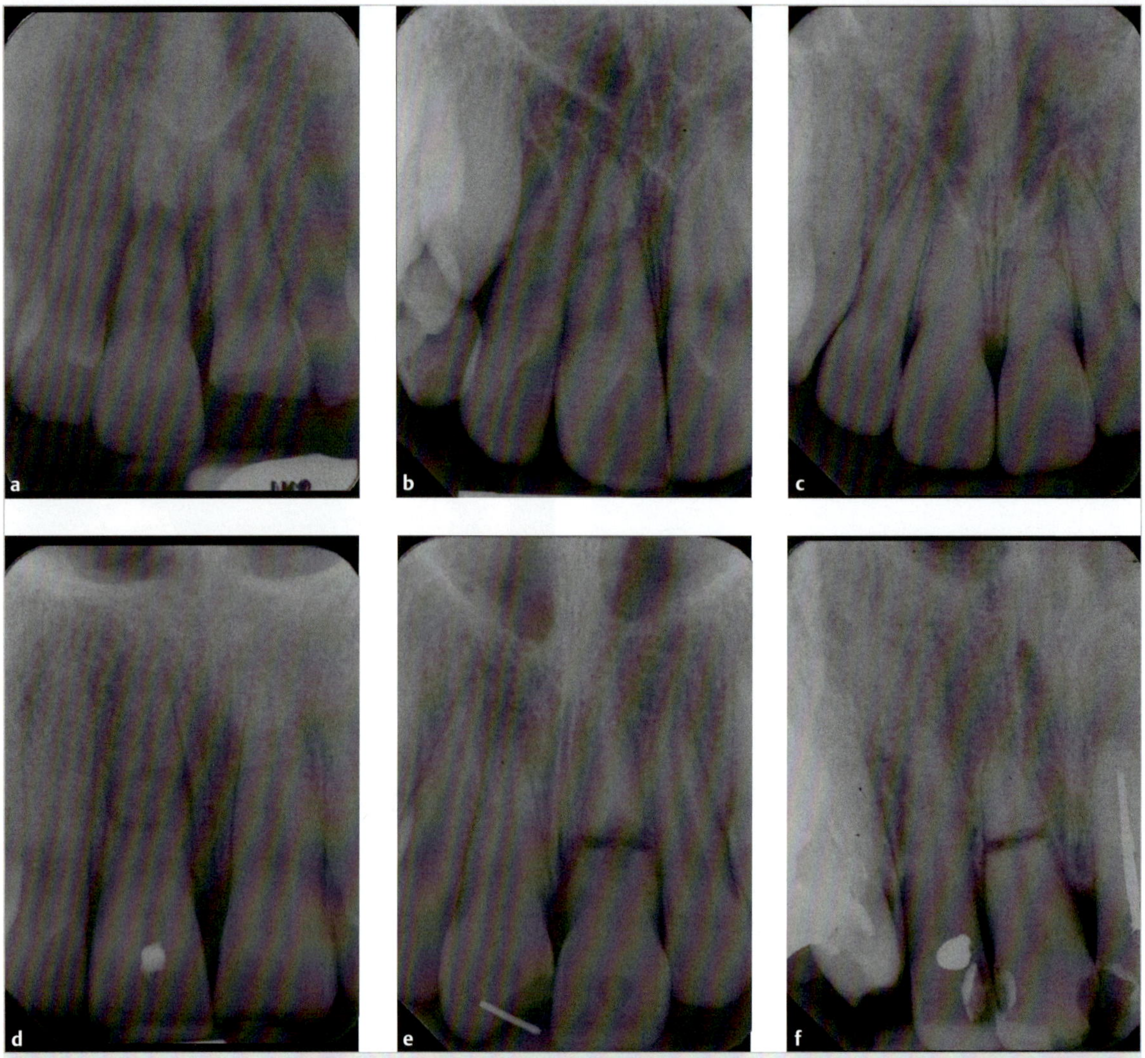

Abb. 11.46 Mehrere Wurzelquerfrakturen in der Oberkieferfront.

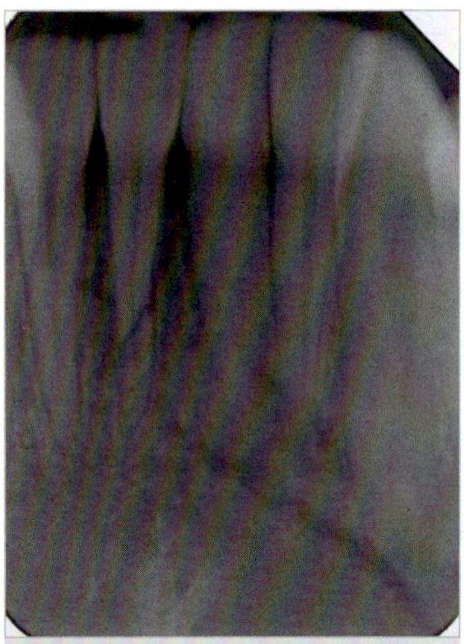

Abb. 11.47 Unterkieferfraktur mit Zahnbeteiligung.

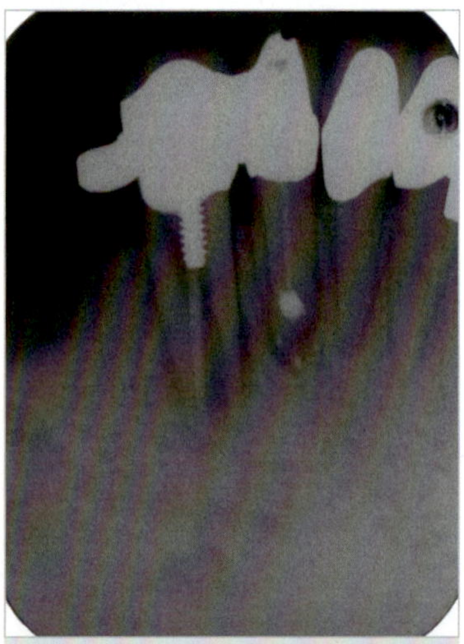

Abb. 11.48 Längsfraktur durch Wurzelschraube.

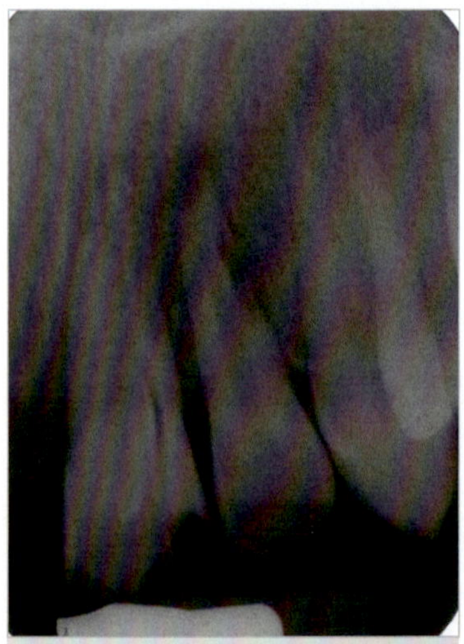

Abb. 11.49 Resorptionen am Zahn 21 und Zahn 22 nach Frontzahntrauma.

Kapitel 12

Gesetzliche Grundlagen des Strahlenschutzes, der Qualitätssicherung und der Ausbildung

12 Gesetzliche Grundlagen des Strahlenschutzes, der Qualitätssicherung und der Ausbildung

12.1 Geschichte des Strahlenschutzes

Schon zu Beginn des Einsatzes der Röntgenstrahlen für Diagnostik und Therapie erkannte man, dass Röntgenstrahlen auch schädigen können.

Im Jahr 1896 gab es die ersten Berichte über Radiodermatitis mit sonnenbrandähnlichen Hautreaktionen. Und in der Zeitschrift Fortschritte auf dem Gebiet der Röntgenstrahlen wurde 1902 die Entstehung eines Hautkarzinoms auf dem Boden einer Strahlendermatitis beschrieben. Im Jahr 1911 wurden unter dem Begriff Röntgenkarzinom 94 Fälle zusammengefasst, bei denen auf gesunder Haut ein Krebs entstanden war, nachdem die Haut längere Zeit bestrahlt wurde.

Bald entdeckte man auch Schädigungen und Veränderungen an den Keimzellen. Ein wissenschaftlicher Nachweis der mutagenen Wirkungen gelang aber erst 1927 H.J. Muller, der Experimente an der Taufliege Drosophila durchgeführt hatte.

Als Konsequenz dieser Erkenntnisse wurde 1928 die Internationale Strahlenschutzkommission **International Commission on Radiological Protection (ICRP)** gegründet. Dies geschah auf dem 2. Internationalen Kongress für Radiologie in Stockholm. Das Ziel ist bis heute, Mittel und Wege zu finden, um die Strahlenexposition kontinuierlich zu verringern, damit die Beschäftigten, die Bevölkerung insgesamt und speziell die Patienten vor ionisierenden Strahlen besser geschützt werden.

Die Strahlenschutzkommission ist eine unabhängige Organisation und arbeitet eng mit anderen internationalen Kommissionen zusammen. Dazu gehören:

- die internationale Kommission für radiologische Einheiten und Messungen (ICRU)
- das Wissenschaftliche Komitee der Vereinten Nationen über die Wirkungen atomarer Strahlungen (UNSCEAR)
- die Weltgesundheitsorganisation (WHO)
- die internationale Atomorganisation (IAEO)
- die internationale Normenorganisation (ISO)
- die Kommission der Europäischen Gemeinschaften (EU)

Ihre Erkenntnisse und Vorschläge gibt die Internationale Strahlenschutzkommission seit 1928 als **Empfehlungen** heraus. Während zu Beginn lediglich die Beschränkung der Arbeitszeit mit medizinischen Strahlenquellen empfohlen wurden (1928), so erfolgte eine erste Festlegung eines Schwellenwerts im Jahre 1934.

Die wissenschaftlich gesicherten Nachweise von vermehrten malignen Erkrankungen unter amerikanischen Radiologen und die bekannt gewordenen Leukämiefälle in Japan nach den Atombombenabwürfen änderten die Einstellung zu einem Schwellenwert, von dem ab ionisierende Strahlen schädigen könnten. So wurden 1956 monatliche und jährliche Grenzwerte für die Beschäftigten und auch für die Bevölkerung empfohlen.

Die Erkenntnis, dass es nicht möglich ist, einen Schwellenwert auszuschließen, führte dazu, die Strahlendosis auf das niedrigste Maß zu begrenzen. Später wurde diese Formulierung verbessert und verfeinert:

- auf das niedrigste Maß (1955)
- so niedrig wie praktikabel (1959)
- so niedrig wie ohne Weiteres erreichbar (1966)
- so niedrig wie es vernünftigerweise unter Berücksichtigung wirtschaftlicher und sozialer Faktoren erreichbar ist (1973)

Hauptziel ist die Reduzierung der Dosis auf Werte, die annehmbar sind. Dabei sind deterministische Wirkungen zu vermeiden und stochastische auf ein akzeptables Maß zu verringern. Der Begriff „akzeptabel" definiert sich aus den sonstigen Risiken des täglichen Lebens.

Eine **Röntgenverordnung** vom **7. Februar 1941** hatte nur den Umgang mit Röntgenstrahlen und radioaktiven Stoffen in nicht medizinischen Betrieben zum Inhalt.

Die ersten medizinischen Vorschriften wurden von dem **Hauptverband der Gewerblichen Berufsgenossenschaften** als **Unfallverhütungsvorschriften** zur Reichsversicherungsordnung im Oktober 1953 erlassen.

Grundnormen für den Strahlenschutz wurden durch Richtlinien der Europäischen Atomgemeinschaft (EURATOM) am 02.02.1959 eingeführt.

Das **Atomgesetz** vom 23.12.1959 ist die nationale gesetzliche Grundlage für das gesamte Strahlenschutzrecht in Deutschland (West) mit dem Ergebnis:

- Strahlenschutzverordnung 24.06.1960 (nur für radioaktive Stoffe)
- Strahlenschutzverordnung 18.07.1964 (für den Medizinbereich)
- Röntgenverordnung 01.03.1973

Eine neue **Röntgenverordnung** wurde dann 1987 notwendig, um 2 Richtlinien des Rates der Europäischen Gemeinschaften (EURATOM) in nationales Recht umzuwandeln:

- Grundnormen für den Gesundheitsschutz der Bevölkerung und der Arbeitskräfte gegen die Gefahren ionisierender Strahlen vom 15.07.1980
- Festlegung der grundlegenden Maßnahmen für den Strahlenschutz bei ärztlichen Untersuchungen und Behandlungen vom 03.09.1984

Das **Atomgesetz** vom 15.07.1985 wird dann die nationale gesetzliche Grundlage für die **2. Röntgenverordnung vom 08.01.1987**, die am 01.01.1988 in Kraft tritt.

Neuere Empfehlungen der ICRP stammen aus den Jahren 1990, 1996 und 2000. Daraus entstanden aktuelle Richtlinien der Europäischen Kommission, die dann zur geänderten **Röntgenverordnung vom 18.06.2002** führt. Sie tritt am 01.07.2002 in Kraft.

Zugrunde liegen

- die Richtlinie 96/29/EURATOM des Rates vom 13.05.1996 zur Festlegung der grundlegenden Sicherheitsnormen für den Schutz der Gesundheit der Arbeitskräfte und der Bevölkerung gegen die Gefahren durch ionisierende Strahlung und
- die Patientenschutzrichtlinie 97/43/EURATOM des Rates vom 30.09.1997 über den Gesundheitsschutz von Personen gegen die Gefahren ionisierender Strahlung bei medizinischer Exposition.

▸ **Ziele der Röntgenverordnung.** Ergaben sich aus den aktuellen Richtlinien der Europäischen Kommission. Zur Pflicht wird bei Anwendung von Röntgenstrahlen:

- ein **Abwägen von Nutzen und Risiken**
- in der Medizin eine **Indikation** nach allgemeiner Untersuchung
- **Optimierung** für die jeweilige Untersuchung, durch
  - geeignete Ausrüstungen,
  - Qualitätssicherung,
  - laufende Qualitätskontrolle,
  - Ermittlung und Bewertung der verabreichten Dosen
- **Festlegung von Zuständigkeiten** für Verantwortliche und Beauftragte im Strahlenschutz
- eine **ausreichende Ausbildung** in den anzuwendenden Verfahren und den dazu erforderlichen Schutzmaßnahmen
- eine **regelmäßige Fortbildung**, um der schnellen Entwicklung in der medizinischen Wissenschaft und Technik Rechnung zu tragen

12.2 Röntgenverordnung

Im Folgenden werden die wichtigsten Paragrafen der geänderten Röntgenverordnung vom 18.06.2002 (in der Fassung der Bekanntmachung vom 30.04.2003, geändert durch Art. 2 der Verordnung vom 04.10.2011) erläutert.

Die Röntgenabteilung ist in mehrere Abschnitte aufgeteilt, von denen 4 Abschnitte für die zahnärztliche Praxis von besonderer Bedeutung sind:

- allgemeine Vorschriften
- Überwachungsvorschriften
- Vorschriften für den Betrieb
- Ordnungswidrigkeiten

12.2.1 Allgemeine Vorschriften

Anwendungsbereich

§ 1 beschreibt den Anwendungsbereich. Demnach gilt die Röntgenverordnung für alle Röntgeneinrichtungen, die mit mindestens 5 Kiloelektronenvolt und höchstens 1 Megaelektronenvolt arbeiten.

Begriffsbestimmungen

§ 2 enthält diverse Begriffsbestimmungen, die dazu beitragen sollen, dass möglichst keine Missverständnisse und Fehlinterpretationen der Paragrafen auftreten. Außerdem werden Strahlengrundsätze formuliert, die die Rechtfertigung der Anwendung, die Dosisbegrenzung und die Vermeidung und Reduzierung ionisierender Strahlen betreffen.

Die wichtigsten Begriffsbestimmungen, die für die Zahnarztpraxis von Bedeutung sind, lauten:

- Die **Anwendung von Röntgenstrahlen** beinhaltet die technische Durchführung und die Befundung einer Röntgenuntersuchung, nachdem eine approbierte Person mit Fachkunde auf dem jeweiligen Gebiet eine rechtfertigende Indikation gestellt hat.
- Die Bildqualität teilt sich auf in diagnostische und physikalische Bildqualität.
  - Die **diagnostische Bildqualität** betrifft die Darstellung der diagnostisch wichtigen Bildmerkmale, Details und kritischen Strukturen nach dem Stand der Technik und der Heilkunde oder Zahnheilkunde.
  - Die **physikalische Bildqualität** wird durch Prüfkörper dargestellt und bestimmt das Verhältnis zwischen den Strukturen des Prüfkörpers und den Kenngrößen der Abbildung von den Strukturen.
- Mit **technischer Durchführung** ist der Arbeitsablauf gemeint, der mit der Einstellung der technischen Parameter beginnt. Dazu gehören dann
  - die Positionierung des Patienten unter Berücksichtigung der Einstelltechniken,
  - Zentrieren und Begrenzen des Nutzstrahls durch Blenden,
  - Durchführen von Strahlenschutzmaßnahmen und schließlich
  - Auslösen der Strahlen.
- Unter **rechtfertigender Indikation** versteht man die Entscheidung des Zahnarztes mit der erforderlichen Fachkunde im Strahlenschutz, dass und in welcher Weise Röntgenstrahlung am Menschen in der Zahnheilkunde angewandt wird.
- Unter **helfender Person** wird jemand verstanden, der außerhalb seiner beruflichen Tätigkeit freiwillig Personen unterstützt, bei denen eine Röntgenaufnahme angefertigt werden muss.

- Der **Röntgenpass** ist ein von der untersuchten Person freiwillig geführtes Dokument, das Angaben über den Zeitpunkt einer Röntgenuntersuchung, die untersuchte Körperregion, die Art der Untersuchung und den untersuchenden Zahnarzt enthält.
- **Strahlenexposition** ist die Einwirkung ionisierender Strahlung auf den menschlichen Körper.
  - Man unterscheidet
    - die Ganzkörperexposition (auf den ganzen Körper) von
    - der Teilkörperexposition (auf einzelne Organe, Gewebe oder Körperteile).
  - Weiterhin wird unterschieden zwischen der beruflichen und der medizinischen Strahlenexposition:
    - Die berufliche Strahlenexposition bezieht sich auf Personen, die in der Praxis angestellt sind oder in einem Ausbildungsverhältnis stehen oder selbst Röntgenstrahlen anwenden.
    - Die medizinische Strahlenexposition bezieht sich in der Zahnheilkunde auf den Patienten oder auf Personen, die im Rahmen einer wissenschaftlichen Untersuchung als Probanden geröntgt werden.
- **Strahlenschutzbereiche:** In einer Zahnarztpraxis existieren der Kontroll- und der Überwachungsbereich

Strahlenschutzgrundsätze

- § 2a **Rechtfertigung:** Jede Röntgenaufnahme bedarf einer Rechtfertigung und jede medizinische Strahlenexposition der Zahnheilkunde muss einen hinreichenden Nutzen erbringen.
- §§ 2b und 2c **Dosisbegrenzung** und **Dosisreduzierung:** Die Dosisgrenzwerte dürfen nicht überschritten werden und jede Strahlenexposition von Mensch und Umwelt muss unter Beachtung des Stands der Technik und unter Berücksichtigung aller Umstände des Einzelfalls so gering wie möglich gehalten werden.

12.2.2 Überwachungsvorschriften

Betrieb von Röntgeneinrichtungen

Die Paragrafen § 3 und § 4 besagen, dass Röntgengeräte ohne Zustimmung der zuständigen Behörden nicht betrieben werden dürfen.

Ein umfangreiches Genehmigungsverfahren ist aber nur dann notwendig, wenn das Röntgengerät keine CE-Kennzeichnung oder Bauartzulassung besitzt und nicht unter den Anwendungsbereich des Medizinproduktegesetzes fällt. In der Regel sind diese Bedingungen erfüllt und es muss der Betrieb von Röntgenstrahlern nach § 4 der Behörde nur angezeigt werden.

§ 4: anzeigebedürftiger Betrieb von Röntgeneinrichtungen

Die Inbetriebnahme muss der zuständigen Behörde spätestens 2 Wochen vorher angezeigt werden. Der Anzeige bei der Behörde müssen folgende Unterlagen beigefügt werden:

- **Prüfbericht** und **Bescheinigung** des Sachverständigen. In diesem Bericht müssen die Röntgeneinrichtung und der vorgesehene Betrieb beschrieben sein. Außerdem müssen die **Bauartzulassung** oder das **CE-Zeichen** vorliegen sowie der Nachweis, dass das Röntgengerät nach den Vorschriften des Medizinproduktegesetzes in Verkehr gebracht wurde.
- **Approbationsurkunde**
- **Fachkundebescheinigung** und ggf. die Aktualisierung derselben
- **Zulassung** als Zahnarzt
- Nachweis der **Anmeldung** bei der Zahnärztlichen Stelle

Es muss weiterhin gewährleistet sein, dass

- die bei dem Betrieb der Röntgeneinrichtung sonst tätigen Personen die notwendigen Kenntnisse im Strahlenschutz besitzen,
- bei dem Betrieb der Röntgeneinrichtung die Ausrüstungen vorhanden und die Maßnahmen getroffen sind, die nach dem Stand der Technik erforderlich sind, damit die Schutzvorrichtungen eingehalten werden,
- bei der vorgesehenen Art der Untersuchung die erforderliche Bildqualität mit einer möglichst geringen Strahlenexposition erreicht wird.

§ 4a: Sachverständige

Die Behörde bestimmt Sachverständige für die technische Prüfung von Röntgeneinrichtungen nach § 4. Als Sachverständiger darf nur bestimmt werden, wer unabhängig ist von Personen, die an der Herstellung, dem Vertrieb oder an der Instandhaltung von Röntgeneinrichtungen beteiligt sind.

12.2.3 Vorschriften für den Betrieb

§ 13: Strahlenschutzverantwortliche und Strahlenschutzbeauftragte

Strahlenschutzverantwortlicher ist, wer eine Röntgeneinrichtung betreibt. Der Strahlenschutzverantwortliche bleibt auch dann für die Einhaltung der Schutzvorschriften verantwortlich, wenn er Strahlenschutzbeauftragte bestellt hat. Der Strahlenschutzverantwortliche benötigt keine Fachkunde. Der Strahlenschutzbeauftragte dagegen ist zuständig für die Einhaltung der Schutzvorschriften. Er benötigt für seinen Bereich dafür die Fachkunde.

§ 16: Qualitätssicherung

Eine Grundlage für die Qualitätssicherung sind die diagnostischen Referenzwerte, die das Bundesamt für Strahlenschutz veröffentlicht.

Die Qualitätssicherung setzt sich aus mehreren Einzelprüfungen zusammen:

- **Abnahmeprüfung** durch den Hersteller oder Lieferanten
- **Sachverständigenprüfung**
- **Konstanzprüfungen:**
  - Filmverarbeitung
  - Röntgenstrahler
  - Dunkelkammer
  - Bildwiedergabegeräte (= Monitore beim digitalen Röntgen)
- Tätigkeit der **Zahnärztlichen Stelle**

Die Unterlagen der Abnahmeprüfung sind für die Dauer des Betriebs der Röntgeneinrichtung aufzubewahren. Die Unterlagen der Konstanzprüfungen müssen 2 Jahre aufbewahrt werden.

§ 17a: Qualitätssicherung durch Ärztliche und Zahnärztliche Stellen

Die zuständige Behörde bestimmt Ärztliche und Zahnärztliche Stellen. Die Behörde legt auch fest, in welcher Weise die Prüfungen durchgeführt werden, mit denen sichergestellt wird, dass bei der Anwendung von Röntgenstrahlen am Menschen die Erfordernisse der medizinischen Wissenschaft beachtet werden.

Die angewandten Verfahren und eingesetzten Röntgeneinrichtungen müssen nach dem Stand der Technik den jeweils notwendigen Qualitätsstandards entsprechen, mit dem Ziel, die Strahlenexposition so gering wie möglich zu halten.

Die Zahnärztlichen Stellen haben die Aufgabe, dem Zahnarzt Maßnahmen zur Optimierung der medizinischen Strahlenanwendung vorzuschlagen. Die Zahnärztlichen Stellen unterliegen im Hinblick auf patientenbezogene Daten der ärztlichen Schweigepflicht.

§ 18: sonstige Pflichten beim Betrieb einer Röntgeneinrichtung

Dieser Paragraf ist sehr wichtig, da er verschiedene Arbeitsabläufe in der Zahnarztpraxis betrifft.

- Es ist dafür zu sorgen, dass die beim Betrieb einer Röntgeneinrichtung beschäftigten Personen anhand einer **deutschsprachigen Gebrauchsanweisung** durch eine entsprechend qualifizierte Person (Hersteller oder Lieferant) in die sachgerechte Handhabung eingewiesen werden. Über die **Einweisung** müssen unverzüglich **Aufzeichnungen** angefertigt werden, welche für die Dauer des Betriebes aufzubewahren sind.
- Der **Genehmigungsschein** oder der **Zulassungsschein** zusammen mit der **Betriebsanleitung** müssen aufbewahrt werden.
- Die vorhandenen **Prüfberichte** des Sachverständigen mit allen dazugehörigen Unterlagen und die deutschsprachige **Gebrauchsanweisung** müssen bereitgehalten werden.
- Der Text der **Röntgenverordnung** muss zur Einsicht ständig verfügbar gehalten werden.
- Es ist dafür zu sorgen, dass die Röntgeneinrichtung in Zeitabständen von längsten 5 Jahren durch einen Sachverständigen nach dem **Stand der Technik überprüft** wird.
- Es muss ein aktuelles **Bestandsverzeichnis** geführt werden.
- Für jede Röntgeneinrichtung zur Anwendung von Röntgenstrahlung am Menschen sind **schriftliche Arbeitsanweisungen** für die an dieser Einrichtung häufig vorgenommenen Untersuchungen zu erstellen. Die Arbeitsanweisungen sind für die dort tätigen Personen zur jederzeitigen Einsicht bereitzuhalten und auf Anforderung den zuständigen Stellen zu übersenden.

> **M!**
>
> **Merke**
>
> - Einweisung
> - Gebrauchsanweisung
> - Röntgenverordnung
> - Sachverständigenprüfung
> - schriftliche Arbeitsanweisungen

§ 18a: erforderliche Fachkunde und Kenntnisse im Strahlenschutz

Die Fachkunde wird durch eine für den jeweiligen Anwendungsbereich geeignete Ausbildung, praktische Erfahrung und die erfolgreiche Teilnahme an von zuständiger Stelle anerkannten Kursen erworben.

Wird die Fachkunde im Rahmen einer staatlichen Berufsausbildung (Zahnmedizinstudium) erworben, dann überprüft die Behörde, ob diese Ausbildung den anerkannten Kursen entspricht.

Die Fachkunde im Strahlenschutz muss mindestens alle 5 Jahre durch eine erfolgreiche Teilnahme an anerkannten Kursen aktualisiert werden.

Kenntnisse im Strahlenschutz werden in der Regel durch eine für das jeweilige Anwendungsgebiet geeignete Einweisung und praktische Erfahrung erworben. Auch die Kenntnisse müssen alle 5 Jahre aktualisiert werden.

§ 19: Strahlenschutzbereiche

Zahnmedizinische Fachangestellte (ZFA), die in der Regel in der Zahnarztpraxis die Röntgenaufnahmen machen, aber auch die Patienten müssen vor den Röntgenstrahlen geschützt werden. Dazu hat der Gesetzgeber Strah-

12

lenschutzbereiche eingeführt. Je nach Höhe der Strahlenexposition wird zwischen Kontrollbereich und Überwachungsbereich unterschieden:

- **Kontrollbereiche** sind Bereiche, in denen Personen im Kalenderjahr eine effektive Dosis von mehr als 6 mSv erhalten können.
- **Überwachungsbereiche** sind nicht izum Kontrollbereich gehörende betriebliche Bereiche, in denen Personen im Kalenderjahr eine effektive Dosis von mehr als 1 mSv erhalten können.

Die Strahlenschutzbereiche und insbesondere der Kontrollbereich dienen dazu, das Personal, aber auch die Patienten vor ionisierender Strahlung zu schützen.

§ 20: Röntgenräume

Eine Röntgeneinrichtung darf nur in einem allseitig umschlossenen Raum betrieben werden, der in der Genehmigung oder in der Bescheinigung des Sachverständigen nach § 4 bezeichnet ist.

Es darf abweichend davon eine Röntgeneinrichtung außerhalb des Röntgenraums betrieben werden, wenn der Zustand des Patienten es erfordert. In sonstigen Fällen, wenn es im Einzelfall dringend erforderlich ist und von der zuständigen Behörde erlaubt wird, kann außerhalb des Röntgenraums am Behandlungsstuhl geröntgt werden.

12.2.4 Anwendung von Röntgenstrahlung am Menschen

§ 23: rechtfertigende Indikation

Röntgenstrahlung darf unmittelbar am Menschen in Ausübung der Heilkunde oder Zahnheilkunde nur angewandt werden, wenn eine Person mit Fachkunde und Approbation hierfür die rechtfertigende Indikation gestellt hat.

M!

Merke

Die rechtfertigende Indikation erfordert die Feststellung, dass der gesundheitliche Nutzen der Anwendung am Menschen gegenüber dem Strahlenrisiko überwiegt.

Andere Verfahren mit vergleichbarem gesundheitlichem Nutzen, die mit keiner oder einer geringeren Strahlenexposition verbunden sind, sind bei der Abwägung zu berücksichtigen.

Patienten sind über frühere medizinische Anwendungen von ionisierender Strahlung, die für die vorgesehene Anwendung von Bedeutung sind, zu befragen.

Vor einer Anwendung von Röntgenstrahlung in der Zahnheilkunde hat der anwendende Arzt gebärfähige Frauen zu befragen, ob eine Schwangerschaft besteht oder bestehen könnte. Bei bestehender oder nicht auszuschließender Schwangerschaft ist die Dringlichkeit der Anwendung besonders zu prüfen.

§ 24: berechtigte Personen

In der Zahnheilkunde darf Röntgenstrahlung am Menschen nur angewandt werden

- von Personen, die als Zahnärzte approbiert sind oder denen die Ausübung des zahnärztlichen Berufs erlaubt ist und die für das Teilgebiet der Anwendung von Röntgenstrahlung, in dem sie tätig sind, die erforderliche Fachkunde im Strahlenschutz besitzen,
- und außerdem von Personen mit einer abgeschlossenen sonstigen medizinischen Ausbildung, wenn sie unter ständiger Aufsicht und Verantwortung einer Person, die die Fachkunde in dem bestimmten Gebiet hat, stehen und sie die erforderlichen Kenntnisse im Strahlenschutz besitzen.

§ 25: Anwendungsgrundsätze

Röntgenstrahlung darf am Menschen nur

- in Ausübung der Heilkunde,
- der Zahnheilkunde,
- in sonstigen durch Gesetz vorgesehenen oder zugelassenen Fällen oder
- zur Untersuchung nach Vorschriften des allgemeinen Arbeitsschutzes angewandt werden.

Körperbereiche, die bei der vorgesehenen Anwendung von Röntgenstrahlung nicht von der Nutzstrahlung getroffen werden müssen, sind vor einer Strahlenexposition soweit wie möglich zu schützen.

Helfende Personen sind vor dem Betreten des Kontrollbereichs über die möglichen Gefahren der Strahlenexposition zu unterrichten. Es sind Maßnahmen zu ergreifen, um ihre Strahlenexposition zu beschränken.

§ 28: Aufzeichnungspflichten, Röntgenpass

Der § 28 soll dem Zahnarzt helfen, die Strahlenexposition des Patienten und die durch die anzufertigenden Röntgenaufnahmen bedingten Risiken beurteilen zu können. Durch sorgfältige Befragung des Patienten sollen unnötige Doppelaufnahmen vermieden werden. Durch die **Aufzeichnungen** verringert sich die Gefahr, dass beim Wechsel oder Überweisung zu anderen Ärzten erneut geröntgt wird, obwohl entsprechende Aufnahmen vorliegen.

Die Aufzeichnungen dienen aber nicht nur zum Schutz des Patienten, sondern sie geben auch dem Zahnarzt durch die Dokumentation seiner Strahlenanwendung Rechtssicherheit. Überdies ist der Zahnarzt verpflichtet, die Aufzeichnungen dem nachbehandelnden Arzt in einer für ihn geeigneten Form zukommen zu lassen.

Merke

Es ist dafür zu sorgen, dass über jede Anwendung von Röntgenstrahlung am Menschen Aufzeichnungen angefertigt werden.

Diese Aufzeichnungen müssen enthalten:
- die Ergebnisse der Befragung des Patienten (→ § 23) nach früheren Aufnahmen aus dem jeweiligen Fachgebiet, die für die vorgesehene Anwendung von Bedeutung sind
- die Antwort auf die Frage an eine gebärfähige Frau, ob eine Schwangerschaft besteht oder bestehen könnte
- den Zeitpunkt der Untersuchung und die Art der Anwendung
- die Bezeichnung der untersuchten Körperregion
- Angaben zur rechtfertigenden Indikation nach § 23
- den erhobenen Röntgenbefund
- die Strahlenexposition, soweit sie erfasst ist, oder die zur Ermittlung der Dosis erforderlichen Daten und Angaben:
  - Für die Exposition sind grundsätzlich die Spannung (in kV) und das Strom-Zeit-Produkt anzugeben.
  - Für intraorale Aufnahmen genügt die Angabe der Belichtungszeit, da die Milliampere-Werte konstant sind.
  - Für die Panoramaaufnahme reicht die Angabe des Milliampere-Werts, da in der Regel die Belichtungszeit immer gleich ist.
  - Bei den dentalen Neugeräten wird das Dosisflächenprodukt angezeigt. Dies ersetzt die bisherigen Angaben.
  - Es müssen **alle** Aufnahmen erfasst werden, die Fehlaufnahmen eingeschlossen.
- die Antwort auf die Frage nach dem Röntgenpass

Die Aufzeichnungen sind gegen unbefugten Zugriff und unbefugte Änderungen zu sichern. Sie sind auf Verlangen der zuständigen Behörde vorzulegen; dies gilt aber nicht für die medizinischen Befunde.

Der untersuchten Person ist auf deren Wunsch eine **Abschrift oder Kopie** der Aufzeichnungen mit den Daten
- Zeitpunkt,
- untersuchte Körperregion,
- Strahlenexposition
- sowie Angaben zum untersuchenden Arzt zu überlassen.

Röntgenpässe sind bereitzuhalten und der untersuchten Person anzubieten. Wird auf Verlangen der untersuchten Person ein **Röntgenpass** ausgestellt oder legt diese einen Röntgenpass vor, so sind die Angaben
- Zeitpunkt,
- untersuchte Körperregion,
- sowie Angaben zum untersuchenden Arzt einzutragen.

Röntgenbilder und die Aufzeichnungen sind nach der letzten Untersuchung **10 Jahre lang aufzubewahren**. Die Aufzeichnungen von Röntgenuntersuchungen einer Person, die das 18. Lebensjahr noch nicht vollendet hat, sind bis zur Vollendung des 28. Lebensjahres dieser Person aufzubewahren.

Wer eine Person mit Röntgenstrahlung untersucht, hat einem diese Person später untersuchenden oder behandelnden Arzt oder Zahnarzt auf dessen Verlangen **Auskünfte** über die Aufzeichnungen zu erteilen und ihm die **Aufzeichnungen** und **Röntgenbilder vorübergehend zu überlassen.**

Auch ohne dieses Verlangen sind die Aufzeichnungen und Röntgenbilder der untersuchten Person zur Weiterleitung an einen später untersuchenden oder behandelnden Arzt oder Zahnarzt vorübergehend zu überlassen, wenn zu erwarten ist, dass dadurch eine weitere Untersuchung vermieden werden kann.

Die Überlassung der Aufnahmen entbindet den Zahnarzt nicht von seiner Aufbewahrungspflicht. Er muss also dafür sorgen, dass er die Aufnahmen zurückerhält.

§ 36: Unterweisung

Personen, denen der Zutritt zum Kontrollbereich gestattet wird, sind vor dem erstmaligen Zutritt zu unterweisen über
- die Arbeitsmethoden,
- mögliche Gefahren,
- anzuwendende Sicherheits- und Schutzmaßnahmen,
- die für ihre Beschäftigung oder ihre Anwesenheit wesentlichen Inhalte der Röntgenverordnung,
- die Genehmigung oder Anzeige und
- die Strahlenschutzanweisung.

Das gilt entsprechend auch für Personen, die außerhalb des Kontrollbereichs Röntgenstrahlung anwenden, soweit diese Tätigkeit der Genehmigung oder der Anzeige bedarf. Die Unterweisung ist mindestens 1-mal im Jahr zu wiederholen.

Andere Personen, sogenannte helfende Personen, denen der Zutritt zu Kontrollbereichen gestattet wird, sind vorher über die möglichen Gefahren und ihre Vermeidung zu unterweisen.

Frauen sind im Rahmen der Unterweisungen darauf hinzuweisen, dass eine Schwangerschaft im Hinblick auf die Risiken einer Strahlenexposition für das ungeborene Kind so früh wie möglich mitzuteilen ist.

Über den Inhalt und den Zeitpunkt der Unterweisung sind **Aufzeichnungen** zu führen, die von der unterwiesenen Person zu unterzeichnen sind. Die Aufzeichnungen sind 5 Jahre aufzubewahren und der zuständigen Behörde auf Verlangen vorzulegen.

12

12.3 Richtlinien für die praktische Umsetzung der Röntgenverordnung

Die aktuelle Fassung der Röntgenverordnung ist – im Gegensatz zu den früheren Versionen – sehr ausführlich geworden. Um aber alle praktischen Durchführungen erfassen zu können, gibt es für die verschiedenen Bereiche des Röntgens **Richtlinien.** Die wichtigsten sind:

- Richtlinie Fachkunde und Kenntnisse im Strahlenschutz bei dem Betrieb von Röntgeneinrichtungen in der Medizin oder Zahnmedizin
- Richtlinie Ärztliche und Zahnärztliche Stellen
- Richtlinie zur Durchführung der Qualitätssicherung
- Richtlinie zu Aufzeichnungspflichten nach § 18, § 17, § 28 und § 36 der Röntgenverordnung

12.4 DIN-Normen

Für die technischen Belange in der Radiologie gibt es **Normen,** die im besonderen Maße die Qualitätssicherung regeln, aber auch für die technische Ausstattung der Geräte eine große Rolle spielen. In der Zahnmedizin sind die meisten DIN-Normen in der Reihe DIN 6868 zusammengefasst.

12

Literatur

Barr JH, Grøn P. Palate contour as a limiting factor in intraoral X-ray technique. Oral Surg Oral Med Oral Pathol 1959; 12: 459–472

Beyer D, Herzog M, Zanella FE, Bohndorf K, Walter E, Hüls A. Röntgendiagnostik von Zahn- und Kiefererkrankungen: ein klinisch-radiologisches Konzept. Berlin: Springer; 1987

Bock JJ, Bock F, Spens E et al. Qualitätssicherung in der zahnärztlichen Röntgendiagnostik. Quintessenz 2006; 57: 399–412

Bschorer R, Fuhrmann A, Gehrke G et al. Die Darstellung des Canalis mandibulae mit der Unterkieferquerschnitt-Panoramatechnik. Dtsch Zahnärztl Z 1993; 48: 786–789

Buchmann F. Die Prinzipien des Dental-Tomographen. Röntgenstrahlen 1974; 31: 24–29

Buzug TM. Einführung in die Computertomographie – Mathematisch-physikalische Grundlagen der Bildrekonstruktion. Berlin: Springer; 2005

Chomenko AG. Atlas for Maxillofacial Pantomographic Interpretation. Chicago: Quintessenz; 1985

Cieszyński A. Beiträge zur Technik bei Zahnaufnahmen mittels Röntgenstrahlen: Neue Filmhalter. Correspondenz-Blatt 1907; 36: 289–305

Cieszyński A. Die Röntgenuntersuchung der Zähne und der Kiefer. Leipzig: JA Barth; 1913

Döhring W, Prokop M, Bergh B et al. Prinzip und Anwendung der digitalen Lumineszenzradiographie. Röntgenstrahlen1986; 56: 16–23

Düker J. Röntgendiagnostik mit der Panoramaschichtaufnahme. 2. Aufl. Heidelberg: Hüthig; 2000

Düker J. Praxisleitfaden Zahnärztliche Radiologie. München: Urban & Fischer; 2006

Ebhardt H, Reichart P. Spezielle Pathologie für Zahnmediziner. Berlin: Quintessenz; 2009

Eder H, Panzer W, Schöfer H. Ist der Bleigleichwert zur Beurteilung der Schutzwirkung bleifreier Röntgenschutzkleidung geeignet? Fortschr Röntgenstr 2005; 177: 399–404

Ewen K, Hrsg. Moderne Bildgebung: Physik, Gerätetechnik, Bildbearbeitung und -kommunikation, Strahlenschutz, Qualitätskontrolle. Stuttgart: Thieme; 1998

Ewen K. Strahlenschutz und Dosis in der zahnmedizinischen Röntgendiagnostik. Quintessenz 2007; 58: 905–911

Feldkamp LA, Davis LC, Kress JW. Practical cone-bean algorithm. J Opt Soc Am A Opt Image Sci Vi 1984; 1: 612–619

Felix R, Ramm B. Das Röntgenbild. Stuttgart: Thieme; 1988

Friedrich RE, Fuhrmann A, Scheuer HA et al. Small peripheral developing odontoma of the maxilla in a 3-year-old patient depicted on cone-beam-tomography. In vivo 2010; 24: 895–898

Friedrich RE, Scheuer HA, Fuhrmann A et al. Radiographic findings of odontogenic myxomas on conventional radiographs. Anticancer Res 2012; 32: 2173–2178

Friedrich RE, Scheuer HA, Fuhrmann A et al. Osteochondroma of the mandibular condyle. Report of a case with 5-year follow-up. Anticancer Res 2012; 32: 4553–4556

Dagassan-Berndt DC. Präoperative Röntgendiagnostik. Quintessenz 2010; 61: 389–395

Duhamel J. Une forme nouvelle de phototomographie. La photopantomographie de Y.V. Paatero. Sci Indust phot 1954; 25: 353–355

Dula K. Präoperative Röntgendiagnostik. Quintessenz 2008; 59: 435–439

Farman AG, Farman TT. A status report on digital imaging for dentistry. Oral Radiol 2004; 20: 9–14

Fleiner J. Anwendung der dentalen Volumentomographie in der Parodontologie. Quintessenz 2012; 63: 503–510

Fuhrmann A. Albers HK. Die Anwendung der Paralleltechnik für Messaufnahmen in der Endodontie. Quintessenz 1986; 8: 1565–1568

Fuhrmann A. Probleme und Fortschritte der Nativdiagnostik im dento-maxillo-fazialen Bereich. In: Schwenzer N, Pfeifer G, Hrsg. Fortschritte der Kiefer- und Gesichts-Chirurgie. Bd. 32. Stuttgart: Thieme; 1987: 11–14

Fuhrmann A, Rother U. Improved cross-sectional images with Rotational Panoramic Radiography. Abstract. 5th European Congress on Dental and Maxillofacial Radiology. Köln: 1995

Fuhrmann A, Schulze D, Vesper M et al. Digitale transversale Schichtverfahren in der dento-maxillo-fazialen Radiologie. Int J of Comput Dent 2003; 6: 129–140

Fuhrmann A. Der Stellenwert der transversalen Panoramaschichtaufnahme im Vergleich zur digitalen Volumentomographie. Quintessenz 2009; 60: 741–745

Fuhrmann RA. Bücker A, Diedrich P. Dreidimensionale Interpretation des parodontalen Knochenabbaus. Dtsch Zahnärztl Z 1997; 52: 112–118

Garretson JL. A new system of dental radiography. Dental Cosmos 1919; 61: 862–865

Geibel MA. Internes Qualitätsmanagement und zahnärztliche Radiologie. Quintessenz 2012; 63: 101–106

Grauer S. Über den Wert der axialen Unterkieferaufnahme. Fortschr Röntgenstr 1928; 37: 503–505

Gundlach KKH, Fuhrmann A, Beckmann-Van der Veen G. The double-headed mandibular condyle. Oral Surg Oral Med Oral Pathol 1987; 64: 249–253

Hallikainen, D. History of panoramic radiography. Acta Radiologica 1996; 37: 441–445

Haßfeld S. Bedeutung der Schnittbildgebung in der Parodontaldiagnostik. MKG-Chirurg 2011; 4: 307–309

Haßfeld S, Scheifele C. 3-D-Diagnostik in der zahnärztlichen Chirurgie. Dtsch Zahnärztl Z 2011; 66: 609–625

Heckmann K. Die Röntgenperspektive und ihre Umwandlung durch eine neue Aufnahmetechnik. Fortschr Röntgenstr 1939; 60: 144–157

Heckmann K. Die Entwicklung der Schlitzaufnahmen. Röntgen-Bl 1984; 37: 29–39

Heilmann HP. Der Röntgenbefund: Stiefkind der Radiologie. Fortschr Röntgenstr 1981; 135: 220–224

Hellstern F, Geibel MA. Qualitätssicherung von digitalen Zahnfilmen – Rechtfertigung und Dosiseinsparung in der dento-maxillo-fazialen Radiologie. Int J Computerized Dent 2012; 15: 35–44

Hielscher W. Parallelaufnahmeverfahren bei enoralen Zahnaufnahmen. Dtsch Zahnärztl Z 1955; 10: 601–616

Hielscher W. Rechtwinkeltechnik bei Röntgenaufnahmen der Zähne. Röntgenpraxis 1955; 8: 297–305

Hielscher W. Panorama-Röntgenaufnahmen. Röntgenpraxis 1967; 11: 247–259

Holzknecht G. Projektionsrichtung, Projektionsdistanz. Eine allgemeine röntgenologische Bemerkung. Fortschr Röntgenstr 1931; 44: 400–406

Hounsfield GN. Computerized transverse axial scanning (tomography): Part I. Description of the system. Br J Radiol 1973; 46: 1016–1022

ICRP. Nuclear decay for dosimetric calculations. ICRP Publication 107. Ann. ICRP 2008; 38 (3)

Jung H. Strahlenrisiko. Fortschr Röntgenstr 1995; 162: 91–98

Jung T. Tomographie in der Kieferheilkunde. Röntgenblätter 1964; 10: 413–427

Jung T. Was leistet das Fernröntgenbild für die Cephalometrie? Dtsch zahnärztl Z 1965; 20: 49–56

Jung T. Zur Geschichte der Panorama-Röntgenverfahren. Radiologe 1966; 6: 206–210

Jung T, Hrsg. Panorama-Röntgenographie. Symposium Hannover 1982. Heidelberg: Hüthig; 1982

Kalender WA. Computertomographie. München: Publicis MCD; 2000

Kauffmann GW, Moser E, Sauer R. Radiologie. 3. Aufl. München: Urban & Fischer; 2006

Kells CE. Roentgen rays. Dental Cosmos 1899; 16: 1014–1029

Kaeppler G, Mast M. Indikationen für die dentale Volumentomographie bei chirurgischen Fragestellungen im oromaxillofazialen Bereich. Int J Comput Dent 2012; 15: 271–286

Kühl S, Paterno J, Kreisler M, Waltimo T, Lambrecht JT, Filippi A. Die Fokussuche in der Zahnmedizin. Quintessenz 2010; 61: 655–661

Kühnisch J, Pasler FA, Bücher K et al. Welche röntgenologischen Effekte erschweren die Auswertung der Bissflügelaufnahmen? Quintessenz 2007; 58: 179–183

Lambrecht JT, Wangerin, K. Entstehung und Abbildung von Ghost-Images bei Panoramaschichtaufnahmen. Dtsch Zahnärztl Z 1985; 40: 853–855

Langland OE, Langlais RP, Preece JW. Principles of Dental Imaging. Baltimore: Lippincott Williams & Wilkins; 2002

Langland OE, Langlais RP, Morris ChR. Principles and Practice of Panoramic Radiology – including Intraoral Radiographic Interpretation. Philadelphia: WB Saunders; 1982

Laubenberger T. Technik der medizinischen Radiologie. 7. Aufl. Köln: Ärzte; 1999

Ludlow JB, Ivanovic M. Comparative dosimetry of dental CBCT devices and 64-slice CT for oral and maxillofacial radiology. Oral Surg Oral Med Oral Pathol Oral Radiol Endod 2008; 106: 106–114

Lübbers HT, Kruse A, Eyrich G. DVT vor operativer Weisheitszahnentfernung. Zahn Prax 2012; 15: 158–165

Mathis H, Hielscher W. Einführung in die zahnärztliche Röntgenologie. Berlin: Berlinische Verlagsanstalt; 1962

McDavid WD, Langlais RP Welander U et al. Real, double, and ghost images in rotational panoramic radiography. Dentomaxillfac Radiol 1983; 12: 122–128

Mischkowski R, Scherer Ph, Neugebauer J et al. Digitale Volumentomographie: Perspektiven auch für den Generalisten? Quintessenz 2007; 58: 915–924

Mourshed F, McKinney AL. A comparison of paralleling and bisecting radiographic techniques as experienced by dental students. Oral Surg Oral Med Oral Pathol 1972; 33: 284–296

Mouyen F, Benz C, Sonnabend E et al. Presentation and physical evaluation of RadioVisioGraphy. Oral Surg Oral Med Oral Pathol 1989; 68: 238–242

Mozzo P, Procacci C, Tacconi A et al. A new volumetric CT machine for dental imaging based on the cone-beam technique: preliminary results. Eur Radiol 1998; 8: 1558–1564

Nelsen RJ, Kumpula JW. Panographic Radiography. J Dent Res 1952: 31: 158–165

Numata H. Consideratons of the parabolic radiography of dental arch. J Shimazu Stud 1933; 10: 13–16

Paatero, YV. A new radiographic method in dentistry. Suom Hammaslääk Toim 1946; 87: 37–42

Paatero YV. A new tomographic method for radiographing curved outer surfaces. Acta Radiol 1949; 32: 177–184

Paatero YV. Pantomography in theory and use. Acta Radiol 1954; 42: 321–335

Paatero YV. Orthoradial jaw pantomography. Ann Med Int Fenn 1959; 48 (Suppl. 28): 222–227

Paatero YV. Pantomography and Orthopantomography. Oral Surg Oral Med Oral Pathol 1961; 14: 947–953

Parma Č. Der Canalis incisivus im Röntgenbilde. Z Stomat 1927; 25: 776–788

Pasche O. Ueber eine neue Blendenvorrichtung in der Röntgentechnik. Dtsch Med Wochenschr 1903; 15

Pasler FA, Visser H. Taschenatlas der zahnärztlichen Radiologie. Stuttgart: Thieme; 2003

Pasler FA. Zahnärztliche Radiologie. 5. Aufl. Stuttgart: Thieme; 2008

Pasler FA, Visser H. Zahnmedizinische Radiologie: bildgebende Verfahren. 2. Aufl. Stuttgart: Thieme; 2000

Patel A, Sandler J. Richtlinien für Röntgenaufnahmen in der kieferorthopädischen Praxis. Inf Orthod Kieferorthop 2008; 41: 51–60

Praeger W. Grundlagen der zahnärztlichen Röntgentechnik. Dtsch Zahnärztl Wochenschr 1938; 37: 865–869

Raper HR. Practical clinical preventive dentistry based upon periodic roentgen ray examinations. J Amer Dent Ass 1925: 12: 1084–1100

von Reckow JF. Die Untersuchungstechnik in der Zahnröntgenologie. Röntgenpraxis 1937; 9: 668–683

von Reckow JF. Die Lehren der Zahnröntgenaufnahmen für die Praxis. Dtsch Zahnärztl Z 1955; 10: 334–348

Ritter W. Röntgenuntersuchung der Zähne, der Kiefer und des Gesichtsskelettes. In: Schwenzer N, Grimm G, Hrsg. Zahn-, Mund- und Kieferheilkunde. Bd. I. 2. Aufl. Stuttgart: Thieme; 1988: 243–330

Rosenbauer KH A, Engelhardt JP, Koch H, Stüttgen U. Klinische Anatomie der Kopf- und Halsregion für Zahnmediziner. Stuttgart: Thieme; 1998

Rottke B. Die Bedeutung der Röntgenschichtuntersuchung für die Zahn-, Mund- und Kieferheilkunde. Dtsch Zahnärztekalender 1971; 30: 101–115

Rottke B. Fortschritte der Röntgendiagnostik im Kiefer- und Gesichtsbereich. Dtsch Z Mund Kieferheilk 1973; 61: 369–375

Rottke B, Buchmann F, Gosau B. Strahlenschutzverhältnisse an einem Panoramaschichtgerät. Quintessenz 1974; 25: 125–134

Rottke D. Bestimmung der effektiven Dosis zahnmedizinischer Röntgensysteme. Quintessenz 2012; 63: 1053–1059

Rottke B, Fuhrmann A. Fortschritte und Probleme in der Röntgendiagnostik des Kiefergelenks. In: Schwenzer N, Pfeifer G, Hrsg. Fortschritte der Kiefer- und Gesichts-Chirurgie. Bd. 25. Stuttgart: Thieme; 1980: 21–23

Rushton VE, Horner K. The use of panoramic radiology in dental practice. J Dent 1996; 24: 185–201

Rushton VE, Rout J. Panoramic Radiology. London: Quintessenz; 2006

Scheutzel P. Wilhelm-Conrad Röntgen – Unsichtbares wird sichtbar. Quintessenz; 1995

Schmied B, Rottke D, Schulze D. Indikationen der dentalen digitalen Volumentomographie. Ein aktueller Überblick über mögliche und praktische Fragestellungen im klinischen Alltag. Quintessenz 2009; 60: 323–327

Schober H. Das Röntgenbild. Geometrie des Röntgenbildes. In: Diethelm L, Olsson O, Strnad F, Vieten H, Zuppinger, Hrsg. Handbuch der medizinischen Radiologie III: allgemeine röntgendiagnostische Methodik. Berlin: Springer; 1967: 1–9

Schröder HE. Orale Strukturbiologie. 4. Aufl. Stuttgart: Thieme; 1992

Schulze D. Bildgebende Diagnostik in der Zahnheilkunde. Von der Kathodenstrahlröhre zur digitalen Radiographie. Teil 1. Digital Dental News 2007; 1: 33–39

Schulze D. Rechtliche Aspekte der Weitergabe und Sicherung von Röntgenaufnahmen. Teil 1: Datentransfer. Quintessenz 2010; 61: 85–90

Schulze D. Beurteilung von Panoramaschichtaufnahmen. Quintessenz 2012; 63: 513–517

Schulze D. DVT in der Zahnmedizin: alles besser? Quintessenz 2012; 63: 1603–1610

Schulze R. Zahnärztliches Röntgen im Jahre 2007. Quintessenz 2007; 61: 85–90

Schulze R, Hassfeld S, Schulze D et al. Dentale Volumentomographie (DVT). S1-Empfehlung. Dtsch Zahnärztl Z 2009; 64: 490–496

Sitzmann F. Qualitätssicherung zahnärztlicher Röntgenaufnahmen. Dtsch Zahnärztl Z 1989; 44: 156–158

Sitzmann F, Hrsg. Radiologieatlas der Zahn-, Mund- und Kiefererkrankungen. 2. Aufl. München: Urban & Fischer; 2003

Sonnabend E. Zur Verbesserung des Röntgenstatus bei Parodontopathien. Dtsch Zahnärztl Z 1974; 29: 301–306

Sonnabend E. Fehler bei der Projektion intraoraler Röntgenaufnahmen. Dtsch Zahnärztl Z 1966; 21: 217–221

Sonnabend E, Benz C. Röntgentechnik in der Zahnheilkunde. 2. Aufl. München: Urban & Schwarzenberg; 1991

Sonnabend E, Benz C. Das Röntgenbild in der zahnärztlichen Praxis. 3. Aufl. Heidelberg: Hüthig; 1998

Spiegler G. Physikalische Grundlagen der Röntgendiagnostik. Stuttgart: Thieme; 1957

Stender HS, Stieve FE, Hrsg. Qualitätssicherung in der Röntgendiagnostik: Kriterien – Verfahren – Ergebnisse. Stuttgart: Thieme; 1985

Stender HS, Stieve FE, Hrsg. Bildqualität in der Röntgendiagnostik. Köln: Ärzte; 1990

Stephens RG, Barr JH. Anatomic limitations in intraoral roentgenography of the upper molar region. Oral Surg Oral Med Oral Pathol 1955; 8: 1272–1277

Stieve F. Bevorzugte Darstellung einzelner Körperschichten. In: Diethelm L, Olsson O, Strnad F, Vieten H, Zuppinger, Hrsg. Handbuch der medizinischen Radiologie III: allgemeine röntgendiagnostische Methodik. Berlin: Springer; 1967: 716–1041

Stodt T, Attin T. Die Bissflügel-Röntgenaufnahme als Bestandteil der präventiven Zahnheilkunde – eine Übersicht. Schweiz Monatsschrift Zahnmed 2004; 114: 882–889

Updegrave WJ. The paralleling extension cone-technique in intraoral dental radiography. Oral Surg 1951; 4: 1252–1261

Updegrave WJ. Simplifying and improving intraoral dental roentgenography. Oral Surg Oral Med Oral Pathol 1959; 12: 704–716

van Aken J. Limitations in clinical diagnosis of dental caries of approximal surfaces. Adv Fluorine Res 1966; 4: 89–92

van Aken J, Verhoeven JW. Factors influencing the design of aiming devices for intraoral radiography and their practical application. Oral Surg Oral Med Oral Pathol 1979; 47: 378–388

van Straaten FJ, van Aken J. The optimum circular field size for dental radiography with intraoral films. Oral Surg Oral Med Oral Pathol 1982; 54: 347–359

Visser H, Matheis B, Richter B et al. Zahnfilmstatus und Panorama-Schichtaufnahme – Ergebnisse einer klinisch-dosimetrischen Untersuchung. Dtsch Zahnärztl Z 1997; 52: 492–494

Visser H. Zeitgemäße parodontologische Röntgendiagnostik. Dtsch Zahnärztl Z 1999; 54: 64–72

Visser H. Untersuchungen zur Optimierung der parodontologischen Röntgendiagnostik. Berlin: Quintessenz; 1999

Visser H, Hermann KP, Bredemeier S et al. Dosismessungen zum Vergleich von konventionellen und digitalen Panoramaschichtaufnahmen. Mund Kiefer Gesichtschir 2000; 4: 213–216

Wahlmann U. Erkennen und Vermeiden von Bewegungsartefakten in der digitalen Volumentomographie. Quintessenz 2011; 62: 531–537

Wangerin K. Die dreidimensionale Systematik der Objektdarstellung in der Panoramaschichttechnik. Österr Z Stomatol 1983; 80: 457–465

Wenzel A, Møysted A, Hirsch E et al. Halten digitale Intraoralröntgenaufnahmen, was sie versprechen? Quintessenz 2010; 61: 919–927

Wenzel A, Møysted A. Workflow with digital intraoral radiography. A systematic review. Acta Odontol Scand 2010; 68: 106–114

White SC, Pharoah MJ. Oral Radiology. 5th ed. St. Louis: Mosby; 2004

Zabel H. Kurzlehrbuch Physik. Stuttgart: Thieme; 2011

Zimmermann H. Bildentstehung durch Röntgenstrahlen. Röntgenblätter 1967; 20: 57–78

Zöller E. Hrsg. Digitale Volumentomografie in der Zahn-, Mund- und Kieferheilkunde: Grundlagen, Diagnostik und Behandlungsplanung. Berlin: Quintessenz; 2007

Zulauf AF. Panoramic X-Ray Apparatus. U.S. Patent Nr. 1408 (07.03.1922)

Sachverzeichnis